职业技能培训鉴定教材 建筑类

ZHIYE JINENG PEIXUN JIANDING JIAOCAI

管道工 (初级)

（第2版）

GUAN DAO GONG

主　编　李社虎　马振民　欧润学
编　者　韩明明　袁战旗　张　琳
主　审　张　琦

中国劳动社会保障出版社

图书在版编目(CIP)数据

管道工:初级/人力资源和社会保障部教材办公室组织编写. —2版. —北京:中国劳动社会保障出版社,2011

职业技能培训鉴定教材

ISBN 978-7-5045-9336-8

Ⅰ.①管… Ⅱ.①人… Ⅲ.①管道施工-职业技能-鉴定-教材 Ⅳ.①TU81

中国版本图书馆 CIP 数据核字(2011)第 233476 号

中国劳动社会保障出版社出版发行

(北京市惠新东街1号 邮政编码:100029)

出版人:张梦欣

*

北京市艺辉印刷有限公司印刷装订 新华书店经销

787毫米×1092毫米 16开本 20.25印张 1插页 439千字

2011年11月第2版 2023年2月第12次印刷

定价:39.00元

营销中心电话:400-606-6496

出版社网址:http://www.class.com.cn

版权专有 侵权必究

如有印装差错,请与本社联系调换:(010)81211666

我社将与版权执法机关配合,大力打击盗印、销售和使用盗版图书活动,敬请广大读者协助举报,经查实将给予举报者奖励。

举报电话:(010)64954652

前言

　　1994年以来，原劳动和社会保障部职业技能鉴定中心、教材办公室和中国劳动社会保障出版社组织有关方面专家，依据《中华人民共和国职业技能鉴定规范》，编写出版了职业技能鉴定教材及其配套的职业技能鉴定指导200余种，作为考前培训的权威性教材，受到全国各级培训、鉴定机构的欢迎，有力地推动了职业技能鉴定工作的开展。

　　原劳动保障部从2000年开始陆续制定并颁布了国家职业标准。同时，社会经济、技术不断发展，企业对劳动力素质提出了更高的要求。为了适应新形势，为各级培训、鉴定部门和广大受培训者提供优质服务，人力资源和社会保障部教材办公室组织有关专家、技术人员和职业培训教学管理人员、教师，依据国家职业标准和企业对各类技能人才的需求，研发了职业技能培训鉴定教材。

　　新编写的教材具有以下主要特点：

　　在编写原则上，突出以职业能力为核心。教材编写贯穿"以职业标准为依据，以企业需求为导向，以职业能力为核心"的理念，依据国家职业标准，结合企业实际，反映岗位需求，突出新知识、新技术、新工艺、新方法，注重职业能力培养。凡是职业岗位工作中要求掌握的知识和技能，均作详细介绍。

　　在使用功能上，注重服务于培训和鉴定。根据职业发展的实际情况和培训需求，教材力求体现职业培训的规律，反映职业技能鉴定考核的基本要求，满足培训对象参加各级各类鉴定考试的需要。

　　在编写模式上，采用分级模块化编写。纵向上，教材按照国家职业资格等级单独成册，各等级合理衔接、步步提升，为技能人才培养搭建科学的阶梯型培训架构。横向上，教材按照职业功能分模块展开，安排足量、适用的内容，贴近生产实际，贴近培训对象需要，贴近市场需求。

　　在内容安排上，增强教材的可读性。为便于培训、鉴定部门在有限的时间内把最重要的知识和技能传授给培训对象，同时也便于培训对象迅速抓住重点，提高学习效率，在教材中精心设置了"培训目标"等栏目，以提示应该达到的目标，需要掌握的重点、难点、鉴定点和有关的扩展知识。另外，每个学习单元后安排了单元测试题，每个级别的教材都提供了理论知识考核模拟试卷，方便培训对象及时巩固、检验学习效果，并对本职业鉴定考核形式有初步的了解。

本书在编写过程中得到陕西建设技术学院和北京市人力资源和社会保障局职业技能开发研究室的大力支持和热情帮助，在此一并致以诚挚的谢意。

编写教材有相当的难度，是一项探索性工作。由于时间仓促，不足之处在所难免，恳切希望各使用单位和个人对教材提出宝贵意见，以便修订时加以完善。

人力资源和社会保障部教材办公室

内容简介

本教材由人力资源和社会保障部教材办公室组织编写。教材紧紧围绕"以企业需求为导向,以职业能力为核心"的编写理念,力求突出职业技能培训特色,满足职业技能培训与鉴定考核的需要。

本教材详细介绍了初级管道工要求掌握的最新实用知识和技术。全书分为12个模块单元,主要内容包括:流体的基本特性和物体的传热,管道工程识图,常用管材、管件和辅助材料,管道安装基本技能,管道施工安全技术,常用阀门的安装,管道的连接,室内采暖管道安装,室内给排水管道安装,卫生器具安装,室内消火栓给水系统安装,简单仪表安装与简单工艺配管等。每一单元后安排了单元测试题及答案,书末提供了理论知识考核模拟试卷样例,供读者巩固、检验学习效果时参考使用。

本教材是初级管道工职业技能培训与鉴定考核用书,也可供相关人员参加在职培训、岗位培训使用。

目 录

第1单元 流体的基本特性和物体的传热/1—24
第一节　流体的基本特性/2
第二节　物体的传热/11
第三节　流体静压强的应用/17
单元测试题/21
单元测试题参考答案/24

第2单元 管道工程识图/25—69
第一节　投影和三视图/26
第二节　管道单、双线图/31
第三节　管子的积聚、重叠和交叉/36
第四节　管道的平、立、侧面图/38
第五节　管道轴测图/42
第六节　管道施工图的识读方法/48
第七节　技能训练实例/59
单元测试题/67
单元测试题参考答案/68

第3单元 常用管材、管件和辅助材料/70—95
第一节　管材及管件的通用标准/71
第二节　常用管材、管件/73
第三节　常用辅助材料/85
第四节　技能训练实例/91
单元测试题/93
单元测试题参考答案/94

第4单元 管道安装基本技能/96—126

第一节 管子的调直、切割和整圆/97
第二节 管段的量尺和下料/100
第三节 管道支架的制作与安装/105
第四节 管道的试压/112
第五节 管道的吹洗/115
第六节 管道的防腐和绝热/116
第七节 技能训练实例/121
单元测试题/124
单元测试题参考答案/126

第5单元 管道施工安全技术/127—134

第一节 安全施工的基本要求/128
第二节 管道施工安全技术/129
第三节 技能训练实例/131
单元测试题/133
单元测试题参考答案/134

第6单元 常用阀门的安装/135—149

第一节 常用阀门的用途和连接方式/136
第二节 阀门安装/138
第三节 技能训练实例/144
单元测试题/147
单元测试题参考答案/149

第7单元 管道的连接/150—167

第一节 螺纹连接/151
第二节 承插连接/156
第三节 熔接连接/158
第四节 技能训练实例/160
单元测试题/165
单元测试题参考答案/167

第8单元 室内采暖管道安装/168—211

第一节 自然循环热水采暖系统/170

第二节 机械循环热水采暖系统/173
第三节 散热器/177
第四节 散热器的组对与安装/181
第五节 热水采暖系统主要附属设备和附件的安装/187
第六节 室内热水采暖管道的安装/191
第七节 采暖系统水压试验及试运行/196
第八节 技能训练实例/199
单元测试题/209
单元测试题参考答案/211

第9单元 室内给排水管道安装/212—255

第一节 室内给水系统/213
第二节 室内排水系统/226
第三节 技能训练实例/234
单元测试题/253
单元测试题参考答案/254

第10单元 卫生器具安装/256—279

第一节 卫生器具的种类、材质与配件/257
第二节 卫生器具的安装要求与质量检验/263
第三节 卫生器具的安装工艺和施工要点/265
第四节 技能训练实例/268
单元测试题/277
单元测试题参考答案/279

第11单元 室内消火栓给水系统安装/280—287

第一节 室内消火栓给水系统/281
第二节 技能训练实例/284
单元测试题/286
单元测试题参考答案/287

第12单元 简单仪表安装与简单工艺配管/288—297

第一节 弹簧式压力表和玻璃水位计/289

第二节 简单的工艺配管/291
第三节 技能训练实例/293
单元测试题/296
单元测试题参考答案/297

理论知识考核模拟试卷（一）/298
理论知识考核模拟试卷（二）/305
理论知识考核模拟试卷（一）参考答案/311
理论知识考核模拟试卷（二）参考答案/312

第1单元

流体的基本特性和物体的传热

- 第一节　流体的基本特性/2
- 第二节　物体的传热/11
- 第三节　流体静压强的应用/17

第一节 流体的基本特性

→ 1. 掌握流体密度、比体积和压力的概念
→ 2. 熟悉流体的黏滞性、压缩性和膨胀性
→ 3. 掌握流体静压强的基本特性和基本方程式
→ 4. 掌握流体静压强的表示方法及换算关系
→ 5. 掌握流速和流量的概念

一、流体的主要物理性质

自然界的物质通常有三种形态：固态、液态和气态。

固体（固态的物质）有一定的形状和体积，它们具有抗拉、抗压、抗切的性质；液体（液态的物质）没有固定的形状，但有固定的体积，并能形成自由表面，不能承受拉力和抵抗拉伸变形，但可以承受压力，并对压缩变形产生很大的抵抗力；气体（气态的物质）没有固定形状和体积，不能承受拉力和抵抗拉伸变形，不能承受压力，在外力作用下，很容易被压缩。

液体和气体统称为流体。利用流体易于流动、没有固定形状的特性，可使流体在外力的作用下，通过管道连续输送到指定的地点。例如，水和空气是建筑管道系统内常见的工作物质。在建筑工程中，水和空气都是通过管道输送到需要的地点。

1. 流体的密度、比体积和压力

（1）密度。单位体积工质所具有的质量称为密度，用符号 ρ 表示。对于均质流体，密度等于流体的质量与它所占体积的比值，即

$$\rho = \frac{m}{V}$$

式中　ρ——流体的密度，kg/m^3；
　　　m——流体的质量，kg；
　　　V——流体的体积，m^3。

液体的密度在一般情况下，可以认为不随温度或压强而变化，但气体的密度则随温度和压强而发生很大的变化。常见流体的密度见表1—1。

表1—1　　　　　　　　　　常见流体的密度

液体		气体（在通常情况下）	
物质	密度（kg/m^3）	物质	密度（kg/m^3）
水	1×10^3	空气	1.29
水银（汞）	1.36×10^3	氮气	-0.18
酒精	0.8×10^3	氧气	1.43
柴油	0.85×10^3	氢气	0.09
海水	1.03×10^3	一氧化碳	1.25
硫酸	1.84×10^3	二氧化碳	1.98

(2) 比体积。流体的容积通常因所处的温度和压力不同而不同，反映定量流体体积大小的状态参数就是比体积（又称比容），用符号 v 表示。比体积是指单位质量工质所占的体积，即

$$v=\frac{V}{m}$$

式中　v——流体的比体积，m^3/kg；
　　　V——流体的体积，m^3；
　　　m——流体的质量，kg。

故比体积与密度互为倒数，即

$$\rho=\frac{1}{v} \text{ 或 } v=\frac{1}{\rho}$$

由于流体的比体积随温度和压力而变化，实际应用中往往需要规定某一状态为标准状态。国际上把压力为 101.325 kPa、温度为 0℃（273 K）的工质状态称为标准状态。

(3) 压力。工程上把物理学中的压强称为压力，是指流体单位面积上所承受的静压力。

流体压力用符号 P 表示，单位为帕斯卡，简称帕（Pa），即牛/平方米（N/m^2）。通常使用的压力单位还有千帕（kPa）和兆帕（MPa），它们之间的换算关系是

$$1 \text{ kPa}=1\times10^3 \text{ Pa}$$
$$1 \text{ MPa}=1\times10^6 \text{ Pa}$$

大气层（空气）的重力作用在地球表面上而形成的压力叫大气压。大气压力值可用气压计测定，其数值随所在地的纬度、高度和季节等条件的不同而不同。

通常把在纬度为 45°的海平面上测得的全年平均大气压用水银柱高度来表示，数值为 760 mmHg，用压力单位表示时，其数值为 101.325 kPa，称为标准大气压，用 1 atm 表示。

在工程计算中，常把大气压近似地按 98.07 kPa 计算。把压强 98.07 kPa 定为 1 个工程大气压，用 1 at 表示。

2. 流体的黏滞性

(1) 流体黏滞性的概念。可以做这样一个小试验：从瓶里向外倒水和倒油，会发现油比水流得慢，这是因为油的黏性比水大。

流体黏滞性是指流体内部各质点间或流层间因存在速度差而相对运动时产生的内摩擦力，由于它的存在而阻碍流体的运动，从而引起流体流动时能量的损耗。

当流体静止时，其黏滞性是显示不出来的。因此，黏滞性与运动有关，黏滞性对流体运动起着阻碍作用。

当流体在管内缓慢流动时，紧贴管壁的流体质点黏附在管壁上，速度为零；位于管中心线上的流体质点离管壁的距离最远，受管壁摩擦力影响最小，因而流速最大；位于管壁与管中心线之间的流体质点将以不同的流速向前运动，各流层的质点流速自管壁到管中心线，由零逐渐增大至最大流速。

如图 1—1 所示，可以看出流速（u）在管道径向（Y 向）上的变化。由于各流层的

流速不同，使流体各质点间产生了相对运动。其中，流速较大的流层对流速较小的流层便产生一个拖力；相反，流速较小的流层对流速较大的流层产生一个阻挠拖动的阻力。根据作用力与反作用力的原理，拖力和阻力是大小相等、方向相反的一对力，分别作用在相邻两流层的表面上，通常，将这一对力称为黏滞力或者内摩擦力。

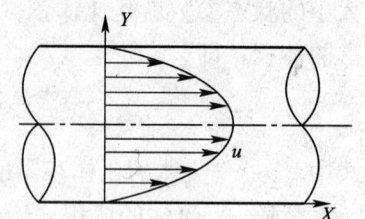

图 1—1 管内流体速度分布

流体运动时产生黏滞力的性质称为流体的黏滞性。

（2）影响流体黏滞性的因素。实验证明，压力对同一流体的流速影响小，而温度对流速的影响大。例如，水的黏度随温度的升高而减小，空气的黏度则随温度的升高而增大。

流体的黏度对流体流动的影响很大，它对流体的流动做负功，不断损耗流体流动的能量。

3. 流体的压缩性和膨胀性

烧开水时，如果将水壶中的冷水盛满，随着水温的升高，会发现水壶内的水溢出来，而且，温度越高，溢出的水越多。这种现象说明，水的体积随温度的升高而增大。

流体体积随外界条件（压强、温度）的变化而变化。当温度不变、压强增大时，流体体积被压缩而减小，密度增大，这一性质称为流体的压缩性。当压强不变、温度升高时，体积增大，而密度减小，这一性质称为流体的膨胀性。

水在压力 100 kPa、不同温度下的密度见表 1—2。

表 1—2　　　　　　　　水在不同温度下的密度（压力 100 kPa）

温度（℃）	密度（kg/m³）	温度（℃）	密度（kg/m³）	温度（℃）	密度（kg/m³）
0	999.9	71	977.2	86	968.0
4	1000.0	72	976.7	87	967.3
10	999.9	73	976.1	88	966.7
15	999.1	74	975.5	89	966.0
20	998.2	75	974.8	90	965.3
25	997.1	76	974.3	91	964.7
30	995.7	77	973.7	92	964.0
35	994.1	78	973.1	93	963.3
40	992.2	79	972.5	94	962.6
45	990.2	80	971.8	95	961.9
50	988.1	81	971.2	96	961.2
55	985.7	82	970.6	97	960.5
60	983.2	83	970.0	98	959.8
65	980.6	84	969.3	99	959.1
70	977.8	85	968.7	100	958.4

空气在标准大气压 101.325 kPa、不同温度下的密度见表 1—3。

表 1—3　　　　空气在不同温度下的密度（标准大气压 101.325 kPa）

温度（℃）	密度（kg/m³）	温度（℃）	密度（kg/m³）	温度（℃）	密度（kg/m³）
0	1.293	25	1.185	60	1.060
5	1.270	30	1.165	70	1.029
10	1.248	35	1.146	80	1.009
15	1.220	40	1.128	90	0.973
20	1.205	50	1.093	100	0.947

水的膨胀性和压缩性是很小的，在通常情况下均可以不考虑。但是在特殊状况下，如在热水供应和热水采暖系统中，不能忽视水的膨胀性，否则有造成系统内设备破裂的危险。为保证系统正常运行，需在系统中设置膨胀水箱，用来容纳水膨胀后增加的体积。

气体与液体不同，具有显著的压缩性和膨胀性。当温度不太低、压强不太高时，可以把空气看作理想气体。

二、流体的静压强

1. 流体的连续性和流体静压强的基本特性

（1）流体的连续性。流体由大量分子组成，分子间有间隙，每个分子都在不断地、杂乱无章地运动，因此，从分子角度来看，流体是不连续的，运动是无规则的。

在实际工程应用中，人们关心的是大量流体分子总的宏观运动结果，也就是取大量分子组成的流体质点为最小单位来研究流体的机械运动。流体质点是保持流体宏观力学性能的最小单元，这样，可以认为流体由无数彼此相连的流体质点组成，是一种连续性介质，因此，流体的物理性质和运动参数也相应是连续分布的。

（2）流体静压强的基本特性。流体处于静止状态时，流体的质点之间、流层之间没有相对运动。流体静力学主要研究流体处于静止状态时的力学规律及其在工程上的应用。因此，流体静力学所研究的静止流体是指流体质点处于相对静止状态。

静止流体一般受到两种力的作用，一种是表面力，一种是质量力。其中，表面力为静压力，质量力为重力。静止流体不承受拉力和切力的作用。

流体静压强的概念和物理学中压强的概念一样，是指流体单位面积上所承受的静压力。流体静压强具有两个特性：

1）流体静压强的方向与作用面垂直并指向作用面。

2）流体中某一点的静压强在各方向上的大小相等，且与作用面的方位无关。

工程上常利用流体静压强特性修复压扁的密闭小容器，方法是将水注入小容器中，逐渐加大水压，可以使压扁的小容器恢复原来的形状。

夏季游泳潜水时，潜到一定的深度，耳膜就感到疼痛，不论怎样改变姿势都不会使疼痛消失，这是因为水的压力始终垂直于耳膜，并指向耳膜。

2. 流体静压强的基本方程式和等压面

（1）流体静压强的基本方程式。如图 1—2 所示，对于深度为 h 处液体的静压强，通过分析流体在重力作用下其静压强的基本规律，推导出流体静压强的基本方程式为

$$p = p_0 + \rho g h = p_0 + \gamma h$$

式中　p——深度为 h 处液体的静压强，Pa（N/m²）；
　　　p_0——液体表面的压强，Pa（N/m²）；
　　　ρ——液体的密度，kg/m³；
　　　γ——液体的重力密度，$\gamma = \rho g$，N/m³；
　　　h——液体表面下的深度，m；
　　　g——重力加速度，$g = 9.81$ m/s²。

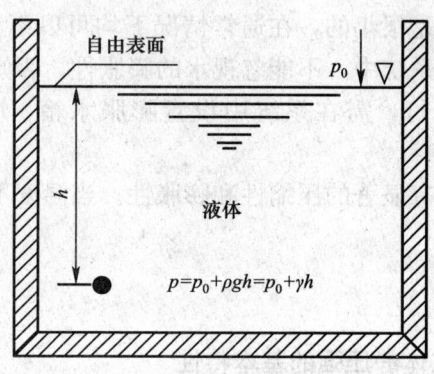

图1—2　流体静压强的基本方程式

相关链接

1. 液体与气体的交界面称为自由表面，液体的自由表面受气体压力的作用，此压力称为表面压力。

2. 流体静压强的基本方程式是在连续流体、同类流体、静止流体中导出的，所以，用上述公式解题或分析流体静压强规律时，必须同时满足这三个条件，否则，流体静压强方程式不能直接使用。

流体静压强的基本方程式也称流体静力学基本方程，简称流体静力学方程。

流体静力学方程同样适用于气体。但是，由于气体密度很小，在高度差不大的情况下，气柱产生的压强很小，因而可以忽略 $\rho g h$ 的影响，从而得出气体静压强为

$$p = p_0$$

上式表示空间各点的气体压强相等。例如，液体容器、测压管、锅炉等的上部气体空间，还有静压气箱、煤气储罐等，都可认为其中各点的压强是相等的。

现实生活中，水塔的高度总是高于所供水的建筑物高度，根据流体静力学方程可知，水塔的高度越高，水塔塔底产生的压力越大，这样就可以将水压到建筑物中。

（2）等压面。根据流体静力学方程，在仅有重力作用时，静止液体中深度相等的点，静压强相等。在把深度相等的液体质点连接起来所组成的面上，所有液体质点的静压强都相等，这个面称为等压面。

由等压面的概念可知，液体的自由表面是等压面，液体的水平面是等压面。

如图1—3a所示，玻璃管中的水与容器中的水是连通的，因此，其中任何一个水平面都是等压面。如图1—3b所示，A—A虽是水平面，但由于此平面通过两种液体，不满足流体静力学方程的三个条件中同类液体的条件，就不能应用上述规律，因而A—A不是等压面，只有A'—A'平面以下的水平面，才是等压面。

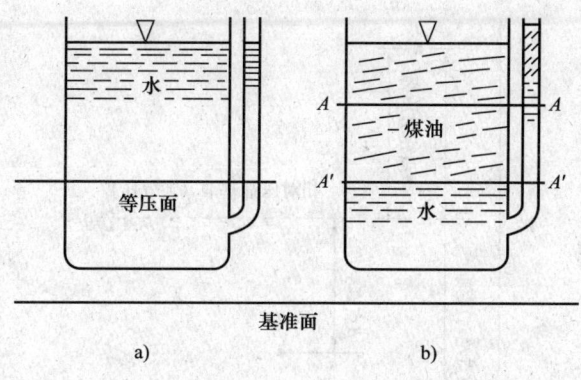

图1—3 分界面和等压面
a) 只有水的液面 b) 水和煤油混合的液面

3. 流体静压强的表示方法和压强的单位及换算

（1）流体静压强的表示方法。压强有两种计算标准：绝对压强和相对压强。真空度是相对压强的一种。计算中采用不同的基准时，得出的数值是不一样的。

1）绝对压强。绝对压强是以无气体存在的绝对真空为零点而计算的压强，用p_j表示。绝对压强的数值是以完全真空为基准来衡量的。绝对压强为零的基准就是绝对真空，即$p_j=0$，即以它为零点来计算压强的大小。绝对压强是真实压强值，不存在负值，只能是正值。

2）相对压强。如果在实际计算中不考虑大气压，把大气压看作零值，这样所表示的压强称为相对压强。相对压强的数值是以大气压为基准来衡量的。相对压强可能是正值（绝对压强大于大气压时），也可能是负值（绝对压强小于大气压时）。相对压强的数值为正，则指高于大气压的数值；相对压强的数值为负，则指低于大气压的数值。

在工程中，由于压力表是在大气压中工作的，故压力表测得的压强值为相对压强，所以相对压强也可称为表压强（即表压）。一般情况下，如果没有特别说明，工程上所说的压强都是指相对压强。

相对压强以符号p表示，大气压以符号p_a表示。根据相对压强的概念，可以得出绝对压强和相对压强的关系为

$$绝对压强=相对压强（表压）+大气压$$

$$p_j=p+p_a$$

3）真空度。当绝对压强小于大气压时，则相对压强是负值，称为负压。流体某点的相对压强为负，则称某点处于真空状态。把绝对压强小于大气压的数值叫做此点的真空度。真空度以符号p_v表示，那么，真空度和大气压的关系为

$$\text{真空度}=\text{大气压}-\text{绝对压强}$$
$$p_v = p_a - p_j$$

从另外一个角度看,真空度实际上等于相对压强负值的绝对值。绝对压强、大气压与真空度的关系如图 1—4 所示。

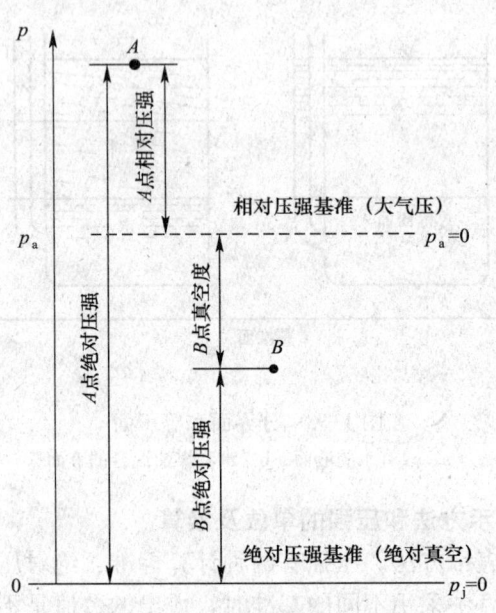

图 1—4 绝对压强、大气压与真空度的关系

【例 1—1】 测得某点液体的真空度为 50 kPa,此地大气压为 98 kPa,求该点的绝对压强和相对压强。

【解】 根据公式 $p_v = p_a - p_j$,得
$$p_j = p_a - p_v = 98 \text{ kPa} - 50 \text{ kPa} = 48 \text{ kPa}$$
根据公式 $p_j = p + p_a$,得
$$p = p_j - p_a = 48 \text{ kPa} - 98 \text{ kPa} = -50 \text{ kPa}$$

> **特别提示**
>
> 虽然压强可以用表压和真空度表示,但在热力学中,作为工质状态参数的实际压强显然是绝对压强。表压与真空度仅仅是用压力表和真空表测得的读数,是绝对压强与大气压的差值,故称为工作压强,它们在计算时只能作辅助量。因为大气压随时随地都可能发生变化,所以,即使工质的绝对压强不变,表压和真空度仍可能变化,因而它们不是工质的状态参数。

在实际工程中,常用的一些容器中工质的压强较高,此时可近似地取大气压为 100 kPa,这样计算结果的误差可以忽略不计。当计算工质的压强较低时,特别是计算处于负压状态的工质压强时,若取大气压为 100 kPa,则会引起较大误差,此时应采用实际的大气压数值。

(2) 压强的单位及换算。压强的度量单位通常有如下 3 种表达形式。

1) 用单位面积上所承受的压力表示压强。压强的法定单位是 N/m² (Pa)。由于 Pa 单位太小，常采用 kPa 或 MPa 作为压强的单位。法定单位是国际通用单位，也是我国规定使用的单位。

2) 用大气压表示压强。

标准大气压单位：

$$1\text{标准大气压} = 101.325 \text{ kPa}$$

把 101.325 kPa 的压强定为 1 个标准大气压单位，记作 atm。

工程大气压单位：

$$1\text{工程大气压} = 98.07 \text{ kPa}$$

把 98.07 kPa 的压强定为 1 个工程大气压单位，记作 at。

3) 用液柱高度表示压强。由流体静力学方程可将压强转换为某种液体的液柱高度来表示，即 $h = p/\gamma$，单位为 m 或 mm。压强越大，液柱上升的高度越高。

如 1 个工程大气压为 98.07 kPa 时，用水柱高度表示为

$$h = \frac{p}{\gamma} = \frac{1\text{工程大气压}}{\text{水的重力密度}} = \frac{98.07}{9.807} = 10 \text{ mH}_2\text{O（米水柱）}$$

如果用汞柱（水银柱）高度表示为

$$h = \frac{98.07}{133.3} = 735.6 \text{ mmHg（毫米汞柱）}$$

上述 3 种压强单位的换算关系见表 1—4。

表 1—4　　　　　　　　　压强单位换算关系表

压强单位	Pa	MPa	mmH₂O	at	atm	mmHg
换算关系	9.807	9.807×10⁻⁶	1	10⁻⁴	9.678×10⁻⁵	0.073 56
	9.807×10⁴	9.807×10⁻²	10⁴	1	9.678×10⁻¹	735.6
	101 325	0.101 325	10 332.3	1.033 23	1	760
	133.322	1.333 2×10⁻⁴	13.595	1.359 5×10⁻³	1.316×10⁻³	1

三、运动流体的种类与流体的流速、流量

1. 运动流体的种类

(1) 压力流与无压流。当流体运动时，流体充满整个流动空间并依靠压力作用而流动的流体，称为压力流，供热、通风和给水管道中的流体运动，一般都是压力流，而其相应的管道称为压力管道。

当液体流动时，凡是具有与气体相接触的自由表面，并只依靠流体本身的重力作用而流动的流体，称为无压流。排水管道中一般都是无压流，排水管道则称为无压管道。

(2) 稳定流与非稳定流。观察图 1—5a 和图 1—5b 所示两水箱的出水情况。

如图 1—5a 所示，由于连续进水，水箱在出水的同时，保持水位不变。随着时间的

推移，出水管中的压力和速度将保持不变，这种流动就属于稳定流动。

如图1—5b所示，随着水箱的出水，水箱的水位将下降，这样随着时间的推移，出水管中的压力和速度将发生变化，这种流动就属于非稳定流动。

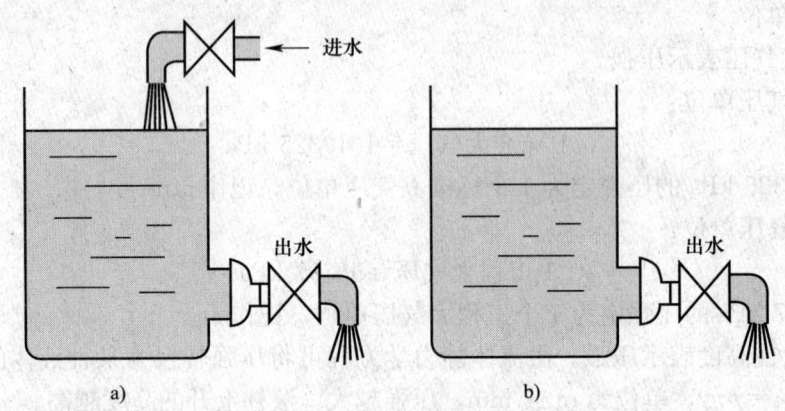

图1—5　稳定流动和非稳定流动
a）稳定流动　b）非稳定流动

当流体运动时，流体内任意一点的流速、压力、密度等状态参数不随时间而发生变化的流动，称为稳定流（或称恒定流动）。

反之，当流体运动时，流体内任意一点的流速、压力、密度等状态参数随时间而发生变化的流动，称为非稳定流（或称非恒定流动）。

在建筑设备工程中，严格来讲，流体的流动都不是稳定流，但工程上认为，在连续操作相当长的一段时间内，只要流体的流速、压力等状态参数变化不大，都可近似地按稳定流处理。

例如，调节阀门、开动水泵或风机，在短暂时间内，管道中流体的速度、压力随时间迅速变化，故为非稳定流。但是在调节阀门之后，以及水泵或风机开动后的相当长的一段时间内，管道中流体的流速及压力不随时间而发生明显的变化，则仍然视为稳定流。由于稳定流在上述过程中占主导地位，非稳定流占次要地位，因而可以把上述整个过程视为稳定流。

2. 流量和流速

流量和流速是描述流体流动的主要参数。流体在管道中流动时，通常把与流体运动方向垂直的截面称为过流断面。

圆管的过流断面为圆形，过流断面的面积用符号 A 表示，单位是 m^2。对于圆管，过流断面的面积为

$$A = \frac{\pi}{4} d^2 \ (d \text{ 为圆管的内径})$$

(1) 流速。流体在单位时间内移动的距离称为流速。用符号 u 表示，单位是 m/s。由于流速在管道过流断面上的数值不一样，这里的流速指的是平均速度。

(2) 流量。流量分为体积流量和质量流量。在工程上，如果没有特别注明，均指体积流量。

在单位时间内通过某一过流断面的流体体积，称为体积流量，用符号 Q 表示，单位是 m^3/s。

在单位时间内通过某一过流断面的流体质量，称为质量流量，用符号 Q_m 表示，单位是 kg/s。

体积流量和质量流量的关系为

$$Q_m = \rho Q$$

（3）流量与流速的关系。流量与流速的关系为

$$Q = uA$$

式中　Q——体积流量，m^3/s；

　　　u——流体的平均速度，m/s；

　　　A——过流断面的面积（管道的截面积），m^2。

上述计算公式的物理意义为流量与流速、管道截面积成正比。也就是说，当管道截面积不变时，流速增加几倍，流量也增加几倍；当流速不变时，管道截面积扩大几倍，流量也增加几倍。

第二节　物体的传热

→ 1. 熟悉热、温度和温标、热量的概念
→ 2. 掌握导热和导热系数的概念
→ 3. 掌握对流换热的概念
→ 4. 掌握热辐射的概念

一、热、温度和温标、热量

1. 热的概念

物体是由大量分子组成的，分子永不停息地作无规则运动，分子之间存在着相互作用力。大量分子无规则的运动叫作分子的热运动。

物体内部所具有的分子动能（内动能）与分子位能（内位能）的总和称为内能。内动能通常表现为显热，它随温度的升高而升高。内位能通常表现为潜热，只有当物态变化时，内位能才有明显的改变，而温度并不随之改变。

热是物体内能的一种表现形式，分子运动的剧烈程度决定了物体的冷热程度。

2. 温度和温标

（1）温度。温度是物体内部分子运动平均动能的标志，是表示物体冷热程度的物理量。温度的高低实质上反映了大量分子热运动的剧烈程度。物质温度的高低决定了热量传递的方向，温度高的物体会自发地把热量传递给温度低的物体。

（2）温标。温标是衡量温度高低的标尺，它规定了温度的起点（零点）和温度测量

单位。常用的温标有热力学温标和摄氏温标两种。

热力学温标也叫绝对温标,单位为开尔文(K)。这种温标规定以气体分子运动平均动能趋于零的温度为起点,定为 0 K;在标准大气压 101.325 kPa 下,纯水结成冰的温度(冰点)为 273.16 K,沸点为 373.16 K,在冰点与沸点之间等分为 100 份,每一等份就是 1 K。热力学温度没有负值。

摄氏温标的单位为摄氏度(℃)。摄氏温标规定,在标准大气压 101.325 kPa 下,纯水冰点为 0℃,沸点为 100℃,在 0~100℃之间等分为 100 份,每一等份就是 1℃。0℃以上为正,0℃以下为负。

摄氏温度和绝对温度之间的关系为

$$T=t+273.16$$

式中　T——绝对温度,K;
　　　t——摄氏温度,℃。

在工程计算中,为了方便计算,常近似地取 $T=t+273$。

应注意的是,上述公式只是表示单一温度时摄氏温度和绝对温度之间的换算关系;而在表示温度差或温度间隔时,摄氏温度差和绝对温度差两者在数值上是相等的,即 $\Delta T=\Delta t$。

在实际工程中,有时采用华氏温标。华氏温标规定在标准大气压 101.325 kPa 下,纯水冰点为 32 ℉,沸点为 212 ℉,在 32~212 ℉之间等分为 180 等份,每一等份就是 1 ℉。

摄氏温度和华氏温度之间的关系为

$$t=\frac{9}{5}(t_F-32)$$

式中　t——摄氏温度,℃;
　　　t_F——华氏温度,℉。

温度可以使用温度测量仪表测量,测量温度的仪表叫温度计。按工作原理可分为液体膨胀式温度计、热电偶温度计、热电阻温度计、光学温度计等。

3. 热量

在实际生活中,把烧红的铁块放到冷水中,冷水的温度就会升高,直至水温与铁块的温度相同。这种由于温度不同而传递的能量就是一种热量。

当系统与外界间存在温度差时,热量就从高温侧传向低温侧;当系统与外界达到热平衡,此过程就停止了,热量传递同时也停止。可见,热量只有在传递过程中才能发生,它不是状态参数,而是与过程紧密相关的过程量。也就是说,不应该说"系统在某状态下具有多少热量",而只能说"系统在某个过程中与外界交换了多少热量"。

热量在热力学中用符号 Q 表示,单位为焦耳(J)或千焦(kJ)。

二、传热的基本方式

在自然界中，凡是有温差的地方就有传热现象发生。热量总是自发地由高温物体传递给低温物体。由于自然界和生产过程中温度差是普遍存在的，因此传热现象也非常普遍。例如，冬季室内温度高于室外温度，形成一定的温差，产生了通过建筑物外墙、屋顶、门窗和地面等围护结构由室内向室外传热的现象，这一过程称为热交换。物体的热交换是热量由高温物体转移给低温物体的过程。

热量传递是一种复杂的过程，在研究传热问题时，通常按照热传递过程本身的特征，将复杂的热传递过程认为是由三个基本过程（或其中两个）组成的综合传递，这三个基本传热过程就是导热、对流换热和热辐射。

1. 导热

在建筑设备技术中，经常要遇到选用优良导热材料和绝热材料的实际问题。

（1）导热的概念。导热是指通过物体各部分的直接接触而发生的热量传递现象，又称热传导。导热可以在固体、液体和气体中进行，但单纯的导热只能发生于固体中。这是因为在液体与气体中，当各部分之间有温差时，将会产生宏观的相对位移（对流现象），即伴随有对流换热现象发生，不是单纯的导热现象。

导热是在固体、静止液体或气体中由分子振动而引起的传热现象。导热总是在温度降低的方向上发生，而且是固体中唯一可能发生的传热现象。

（2）导热系数。不同材料的导热能力不同，容易导热的物质叫热的良导体，如金、银、铜、铁、铝等。相反，不容易导热的物质叫热的不良导体，如棉毛、软木、泡沫塑料、空气等。

材料的导热能力可用导热系数来衡量。导热系数用符号 λ 表示，单位是 $W/(m \cdot K)$，其物理意义为当物体内温度下降时，单位时间内通过单位厚度的导热量。所以，导热系数标志着物质的导热能力。

导热系数 λ 是表征物体导热性能的一个物理参数。大量的试验结果表明，对于不同材料，其导热系数是各不相同的，即使同一材料，其导热系数还随温度、压力和材料的结构、湿度等因素而变化。

根据材料的形态，固体的导热系数最大，液体次之，气体最小。这是因为它们之间分子密集程度不同。对固体材料来说，金属比非金属导热系数大，这是因为金属中有电子扩散作用。

工程上常用材料的导热系数一般由试验测得，表1—5给出了常温时部分材料的导热系数，更详细的资料可查阅有关手册。

（3）绝热材料。绝热材料一般是轻质、疏松、多孔的纤维状材料，按其成分不同，可分为有机材料和无机材料两大类。

热力设备及管道保温用的材料多为无机绝热材料，此类材料具有不腐烂、不燃烧、耐高温等特点。例如石棉、硅藻土、珍珠岩、玻璃纤维、泡沫混凝土、硅酸钙等。

低温保温工程多用有机绝热材料，此类材料具有密度小、导热系数小、原料来源广、不耐高温、吸湿时易腐烂等特点。例如软木、聚苯乙烯泡沫塑料、聚氨基甲酸酯、

表 1—5　　常温时部分材料的导热系数 λ　　W/(m·K)

金属		建筑材料		保温材料	
银	≈410	耐火砖	1.0	石棉	0.16
铜	≈370	黏土砖	0.7	泡沫塑料	0.04
铝	≈220	钢筋混凝土	1.74	矿渣棉	0.047
铸铁	≈50	泡沫混凝土	0.12	硅藻土	0.076
钢	≈54	水泥砂浆抹灰	0.93	膨胀珍珠岩	0.06
液体、气体		抹石灰浆	内 0.7	膨胀蛭石	0.1
水	0.51	抹石灰浆	外 0.8	蛭石瓦	0.14
轻质油	0.12	木材	0.17～0.41	玻璃棉	0.047
氟利昂	0.06	软木板	0.06	油毡	0.17
空气	0.02	玻璃	0.78		
氨气	0.15	纤维板	0.34		

牛毛毡、羊毛毡等。

按照使用温度范围不同，绝热材料又可分为高温绝热材料、中温绝热材料和低温绝热材料三种。

高温绝热材料，使用温度可在 700℃ 以上，这类纤维质材料有硅酸铝纤维、硅纤维等，多孔质材料有硅藻土、蛭石加石棉、耐热黏合剂等制品。

中温绝热材料，使用温度在 100～700℃ 之间，这类纤维质材料有石棉、矿渣棉、玻璃纤维，多孔质材料有硅酸钙、膨胀珍珠岩、蛭石、泡沫混凝土等。

低温绝热材料，使用温度在 100℃ 以下，用于保冷工程中。

按照形式不同，绝热材料可分为松散粉末、纤维状、粒状、瓦状、砖状等多种形式。

选用绝热材料时，应满足下列要求：

1) 导热系数小。只有导热系数小的材料才能作为绝热材料，导热系数越小，则绝热效果越好。绝热材料的导热系数一般要求小于 0.23 W/(m·K)。

2) 密度小。多孔性的绝热材料的密度小。一般绝热材料的密度应低于 600 kg/m³。选用密度小的绝热材料，对于架空敷设的管道可以减轻支撑构架的荷载，节约工程费用。

3) 具有一定的机械强度。绝热材料的抗压强度不应小于 0.3 MPa。只有这样才能保证绝热材料及其制品在本身自重及外力作用下不产生变形或破坏，才能更好地满足使用及施工要求。

4) 吸水率小。绝热材料吸水后，其结构中各气孔内的空气被水排挤出去，由于水的导热系数比空气的导热系数大 24 倍，因此，吸水后的绝热材料的绝热性能明显降低。所以在选用绝热材料时应当注意。

5) 不易燃烧且耐高温。绝热材料在高温作用下，不应改变其性能甚至着火燃烧，尤其对于温度较高的过热蒸汽管道保温时，要选用耐高温的绝热材料。

6) 施工方便和价格低廉。为了满足绝热工程施工方便的要求，尽可能选用各种绝热材料制品，如保温板、管壳及毛毡等，并尽可能做到就地取材和就近取材，以减少运输过程中的损坏和运输费用,从而节约投资。

2. 对流换热

(1) 自然对流换热和受迫对流换热。流体与固体表面接触时由于流体本身的运动而引起的传热过程,或流体内部因各部分温度不同而发生流体运动所引起的传热过程,称为对流换热,简称对流。

实际上,对流换热过程中除了因流体质点运动而引起传热外,还包含了界面上的导热体内部的传热。因此,对流换热是一个很复杂的传热过程,不便用精确的方程式来计算,而多用试验方法确定。

对流只能在液体和气体中进行,这是对流所特有的一种传热方式。例如,电冰箱蒸发器从空气中吸收热量,冷凝器把热量散发到空气中,都是靠对流传热。

按照流体流动的动力来源不同,对流分为自然对流和受迫对流,所以换热也有两种情况:一种是自然对流换热,另一种是受迫对流换热。

1) 自然对流换热。采暖房间的散热器主要依靠自然对流换热。散热器的表面温度很高,与它接触的冷空气被加热以后,由于密度减小而上升,附近的冷空气则从下部流过来补充,然后也被加热,就这样周而复始便使整个房间空气变暖,如图1—6所示。

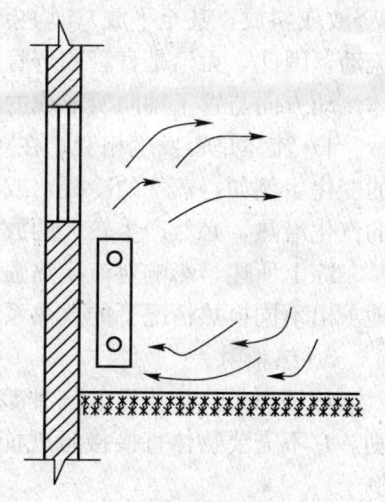

在空气被加热的同时,室内暖空气跟外墙内表面也发生自然对流换热,只是空气流动的方向相反,接触冷壁的空气变冷,密度变大而向下流动,暖空气密度小从上面来补充。这种换热的结果是室内空气降温。

若是在夏季,室外热空气由于自然对流换热使房屋外表面较热,通过传热最终使室内变热。

安装在室外或室内的热管道或输送冷介质的管道也都跟空气发生自然对流换热,因而导致热量损失或冷量损失。

图1—6 散热器的自然对流换热

综上所述,由于流体冷热各部分的密度不同所引起的对流叫作自然对流,由于流体自然对流而与固体表面间发生的热交换叫作自然对流换热。

2) 受迫对流换热。流体由于受机械(泵或风机等)力的作用引起的对流叫作受迫对流,由于流体受迫对流而与固体表面间发生的热交换叫作受迫对流换热。

一般来说,受迫对流流体的流动速度比自然对流快,对流换热强烈。流体受迫对流换热有两种情况。

一种是流体在管道里面流动时与管壁内表面换热,即管内受迫流动换热,如机械循环热水采暖系统管道中的热水放热、锅炉过热器或省煤器内的放热、管式冷凝器管内冷却水的放热等都属于管内受迫流动换热。

另一种是流体在管道外面流动、冲刷掠过管道外表面的换热,即管外横向受迫流动换热,如锅炉中烟气横向冲刷对流管束、暖风机中空气横向流过带肋片的加热器管束、壳管式换热器中管外流体垂直于管束的流动等都属于管外横向受迫流动换热。

实际上，空气加热器、冷却器、锅炉、省煤器、过热器以及各种热交换器的内外均发生受迫对流换热。

(2) 影响对流换热的因素。影响对流换热的因素主要有以下几个方面：

1) 流体的物理性质。流体的物理性质主要是指导热系数、运动黏度、定压比热、密度等。导热系数越大，导热热阻越小，放热强度越强。由于运动黏度是影响流体产生有规则流动的主要因素，因此，运动黏度越大，则放热强度越弱。定压比热和密度是影响流体本身吸热或放热能力的因素，定压比热和密度越大，则对流换热量越大。

2) 流体的流动速度。流体的流动按其产生流动的原因可分为自然对流和强迫对流两类。一般来说，强迫对流的流体流速比自然对流大，因此，强迫对流的换热量比自然对流大。

3) 放热表面的几何形状与安装位置。与流体接触的固体表面是对流换热过程中的放热表面，它的几何形状、尺寸、安装位置等都直接影响流体流动的状态，从而影响放热强度的大小。例如，在自然对流状态下的换热，流体所处空间的大小、换热面的角度（竖放或斜放，甚至平放），均会影响放热强度。对于强迫对流，流体是在管内或者管外流动，因此，无论是直管或弯管、光管或翅片管、单根管或管束，以及管子的长短、流体流动方向与管子轴向所形成的角度等，都会不同程度地影响其放热强度。

4) 流体是否发生相变。在对流换热的过程中，如果流体在流动的同时，伴随着相的变化。例如，蒸气的冷凝，或者液体的沸腾，则在冷凝与沸腾时将放出或者吸收较大的汽化潜热，必然产生较大的放热系数。

综上所述，影响对流换热强度的因素是多方面的，只有通过大量试验，才能较准确地求出不同换热情况下的放热系数。

3. 热辐射

热辐射是热量传递的三种基本过程之一，它与导热和对流的热传递方式有本质区别，它不需要物体直接接触就能进行热量传递。太阳对地球的热辐射便是一个典型的例子。

(1) 热辐射的本质和特点。物体由带电粒子所组成，当带电粒子振动或激动时都能辐射出电磁波向空间传播。

电磁波的波长范围是很广的，从零到无穷大。通常把波长在 $0.4 \sim 40~\mu m$ 范围内的电磁波（包括可见光和红外线的短波部分）称为热射线，热射线的传播过程称为热辐射。

热射线的本质决定了热辐射具有以下特点：

1) 热辐射不需任何中间介质，如太阳能够穿越辽阔太空向地面辐射。

2) 热辐射过程伴随着能量形式的转化。即物体的热能首先转化为电磁能发射出去，当此电磁能落在另一物体上而被吸收时，电磁能又转化为物体的热能。

3) 热射线产生于物体内部电子的振动或激动，支配这种振动或激动的因素是物体的温度，故一切物体不论温度高低都在不断地发射热射线。当两个物体温度不同时，高温物体辐射给低温物体的能量大于低温物体辐射给高温物体的能量，因此，总的效果是高温物体将能量传递给低温物体。即使各个物体的温度相同，这种辐射换热的过程仍在不停地进行着，只是每个物体辐射出的能量等于它从别的物体吸收的辐射能量，因而处于动态平衡。

（2）吸收、反射和透过。热射线射到物体上，有吸收、反射和透过三种情况，如图1—7所示。

根据物体吸收、反射和透过热射线能力的不同，可将物体分为白体、黑体、灰体和透明体。

1）白体。凡是能全部反射热射线的物体称为白体。

2）黑体。全部吸收热射线的物体称为黑体。

3）灰体。部分吸收和部分反射热射线的物体称为灰体。

4）透明体。凡是能透过热射线的物体称为透明体。

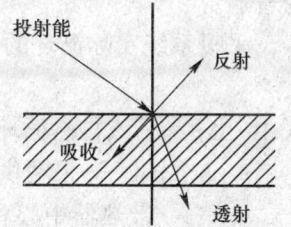

图1—7 物体对热射线的吸收、反射和透射

上述白体、黑体、灰体、透明体都是对热射线而言的，应与物体本身的颜色区别开来。实践证明，对可见光是透明体的材料不一定是热射线的透明体。例如，玻璃对可见光是透明体，但对热射线却是灰体；雪层对可见光是白体，对热射线几乎是黑体；白布对可见光是白体，对热射线却是灰体。可见，热射线和可见光射到物体上时反映出来的现象并不相同。

凡是对热射线善于反射的材料，就一定不能很好地吸收；反之，善于吸收热射线的材料，就一定不能很好地反射。

（3）辐射换热的影响因素。两物体之间互相进行辐射换热的情况是多种多样、十分复杂的，影响物体之间辐射换热量的因素主要有以下几项：

1）两物体的表面温度之差。温差越大，换热量越大，辐射换热量与两物体绝对温度四次方之差成正比。

2）物体表面积。物体表面积越大，换热量越大。

3）物体的黑度。两物体的黑度（物体接近黑体的程度）越大，换热量越大。物体表面光滑程度影响黑度，物体表面越粗糙，黑度越大，换热量越大。

此外，热辐射在真空和气体中容易进行，而在分子密度大的固体和液体中很难进行。因此，空间分子密度小，辐射换热量大；空间分子密度大，辐射换热量小。

第三节 流体静压强的应用

培训目标
→ 1. 掌握家用自然循环热水采暖系统管路布置和管道安装的要点
→ 2. 理解烟囱具有一定高度的原因
→ 3. 掌握水位计安装的要点
→ 4. 掌握管道系统压力的测量方法

一、家用自然循环热水采暖系统

在一些没有集中采暖的地方，常采用自然循环热水采暖系统。所谓自然循环热水

采暖是指依靠供水与回水的密度差产生的压力差为动力进行的热水采暖循环（又称重力循环）。

家用采暖系统的形式较多，根据实际经验，如图1—8所示的家用采暖系统应用较为普遍。

采暖系统实际循环的动力为

$$\Delta p = gh(\rho_{回} - \rho_{供})$$

式中　Δp——该自然循环采暖系统的动力，N/m^2；

　　　$\rho_{供}$、$\rho_{回}$——采暖供水和回水对应的密度，kg/m^3；

　　　h——散热器中心和采暖炉加热水套中心的高度差，m；

　　　g——重力加速度，取9.8 m/s^2。

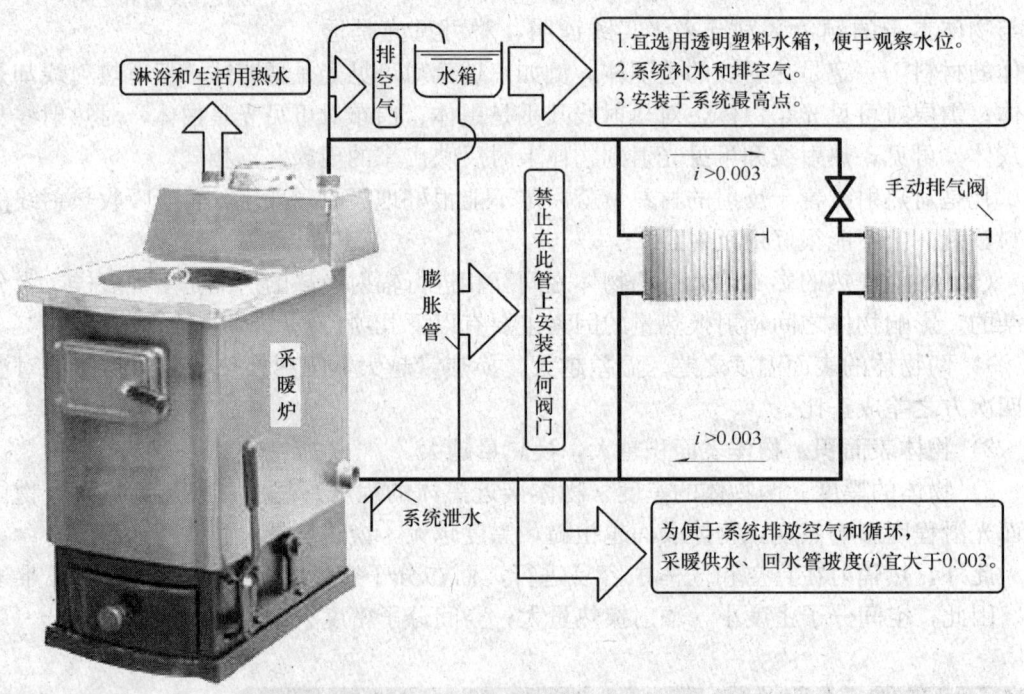

图1—8　家用采暖系统（自然循环）

为了保证采暖系统正常可靠地运行，采暖系统的实际循环动力是一个关键因素。从公式中可以看出，家用采暖系统在布置形式和安装时应注意以下几点。

1. 尽可能增大散热器中心和采暖炉加热水套中心的高度差。
2. 尽可能减小采暖系统的循环阻力。例如，选用内壁光滑的管子，采用较少的管配件和阀门，管径不宜小于DN20等。
3. 管道必须具有一定的坡度。

二、使用烟囱进行自然通风

在实际生产生活中人们使用各种各样的烟囱，但所有烟囱有一个共同的特点就是具有一定的高度,而且锅炉房的烟囱一般都很高,这是因为利用了空气的自然循环。空气自然循环的动力和采暖自然循环的动力完全一样,是依靠烟囱内外的空气密度差产生的压力差达到自然循环的目的。

三、液位的测量

实际工程中,需要随时了解水箱或其他设备中液体的储存量,或需要控制水箱或其他设备中的液面,因此,要进行液位测量。利用静力学基本方程可以实现这种测量。

如图1—9所示,在容器1底部器壁下方和上方各开一个小孔,上方的小孔与平衡器2的小室连通,小室内装的液体与容器中的相同,其液面维持在容器允许达到的最高处。此小室由装有指示液的U形管压差计3与容器1器壁下方的小孔连通。

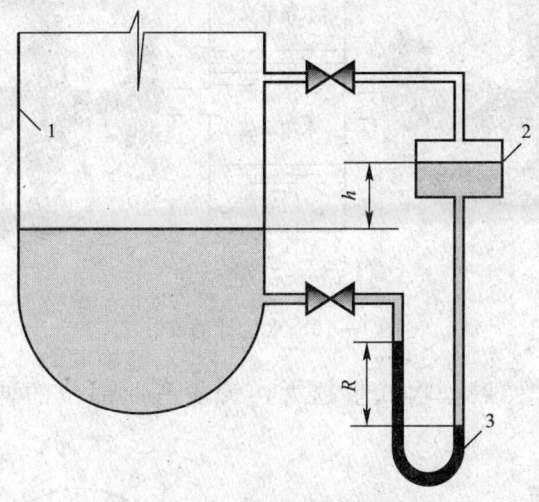

图1—9 液位测量示意图
1—容器 2—平衡器 3—U形管压差计

由静力学基本方程可以得到液面高度与压差计读数的关系为

$$h=\frac{(\rho_A-\rho)R}{\rho}$$

式中 h——液面高度,m;
ρ——被测容器内液体的密度,kg/m^3;
ρ_A——压差计内液体的密度,kg/m^3;
R——压差计的读数,m。

在管道工程中,水箱的水位常用水位计进行测量,如图1—10所示,在安装水箱和水位计时要求水箱应水平安装、水位计应垂直安装。其原因是液体的静压强与深度有关,液面水平时液面的高度一定相等。

四、管道系统压力的测量

自制一个端部弯曲的纸管(或塑料软管),然后用嘴向管内吹气,会发现管端

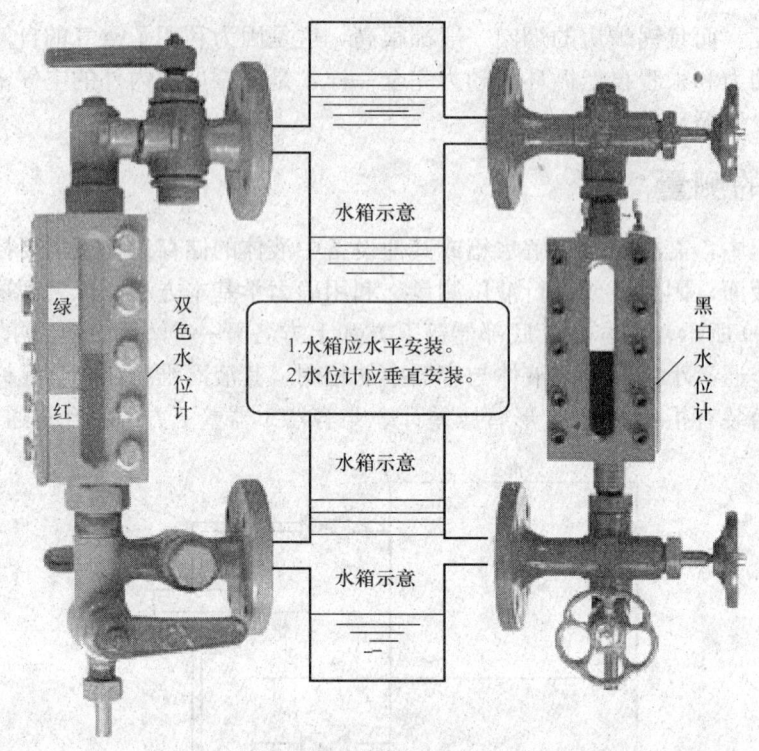

图1—10 水位计的安装

弯曲的部位在变化、伸展,吹气量越大,管段弯曲部位的伸展程度越大,如图1—11a所示。

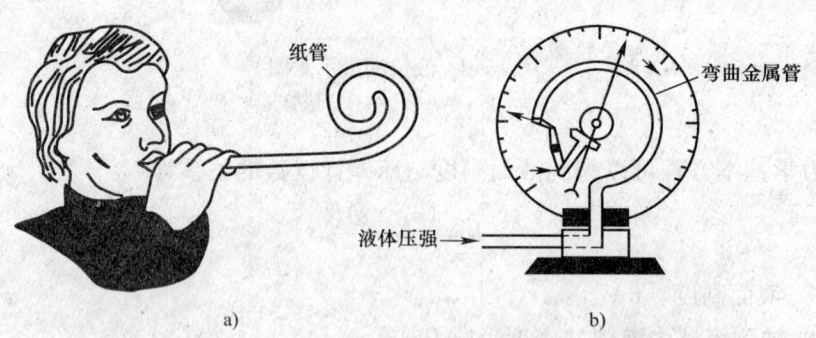

图1—11 压力表工作过程示意
a) 纸管变形 b) 金属管变形

金属弹簧压力表也称弹簧压力表。它有一根金属管,当具有一定压力的流体通入此金属管内时,金属管产生变形。变形量大小与金属管内流体压强大小成正比。通过一套机构把此变形量转换为指针的转动,指针的转动角度就反映出被测流体的压强值,如图1—11b所示。

如图1—12所示,测量正压的弹簧压力表一般称为压力表,测量负压的弹簧压力表一般称为真空表。采用电接点弹簧压力表还可以实现自动控制。弹簧压力表安装时,在进口处应安装表弯（缓冲盒）。

弹簧压力表安装时，由于测压管内部存有压力为大气压的空气，因此，金属弹簧压力表测量所得的压强值为相对压强，即表压强（简称表压）。

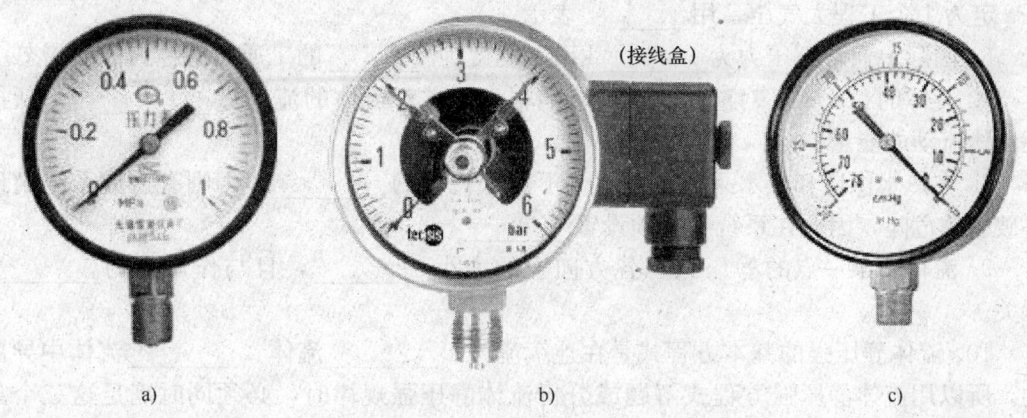

图1—12 弹簧压力表
a）压力表（测正压） b）电接点弹簧压力表 c）真空表（测负压）

当系统内压力较小时，工程上常采用U形管测压计测量压力。U形管测压计如图1—13所示。

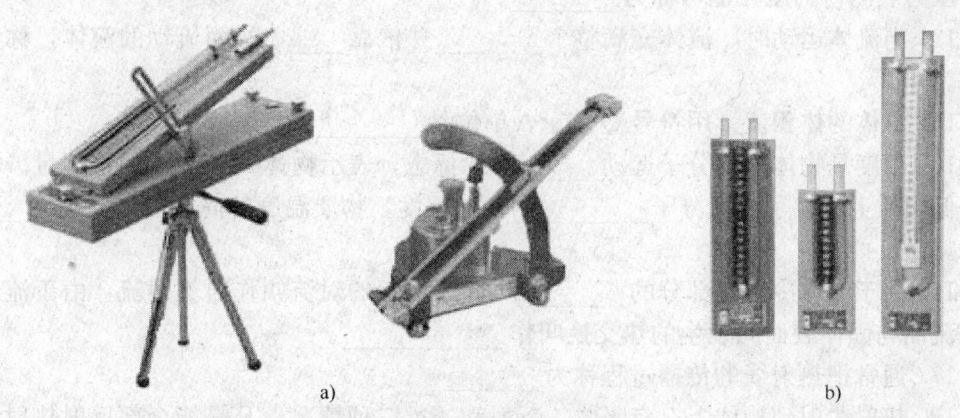

图1—13 U形管测压计
a）倾斜式 b）垂直式

单元测试题

一、填空题（请将正确答案填在空白横线上）

1. 自然界的物质通常有_____、_____和气态三种形态。
2. 气体没有固定形状和体积，不能承受_____和抵抗_____变形，不能承受_____，在外力作用下很容易被压缩。
3. 流体通常指_____和_____的总称。

4. 液体的密度在一般情况下，可以认为不随_____或_____而变化；但气体的密度则随_____和_____而发生很大的变化。

5. 在工程计算中，常把大气压近似地按_____ kPa 计算。把压强等于_____ kPa 定为1个工程大气压，用_____表示。

6. 国际上通常把压力为_____ kPa、温度为_____的工质状态称为标准状态。

7. 流体的_____对流体流动的影响很大，它对流体的流动做_____，不断损耗流体流动的能量。

8. 在热水供应和热水采暖系统中，不能忽视水的_____，否则有造成系统内设备破裂的危险，因此在系统中必须设置_____。

9. 流体中某一点的静压强在各方向上的大小_____，且与作用面的_____无关。

10. 流体静压强的基本方程式是在连续流体、_____流体、_____流体中导出的，所以用流体静压强方程式解题或分析流体静压强规律时，必须同时满足这三个条件，否则，流体静压强方程式不能直接使用。

11. 在把深度相等的液体质点连接起来所组成的面上，所有液体质点的静压强都相等，这个面称为_____。

12. 在工程中，由于压力表是在大气压中工作的，故压力表测得的压强值为_____，所以压力表测得的压强也可称为_____。

13. 当流体运动时，流体充满整个_____并依靠_____而流动的流体，称为压力流。

14. 流体的体积流量用符号 Q 表示，单位是_____。

15. 温度是物体内部分子运动_____的标志，表示物体_____的物理量。温度的高低实质上反映了大量分子_____的剧烈程度。物质温度的高低决定了_____的方向。

16. 由于流体冷热各部分的_____不同所引起的对流叫作自然对流，由于流体自然对流而与固体表面间发生的热交换叫作_____。

17. 通常把热射线的传播过程称为_____。

18. 热射线射到物体上，有吸收、反射和透过三种情况。凡是能全部反射热射线的物体称为_____，全部吸收热射线的物体称为_____，凡是能透过热射线的物体称为_____，部分吸收和部分反射热射线的物体称为_____。

19. 自然循环热水采暖是指依靠供水与回水的_____产生的压力差为动力进行的热水采暖循环（又称_____循环）。

二、单项选择题（下列每题有4个选项，其中只有1个是正确的，请将其代号填写在空白横线上）

1. 当流量不变且流体不能压缩时，过流断面的面积越大，流速就_____。
　　A. 越大　　　　B. 越小　　　　C. 相等　　　　D. 无法确定

2. 物体表面越粗糙，黑度越大，换热量_____。
　　A. 越大　　　　B. 越小　　　　C. 无变化　　　D. 无法确定

3. 通常把波长在_____μm范围内的电磁波（包括可见光和红外线的短波部分）称为热射线。
   A. 0.1~10   B. 0.2~20   C. 0.3~30   D. 0.4~40
4. 流体在单位时间内通过某一过流断面的_____，称为体积流量。
   A. 面积   B. 体积   C. 质量   D. 重量

三、多项选择题（下列每题有5个选项，其中有1个以上是正确的，请将其代号填写在空白横线上）

1. 下列关于压强的度量单位表达形式的说法中，正确的是_____。
   A. 用单位面积上所承受的压力来表示
   B. 用大气压来表示
   C. 用液柱高度来表示
   D. 用绝对压强来表示
   E. 用相对压强来表示
2. 减小管中流体运动阻力的途径有_____。
   A. 在流体内加极少量添加剂   B. 改善边壁条件
   C. 减小流速   D. 增大管径
   E. 圆管变方管
3. 用流体静压强方程式解题或分析流体静压强规律时，必须同时满足的条件是_____。
   A. 同一流体   B. 流体是静止的
   C. 流体的温度高   D. 流体是连续的
   E. 流体是运动的
4. 热量传递是一种复杂的过程，基本传热过程为_____。
   A. 对流换热   B. 加热   C. 热辐射
   D. 蒸发   E. 导热
5. 流体的物理性质主要是指_____。
   A. 密度   B. 导热系数   C. 运动黏度
   D. 定压比热   E. 质量

四、判断题（下列正确的请在括号内打"√"，错误的请在括号内打"×"）

1. 由于流体受迫对流而与固体表面间发生的热交换叫作受迫对流换热。（   ）
2. 随着时间的变化，出水管中的压力、速度和密度等参数都发生变化，这种流动称为稳定流。（   ）
3. 对流换热是指通过物体各部分的直接接触而发生的热量传递现象。（   ）
4. 流体静压强的方向与作用面垂直并指向作用面。（   ）
5. 导热是指通过物体各部分的直接接触而发生的热量传递现象。（   ）
6. 当管道截面积不变时，流速增加几倍，流量反而减少几倍。（   ）

五、简答题

1. 流体静压强有哪几种表示方法？它们之间有什么关系？

2. 什么是热射线？影响热辐射的因素有哪些？

3. 对流换热有哪几种形式？影响对流换热的因素有哪些？

六、计算题

1. 已知某地点的大气压强为 98 kPa，在该地某点测得的表压为 150 kPa，求该点的绝对压强。

2. 已知某地点的大气压强为 98 kPa，在该地某点测得的真空度为 60 kPa，求该点的绝对压强和相对压强。

3. 已知某地点的大气压强为 98 kPa，在该地某点测得的绝对压强为 75 kPa，求该点的真空度。

单元测试题参考答案

一、填空题

1. 固态　液态　 2. 拉力　拉伸　压力　 3. 液体　气体　 4. 温度　压强　温度　压强　 5. 98.07　98.07　1 at　 6. 101.325　0℃（273 K）　 7. 黏度　负功　 8. 膨胀性　膨胀水箱　 9. 相等　方位　 10. 同类　静止　 11. 等压面　 12. 相对压强　表压强（即表压）　 13. 流动空间　压力作用　 14. m^3/s　 15. 平均动能　冷热程度　热运动　热能传递　 16. 密度　自然对流换热　 17. 热辐射　 18. 白体　黑体　透明体　灰体　 19. 密度差　重力

二、单项选择题

1. B　 2. A　 3. D　 4. B

三、多项选择题

1. ABC　 2. ABCD　 3. ABD　 4. ACE　 5. ABCD

四、判断题

1. √　 2. ×　 3. ×　 4. √　 5. √　 6. ×

五、简答题

略

六、计算题

略

第 2 单元

管道工程识图

- 第一节　投影和三视图 /26
- 第二节　管道单、双线图 /31
- 第三节　管子的积聚、重叠和交叉 /36
- 第四节　管子的平、立、侧面图 /38
- 第五节　管道轴测图 /42
- 第六节　管道施工图的识读方法 /48
- 第七节　技能训练实例 /59

第一节 投影和三视图

→ 1. 熟悉投影的概念、分类和特性
→ 2. 掌握三视图的形成和投影规律

一、投影的概念、分类和特性

1. 投影的概念

在日常生活中，经常可以看到物体在灯光或阳光照射下出现影子，如图 2—1 所示，这就是投影现象。由于影子在一定条件下能反映物体的外形和大小，而且随着光线和物体相互关系的改变，影子的大小和形状也发生改变。通过对影子现象的科学总结，形成了投影方法。

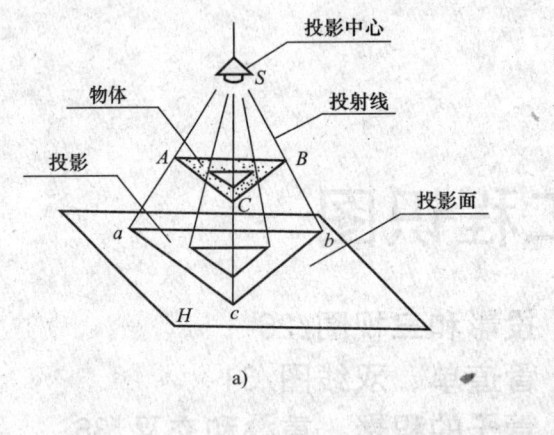

图 2—1 影子的形成
a) 灯光下三角板的影子 b) 阳光下窗口的影子

如图 2—1 所示，光源 S 称为投影中心，△ABC 称为空间形体，SA、SB、SC 称投射线，地面或墙面称投影面，各投射线和投影面的交点 a、b、c 称为 A、B、C 点的投影，△abc 称为△ABC 的投影。

在平面上绘出形体的投影，以表示其形状和大小的方法，称为投影法。

2. 投影法的分类

投影法一般分为中心投影法和平行投影法两类。

（1）中心投影法。当投影中心集中于一点，发出互不平行的投射线，用这种方法做出的投影，称为中心投影法。中心投影法一般用于绘制建筑物的立体图，也称透视图，如图2—2所示。

图2—2 透视图

(2) 平行投影法。投射线相互平行对形体进行投影的方法，称为平行投影法，如图2—3所示。根据投射线与投影面的夹角不同，又分为：

1) 斜投影法。投射线倾斜于投影面的投影法，如图2—3a所示。

2) 正投影法。投影线垂直于投影面的投影法，如图2—3b所示。用正投影法绘制的图样称为正投影。

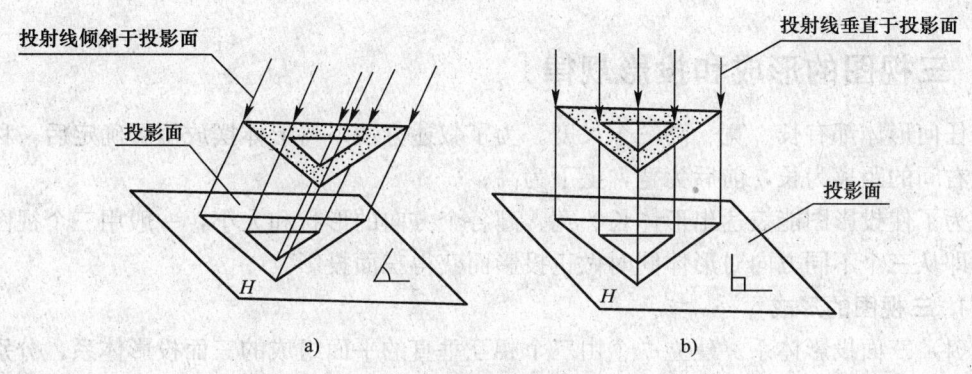

图2—3 平行投影法
a) 斜投影法　b) 正投影法

3. 正投影的基本性质

正投影的基本性质如图2—4所示。从图中可以看出，点的正投影仍是点（见图2—4a），直线和面的正投影有以下特性：

(1) 显实性。平行于投影面的直线或平面图形，其投影反映实长或实形，又称全等性，如图2—4b所示。

(2) 积聚性。垂直于投影面的直线或平面图形，其投影积聚为一点或一条直线，在直线上的点或平面上的点、线或图形等，其投影分别积聚在直线或平面投影上，如图2—4c所示。

(3) 类似性。倾斜于投影面的直线或平面图形，其投影短于实长或小于实形，但与空间图形相似，如图2—4d所示。

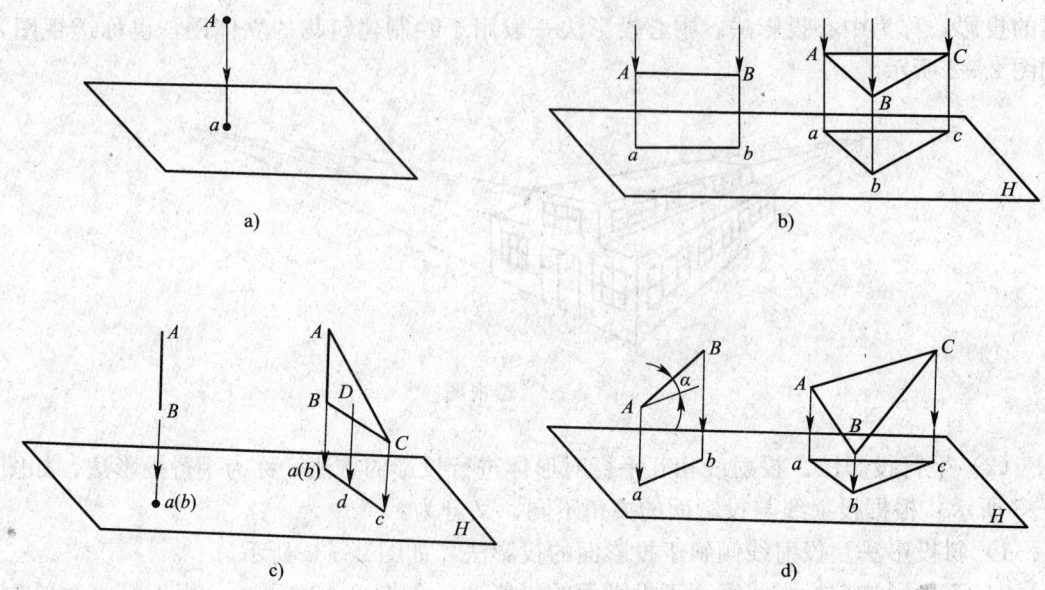

图 2—4 正投影的基本性质
a) 点的投影 b) 显实性 c) 积聚性 d) 类似性

二、三视图的形成和投影规律

任何形体都有长、宽、高三个尺度。为了叙述方便，将形体摆放位置确定后，称形体左右间的距离为长，前后为宽，上下为高。

为了使投影图能表达出形体长、宽、高各个方向的形状和大小，一般用三个视图表示，即从三个不同方向对形体同时做正投影而获得三面投影。

1. 三视图的形成

（1）三面投影体系。建立一个由三个相互垂直的平面组成的三面投影体系，分别称为正立投影面（正面），用 V 表示；水平投影面（水平面），用 H 表示；侧立投影面（侧面），用 W 表示，如图 2—5 所示。

（2）形体在三面投影体系中的投影。将形体放在三面投影体系中，并使形体主要面分别与三投影面平行，由前向后投射得到的正面投影称为主视图，由上向下投射得到的水平投影称为俯视图，由左向右投射得到的侧面投影称为左视图。

为了把处在空间位置的三个投影图画在纸上，需将三个投影面展开，展开时使 V 面保持不动，H 面和 W 面沿 Y 轴分开，分别绕 OX 轴向下、绕 OZ 轴向右转 90°，使三个投影面摊开在一个平面上，展开后 OY 轴分为两处，在 H 面上的标以 OY_H，在 W 面上的标以 OY_W，如图 2—6 所示。

由于投影图与投影面的大小无关，展开后的三面投影图一般不画出投影面的边框。其位置关系为水平投影位于正面投影的下方，侧面投影位于正面投影的右方，如图 2—7 所示。

在工程图中称 V 面投影为正立面图，H 面投影为平面图，W 面投影为左侧立面图。

同时，三面投影图与投影轴的距离只反映形体与投影面的距离，与形体的形状和大小无关，故工程图样中不必画出投影轴。

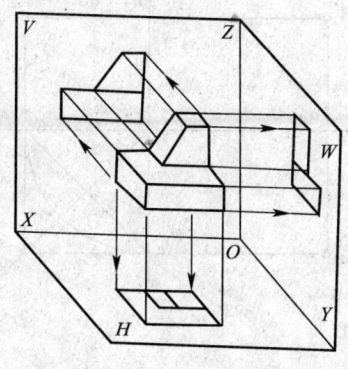 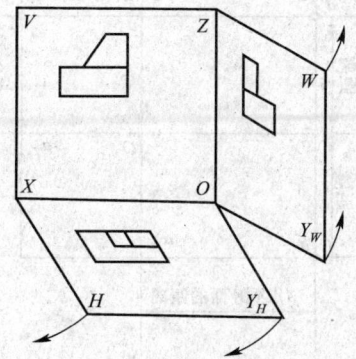

图 2—5　形体的三面投影体系　　　　图 2—6　投影面的展开

2. 三视图的投影规律

由三视图的形成可以总结出三视图的投影规律，如图 2—8 所示。

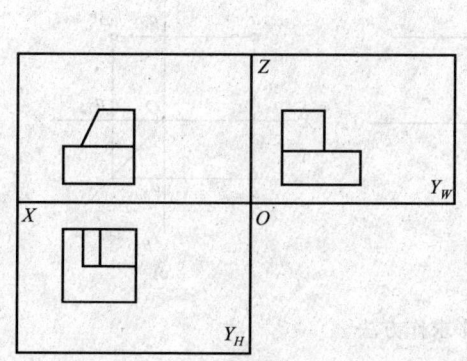 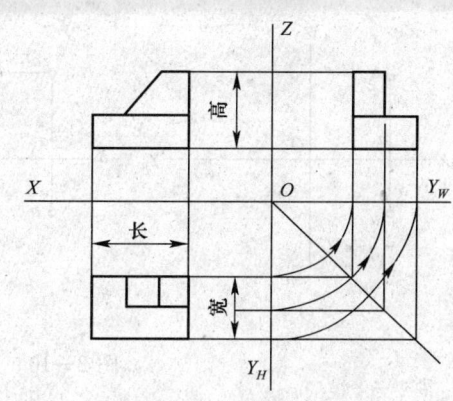

图 2—7　三面投影图展开图示　　　　图 2—8　三视图的投影规律

从图中可以看出，主视图、俯视图都反映了形体的长度，形体上所有的线（面）的正面投影与水平投影必须左右对正。同理，由于主视图和左视图都反映了形体的高度，形体上所有的线（面）的正面投影与侧面投影应上下对齐。并且，由于俯视图和左视图都反映了形体的宽度，形体上的所有线（面）的水平投影与侧面投影的宽度分别对应相等。上述三面投影的基本规律可以概括为三句话，即"主俯视图长对正，主左视图高平齐，俯左视图宽相等"（简称三等关系）。

3. 点和直线的三视图

（1）点的投影特性、方位和重影点

1）点的投影特性。点的投影特性如图 2—9 所示，由此可知，只要给出点的任何两面投影就可以求出第三面投影。

【例 2—1】　已知点 A 的水平投影 a 和正面投影 a'，如图 2—10a 所示。求作其第三

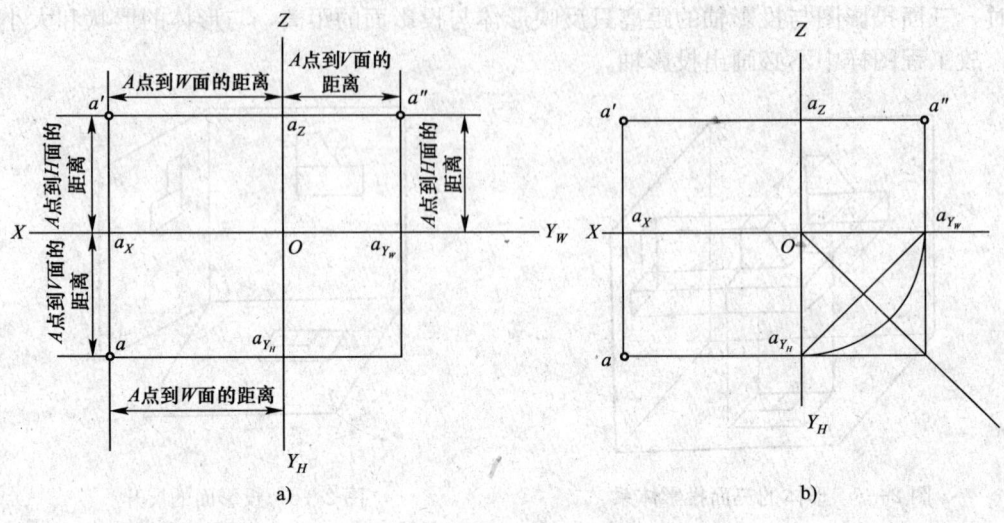

图 2—9 点的投影特性

面投影 a''。根据投影特性，求作步骤如图 2—10b、c 所示。

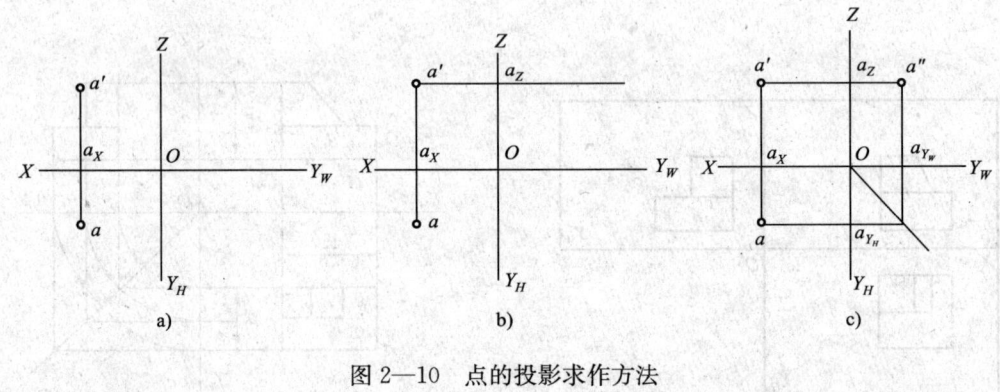

图 2—10 点的投影求作方法

2) 点的方位。空间的点有前、后、左、右、上、下六个方位，这六个方位在三面投影图中的反映如图 2—11 所示。从图中可以看出，H 面投影反映前后、左右关系，V 面投影反映左右、上下关系，W 面投影反映上下、前后关系。所谓两点的相对位置，就是比较两点与投影面的相对位置，即左右、前后、上下关系。

【例 2—2】 试判断图 2—12 中 A、B 两点的相对位置。

判断：从两点的 H 面投影看，A 在 B 的左方、前方；从两点的 V 面投影看，A 在 B 的左方、下方；从两点的 W 面投影看，A 在 B 的前方、下方。故 A 点在 B 点的左、前、下方。

3) 重影点。当空间两点位于某一投影面的同一条投射线上时，这两点在该投影面上的投影必然重合，称为重影点。重影点有三种：水平面重影点、正面重影点、侧面重影点，如图 2—13 所示。

两点投影重合，就有一点的投影是不可见的，观察比较两点的上下、前后、左右位置关系，则上、前、左的点可见。标注时，可见点注写在前，不可见点注写在后，并加括号。

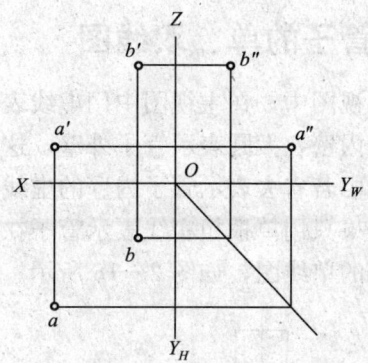

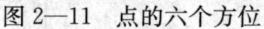

图2—11 点的六个方位　　　　图2—12 点的方位比较

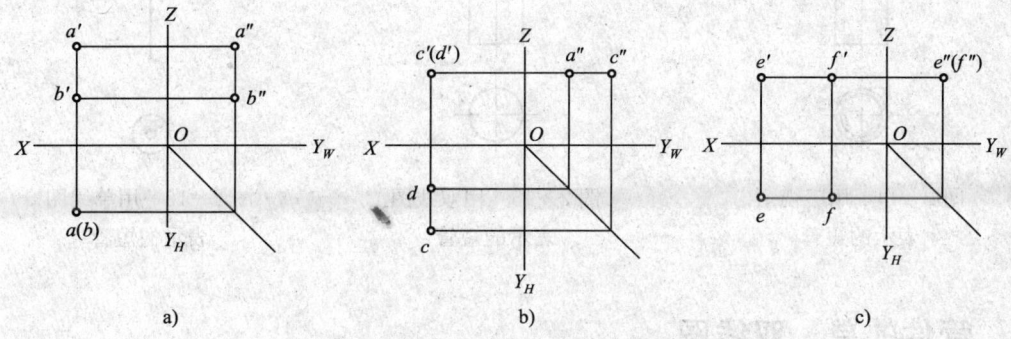

a)　　　　　　　　b)　　　　　　　　c)

图2—13 重影点和可见性

a) 水平面重影点　b) 正面重影点　c) 侧面重影点

（2）直线的三视图。一般位置直线的投影仍为直线。按照"两点决定直线"的几何条件，直线的投影可由其两端点的投影来确定。

作图时，先作出线段两端点的投影，然后分别连接各投影面上直线两端点的投影，即得直线在各投影面上的投影。

第二节　管道单、双线图

→ 1. 掌握管子、管件和阀门单线图的作法
→ 2. 熟悉管子、管件和阀门双线图的作法

管道施工图可分为单线图和双线图。单线图是指在图形中仅用单根的粗实线表示管子和管件的图样。双线图是指在图形中仅用两根线条表示管子和管件的形状，不再用线条表示管子壁厚的图样。

一、管子的单、双线图

三视图中,在主视图中用虚线表示管子的内壁,在俯视图的两个同心圆中,小圆表示管子内壁,大圆表示管子外壁,这是三视图中常用的表示方法,如图2—14所示。在三视图中若省去表示管子内壁的虚线和小圆,就变成管子的双线图,如图2—15所示。

如果只用单根粗实线表示管子在立面上的投影,而在俯视图中用一个小圆圈表示,即管子的单线图,如图2—16所示。

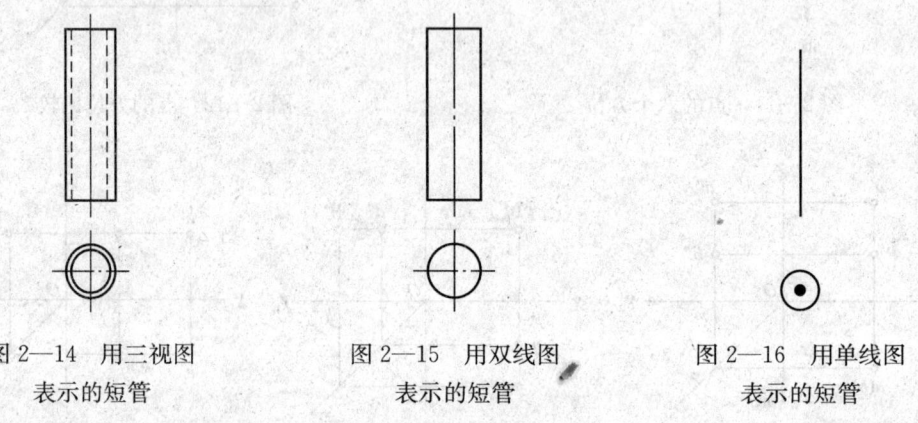

图2—14 用三视图表示的短管　　图2—15 用双线图表示的短管　　图2—16 用单线图表示的短管

二、管件的单、双线图

1. 弯头的单、双线图

90°弯头的三视图如图2—17所示。如图2—18所示是同一弯头的双线图。在双线图中,不仅表示管子壁厚的虚线可以省略不画,而且弯头部分的投影所产生的虚线部分也可省略不画。如图2—19所示,这两种双线图均代表90°弯头。

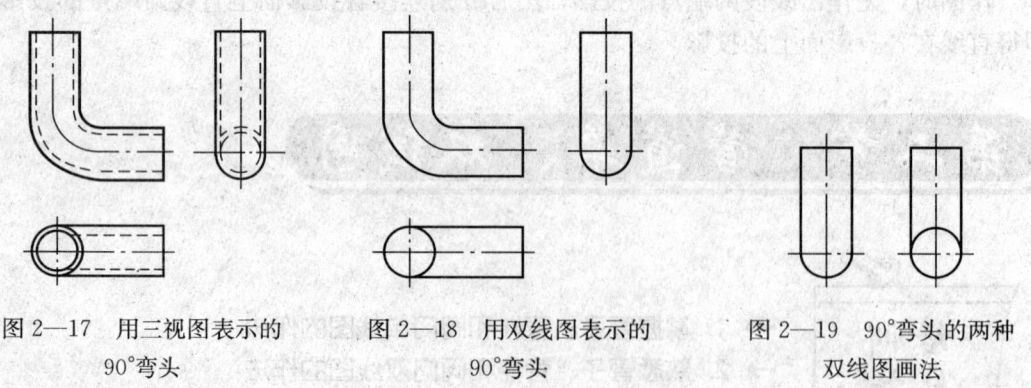

图2—17 用三视图表示的90°弯头　　图2—18 用双线图表示的90°弯头　　图2—19 90°弯头的两种双线图画法

90°弯头的单线图如图2—20所示。在俯视图中上先看到立管的端口,后看到横管,画法与短管的单线图画法相同,立管端口画成一个有圆心点的小圆,横管画在小圆边上。在左视图上先看到立管,横管的端口在背面看不到,这时横管应画成小圆,立管画到小圆的圆心。在单线图中,管子画到圆心的小圆,也可把小圆稍微断开来画。如图

2—21所示，这两种单线图画法意义相同，均代表90°弯头。

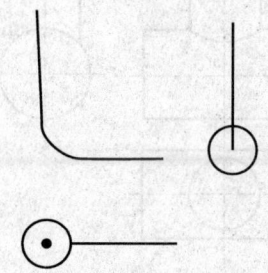

图2—20 用单线图表示的90°弯头

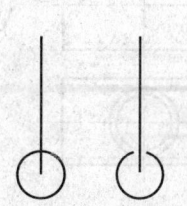

图2—21 两种意义相同的
90°弯头的单线图画法

45°弯头的单、双线图如图2—22所示。其画法与90°弯头的画法很相似，只是在管子的变向处画成半个小圆。也可在半圆上加一条细实线，如图2—23所示，这两种画法意义相同。

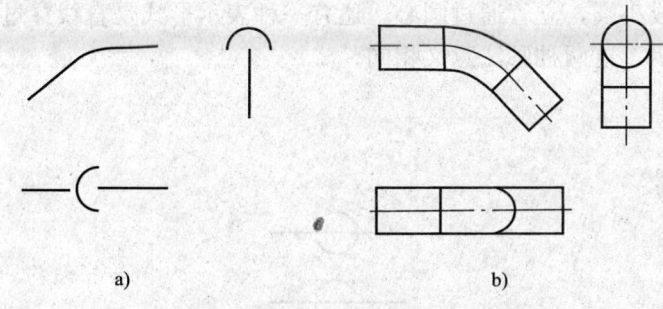

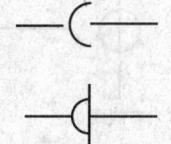

图2—22 45°弯头的单、双线图
a) 单线图 b) 双线图

图2—23 两种意义相同的
45°弯头的单线图画法

2. 三通的单、双线图

等径正三通的三视图和双线图如图2—24所示。如图2—25所示是异径正三通的三视图和双线图。画双线图时，把表示壁厚的实线和虚线省略不画，仅画外形图线。

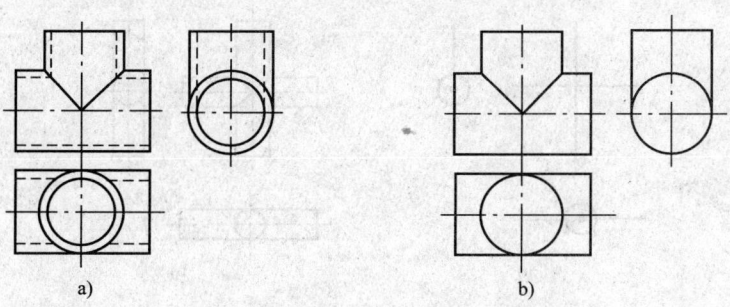

图2—24 等径正三通的三视图和双线图
a) 三视图 b) 双线图

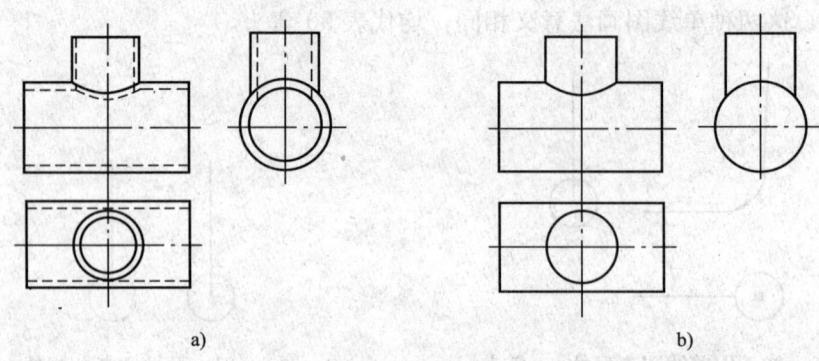

图 2—25 异径正三通的三视图和双线图
a) 三视图 b) 双线图

如图 2—26 所示是三通的单线图。在平面图上，先看到立管端口，所以把立管画成带圆心点的小圆，横管画到小圆边上。在左侧面图上，先看到横管的端口，所以把横管画成一个带圆心点的小圆，立管画到小圆的两边。在右侧面图上，先看到立管，横管的端口在背面看不到，这时横管画成小圆，立管通过圆心。还有一种表示形式是直线穿过稍微断开的小圆，如图 2—27 所示，这两种画法意义相同。

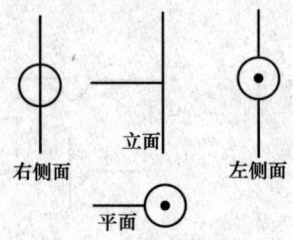

图 2—26 三通的单线图

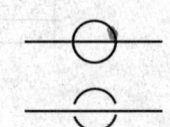

图 2—27 两种意义相同的
三通的单线图画法

3. 四通的单、双线图

等径四通的单、双线图如图 2—28 所示。其画法原理与三通的单、双线图相似。

图 2—28 等径四通的单、双线图
a) 单线图 b) 双线图

4. 大小头的单、双线图

如图 2—29 所示是同心大小头的单、双线图。同心大小头在单线图里有的画成等腰梯形，有的画成等腰三角形，如图 2—30 所示，这两种画法意义相同。

图 2—29　同心大小头的单、双线图　　　图 2—30　两种意义相同的同心大小头的单线图画法
　　a）单线图　b）双线图

如图 2—31 所示是偏心大小头的单、双线图（用立面图形式来表示）。在平面图上的图样与同心大小头的画法相同，但要用文字"偏心"注明。

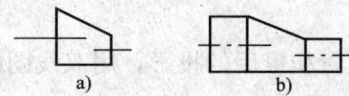

图 2—31　偏心大小头的单、双线图
a）单线图　b）双线图

三、阀门的单、双线图

管道工程所用的阀门种类繁多，用来表示阀门的特定符号也很多，所以其单线图、双线图的图样也很多。现仅介绍一种带柄法兰连接截止阀在管道施工图中的几种表示形式，见表 2—1。

表 2—1　　　　　　　　带柄法兰连接截止阀的表示形式

	阀柄向前	阀柄向后	阀柄向右	阀柄向左
单线图				
双线图				

第三节 管子的积聚、重叠和交叉

→ 1. 熟悉管子、管子与阀门积聚的表示方法
→ 2. 掌握管子重叠和交叉的表示方法

一、管子、管子与阀门的积聚

1. 管子的积聚

由投影原理可知，一根直管积聚后的投影，用双线图的形式表示就是一个小圆，用单线图的形式表示则是一个点。

弯管由直管段和弯头两个部分组成。如图2—32a所示，直管段积聚后的投影是个小圆，与直管段相接的弯头，在拐弯前的投影也积聚成小圆，并且同直管段积聚成的小圆的投影重合。

如果先看到横管弯头的背部，那么，在平面图上显示的只是弯头背部的投影，与它相接的直管段虽积聚成小圆，但被弯头的投影所覆盖，故用虚线表示，如图2—32b所示。

当用单线图表示时，前者先看到立管端口，后看到横管的弯头，这样，把立管画成一个带圆心点的小圆，代表横管的直线画到小圆的边上。后者则得把立管画成小圆，代表横管的直线画到小圆的圆心，如图2—33所示。

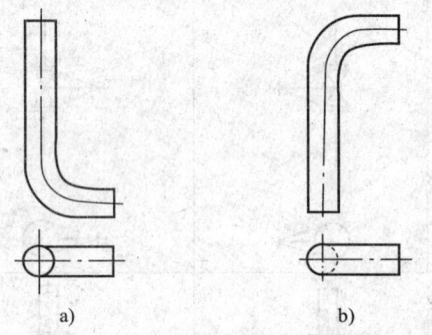

图2—32 弯管的积聚（双线图）

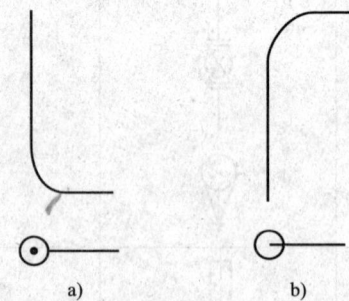

图2—33 弯管的积聚（单线图）

2. 管子与阀门的积聚

如图2—34所示为直管与阀门的积聚，从平面图上看，好像只是一个阀门的投影，其实是直管段积聚成的小圆同阀门内径的投影重合了。

如图2—35所示为弯管与阀门的积聚，在平面图上，先看到横管及弯头的背部，再

管道工程识图

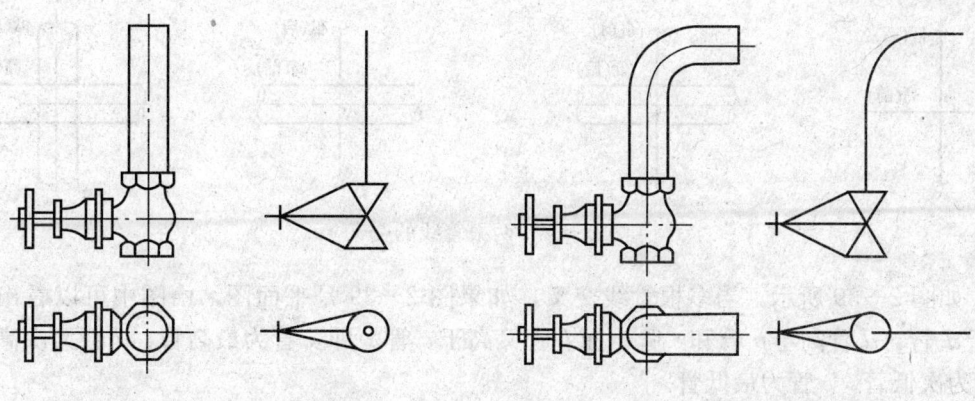

图 2—34 直管与阀门的积聚　　　　图 2—35 弯管与阀门的积聚

看到阀门，立管在平面图上的投影积聚成的小圆与阀门内径的投影重合。

二、管子重叠与交叉的表示方法

1. 管子重叠的表示方法

长短相等、直径相同的两根或两根以上的管子，如果重叠在一起，其投影就完全重合，反映在投影面上就好像是一根管子的投影，这种现象称为管子的重叠。

在工程图中，为了使重叠的管线表达清楚，可采用折断显露法来表示，即假想将前（或上）面的管子截去一段，并画上折断符号，显露出后（或下）面的管子。

如图 2—36 所示为两根重叠管线的平面图，表示断开的管子高，中间显露的管子低；如果此图为立面图，则说明断开的管子在前，中间显露的管子在后。

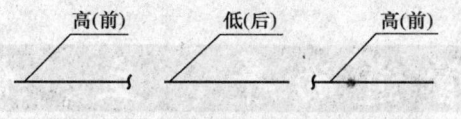

图 2—36 两根重叠管线的平面图

如图 2—37 所示为多根重叠管线的平面图，由图中可看出，1 号为最高（或最前）管，2 号为次高（或次前）管，3 号为次低（或次后）管，4 号为最低（或最后）管。

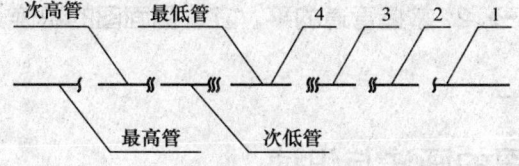

图 2—37 多根重叠管线的平面图

2. 管子交叉的表示方法

在施工图样中经常出现交叉管线，这是管线投影相交所致。如图 2—38 所示，当两根管线投影交叉时，能全部看见的管线，完整表示，看不见（即低处或后面）的管线则应在交叉处断开或用虚线表示。

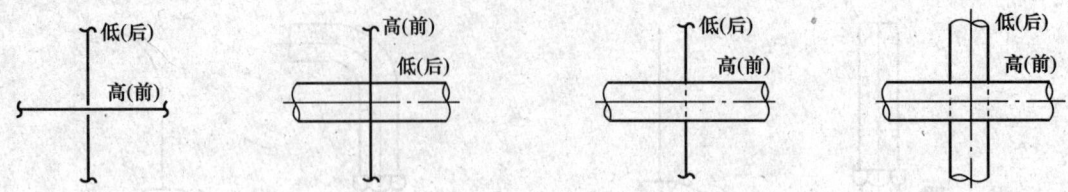

图 2—38 两根管线的交叉

如图 2—39 所示，当多根管线交叉，如果图 2—39 是平面图，由图中可以看出，a 高于 d 管，d 管高于 b 管和 c 管，而 b 管又高于 c 管。即 a 管为最高管，d 管为次高管，b 管为次低管，c 管为最低管。

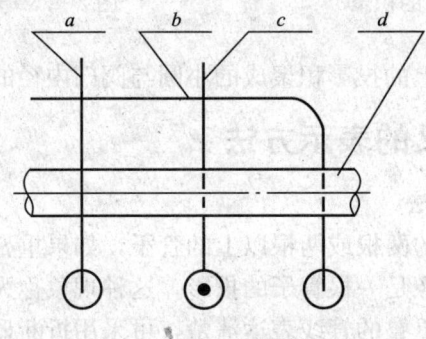

图 2—39 多根管线的交叉

如果图 2—39 是立面图，那么，a 管为最前面的管，d 管为次前面的管，b 管为次后面的管，c 管为最后面的管。

第四节 管道的平、立、侧面图

→ 1. 了解管道的平、立、侧面图
→ 2. 掌握管道的平、立、侧面图的识读

一、管线正投影图的画法与识读

1. 管线正投影图的画法

管线正投影图的画法是先画立面图（或平面图），然后根据投影规律画出平面图（或立面图）及侧面图。例如，摇头弯管线的单、双线图如图 2—40 所示。

2. 管线正投影图的识读方法

拿到管线正投影图后，先弄清它是由几个视图表达的，管线的形状及走向如何，再

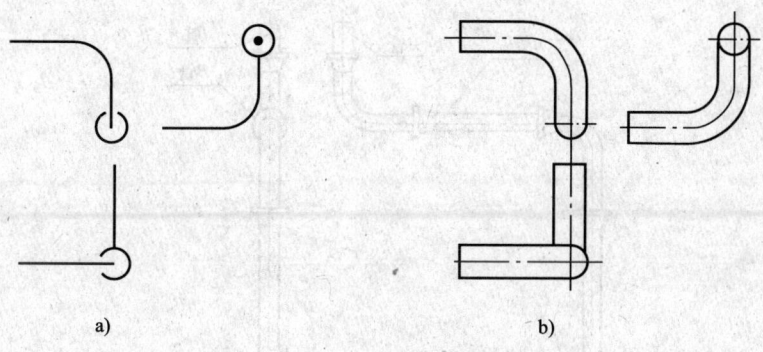

图 2—40 摇头弯管线的单、双线图
a) 单线图 b) 双线图

看各视图间的关系，然后想象出管线的大致轮廓形状。想象出管线的大致轮廓后，各管段之间的相互关系可利用对线条的方法，找出其投影关系，尤其是积聚、重叠、交叉管线之间的投影关系。看懂了每个视图的各部分形状后，再根据它们相应的投影关系，综合想象整个管线系统的空间走向。

由此，识读管线正投影图的一般方法是看视图、想形状、对线条、找关系、合起来、想整体。

3. 识读举例

（1）承插连接管线的识读。如图 2—41 所示，通过"看视图、想形状"可知，这路管线由 A、B、C、D 四段直管和三个弯头组成，大致形状如 Z 字形，连接形式为承插连接。

通过"对线条、找关系"可知，在立面图的最左方看到立管 C，其上端有弯头与横管 B 连接，下端另有弯头与横管 D 连接，此处横管 D 积聚成一个小圆。在侧面图上，横管 D 显示完整，而横管 B 则积聚成一个小圆。在平面图上，立管 A 积聚成一个小圆，立管 C 也积聚成一个小圆，并与 C 管上端的弯头投影重合。

最后"合起来、想整体"可知，此路管线是由来回弯和摇头弯共同组成的。

（2）螺纹连接管线的识读。如图 2—42 所示，在立管 C 的阀门上下侧，分别由三通连接水平的 A 管和 B 管，并在 A 管和 B 管上各设阀门一个，这两个阀门处于同一轴线上，所以在平面图上仅看到阀门 1。整个系统的三个阀门呈三角形分布，阀柄均向前。

二、管道的平、立、侧面图

图 2—43 和图 2—44 分别为某室内给水工程给水箱的管道平、立、侧面图的单线图和双线图。

1. 管道平面图

从图 2—43 和图 2—44 中的平面图可以看出，进出水箱的管道共有 4 条。

第 1 条是进水管 DN50：自断口起，向右至水箱顶部的横向中心线，然后转 90°弯向前至水箱中心向下 90°弯头止。

第 2 条是出水管 DN50：自水箱外壁起，向前至向下弯的 90°弯头，然后垂直向下

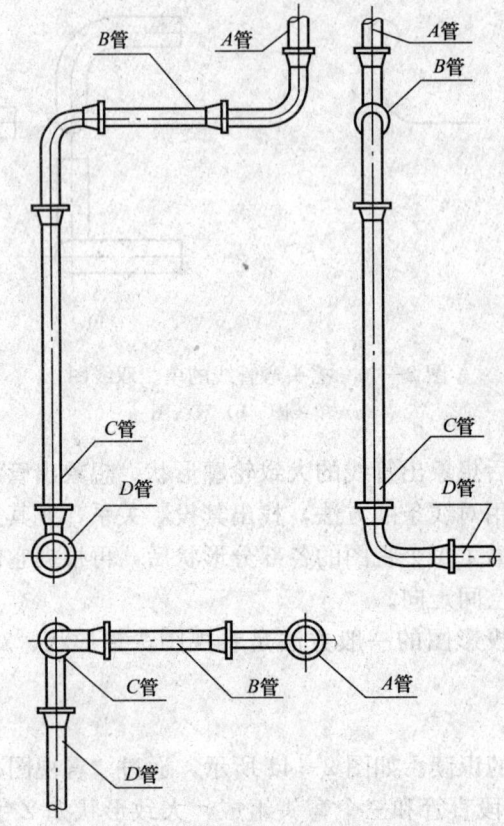

图 2—41 承插连接管线的双线图

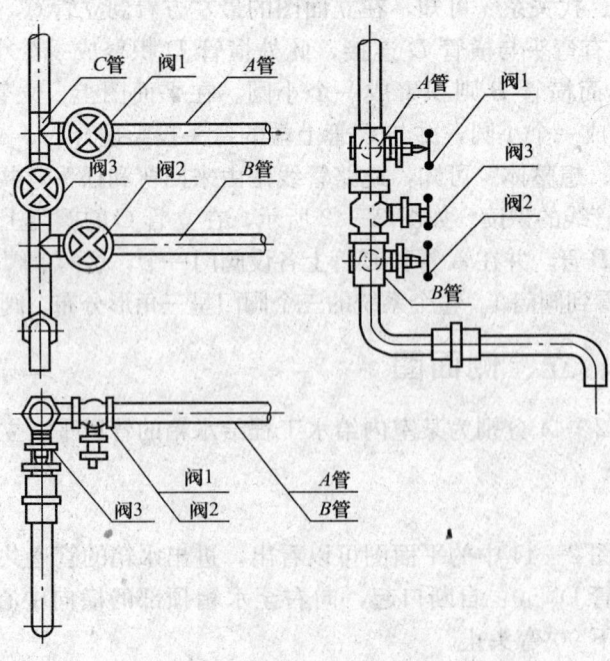

图 2—42 螺纹连接管线的双线图

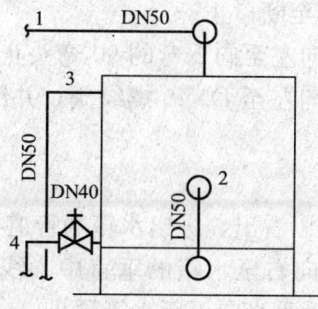 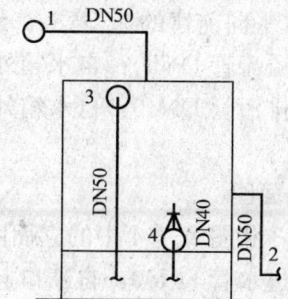

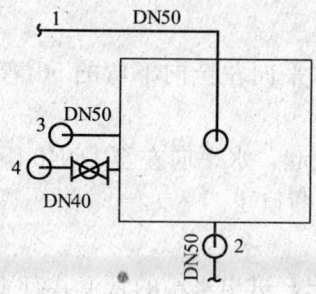

图 2—43 管道平、立、侧面图（单线图）

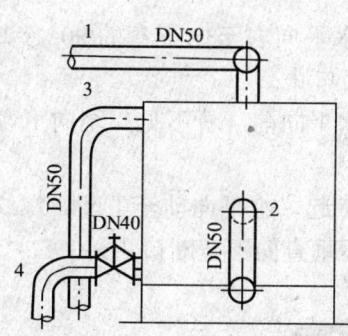 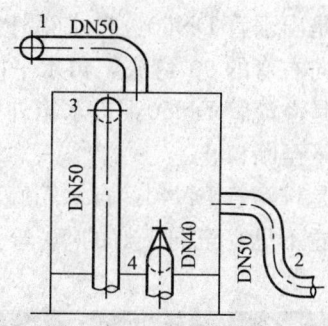

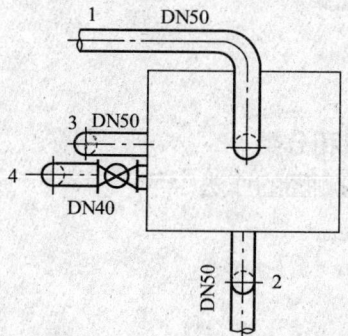

图 2—44 管道平、立、侧面图（双线图）

（看不见）至水平向前弯的90°弯头，继续向前至断口止。

第3条是溢流管DN50：自水箱外壁起，向左至向下弯的90°弯头止。

第4条是排污管DN40：自水箱外壁起，向左至DN40螺纹阀，并继续向左至向下弯的90°弯头止。

2. 管道立面图

从图2—43和图2—44中的立面图同样可以看出，进出水箱的管道共有4条。

第1条是进水管DN50：自断口起，水平向右至水箱的垂直中心线，在此转90°弯水平向前（看不见）至向下弯的90°弯头，然后垂直向下至水箱顶止。

第2条是出水管DN50：自水箱外壁起，水平向前（看不见）至向下弯的90°弯头，然后垂直向下至水平向前弯的90°弯头止。

第3条是溢流管DN50：自水箱外壁起，水平向左至向下弯的90°弯头，然后垂直向下至断口止。

第4条是排污管DN40：自水箱底部的外壁起，水平向左至DN40螺纹阀，并继续水平向左至向下弯的90°弯头，然后垂直向下至断口止。

3. 管道侧面图

从图2—43和图2—44中的侧面图也能看出，进出水箱的管道共有4条。

第1条是进水管DN50：自断口起，90°弯头水平向右至水箱的垂直中心线，然后转90°弯垂直向下至水箱顶止。

第2条是出水管DN50：自水箱外壁起，水平向右至向下弯的90°弯头，然后垂直向下至水平向右弯的90°弯头，再水平向右至断口止。

第3条是溢流管DN50：自水箱外壁起，水平向前（看不见）至向下弯的90°弯头，然后垂直向下至断口止。

第4条是排污管DN40：自水箱底部的外壁起，水平向前至DN40螺纹阀，并继续水平向前（看不见）至向下弯的90°弯头，然后垂直向下至断口止。

第五节 管道轴测图

→ 1. 了解轴测图的形成和分类
→ 2. 掌握简单的管道轴测图的作法

一、轴测图的形成和分类

1. 轴测图的形成

用正投影图表达物体的形状和尺寸时缺乏立体感。轴测图能用一个图形同时表达出物体长、宽、高三个方向的尺寸和形状，立体感强，容易识读。

轴测图是采用平行投影的方法，沿不平行于任一坐标面的方向，将物体连同三个坐标轴一起投射到单一投影面上所得的图形，如图 2—45 所示，轴测图也叫轴测投影图。

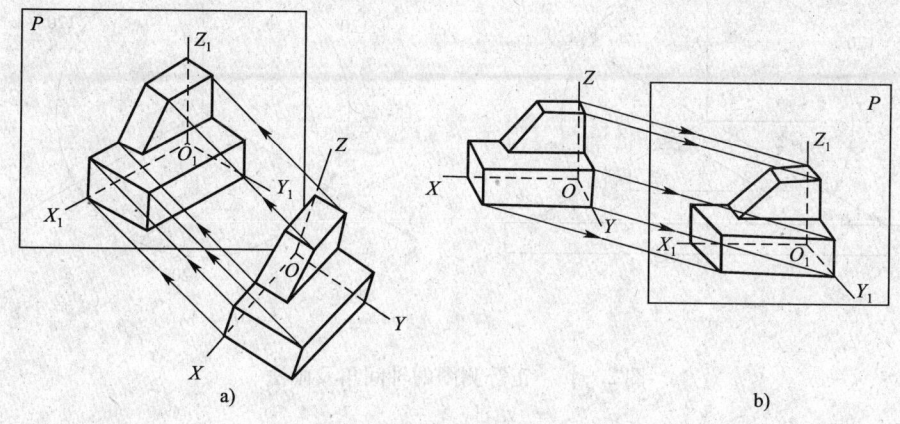

图 2—45 轴测图的形成
a) 正等测图　b) 斜等测图

在图 2—45 中，投影面 P 称为轴测投影面。空间直角坐标轴 OX、OY、OZ 在轴测投影面上的投影 O_1X_1、O_1Y_1、O_1Z_1 称为轴测投影轴（简称轴测轴）。轴测轴之间的夹角 $\angle X_1O_1Y_1$、$\angle X_1O_1Z_1$、$\angle Y_1O_1Z_1$ 称为轴间角。轴测轴上的长度与空间坐标轴上相应长度之比称为轴向伸缩系数，分别用 p、q、r 表示 X 轴、Y 轴、Z 轴的轴向伸缩系数。

2. 轴测图的分类

常用的轴测图有正等测图和斜等测图两种。

(1) 正等测图。正等测图使物体的三个主要方向都与轴测投影面 P 具有相等的倾角，然后用与 P 面垂直的平行投射线将物体投射到 P 面上，所得图形称为正等轴测图（简称正等测图），如图 2—45a 所示。

(2) 斜等测图。斜等测图使物体的坐标平面 XOZ 平行于轴测投影面 P，然后用与 P 面倾斜的平行投射线将物体投射到 P 面上，当三条坐标轴的轴向伸缩系数均为 1 时，所得图形称为斜等轴测图（简称斜等测图），如图 2—45b 所示。

二、正等测图

1. 轴间角及轴向伸缩系数

正等测图的轴向角 $\angle X_1O_1Y_1 = \angle X_1O_1Z_1 = \angle Y_1O_1Z_1 = 120°$，$O_1Z_1$ 轴一般画成铅垂方向，O_1X_1、O_1Y_1 轴与水平线成 30°角，如图 2—46 所示。X、Y、Z 轴的轴向伸缩系数均为 0.82，为作图简便，均取 1，称为简化伸缩系数。

2. 作管线正等测图的基本原则

(1) 形体上的直线在正等测图中仍是直线。

(2) 平行线的轴测投影仍然平行。

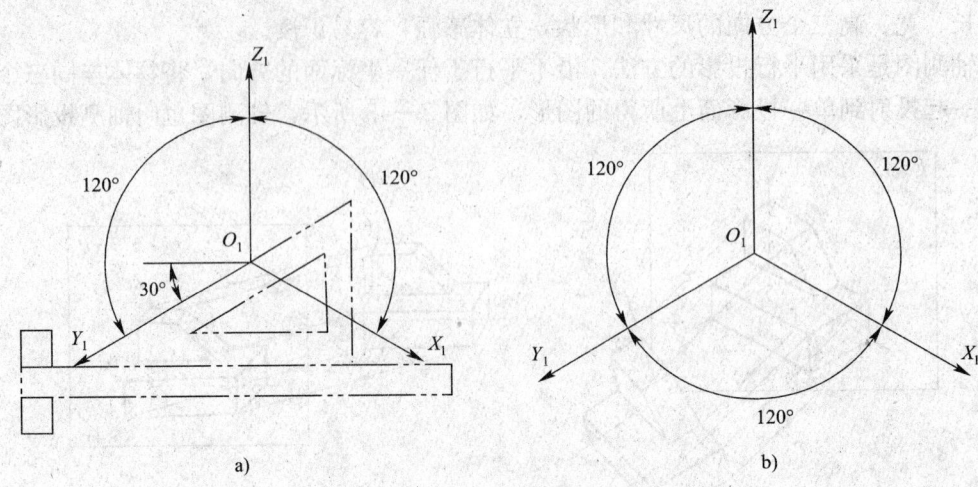

图 2—46　正等测图的轴间角及画法

(3) O_1Z_1 轴一般画成铅垂方向，O_1X_1 轴与 O_1Y_1 轴可以互换，坐标轴可以反向延长。

(4) 画管线轴测图时，只能在与轴平行的方向上量取长度。

(5) 管线一般用单根粗实线表示。

(6) 被挡住的管线要断开。

(7) 轴测图中的设备一律用细实线或双点画线表示。如果管线比较简单，应画出设备示意性的外形；如果设备上需要连接的管线多，仅需画出设备上的管接口。

(8) 法兰、阀门和管件在轴测图中的画法。在水平管段中，要垂直画；在垂直管段中，与邻近的水平管段平行。阀门的手柄应与管线平行。

(9) 在轴测图中注明管路中的介质性质、流动方向、管线标高、坡度等。

(10) 平行于坐标面的圆在正等测图上是椭圆。

3. 作管道正等测图的方法和步骤

(1) 图形分析。对管道平、立面图进行图形分析，弄清各段管线在空间的走向和具体位置，以及转弯点、分支点、阀门、设备等的位置，建立立体形象，并对管段编号。

(2) 根据管路的走向建立坐标系。坐标原点宜选在分支点或转弯点上，定 X_1 轴为左右走向，Y_1 轴为前后走向，而 Z_1 轴一定为上下走向。

(3) 逐段画图。从坐标原点开始向外逐步分支，逐段沿轴向画出每一管段。一般先画原点左面，再画原点右面；先画前面，再画后面；先画上面，再画下面。

(4) 整理。擦去不必要的线条，描深，即得管道轴测图。

简而言之，管线正等测图的画法可以归纳成四句话：左右东南斜，上下竖画竖；前后东北斜，斜度均三十。

左右走向的管道，画在正等测图时，线条应朝东南方向倾斜，即要画在 X_1 轴上。上下竖画竖，指上下走向的立管，应垂直画在 Z_1 轴上。前后走向的管线，在正等测图中，应朝东北方向倾斜，即要画在 Y_1 轴上。不论 X_1 轴还是 Y_1 轴，它们与水平线的夹角均为30°，即所谓斜度均三十。

这里的东、南、西、北方向是以地图上的方位作标记，即左西右东，上北下南。

4. 管道正等测图画法举例

（1）把图2—47a中的摇头弯画成正等测图。

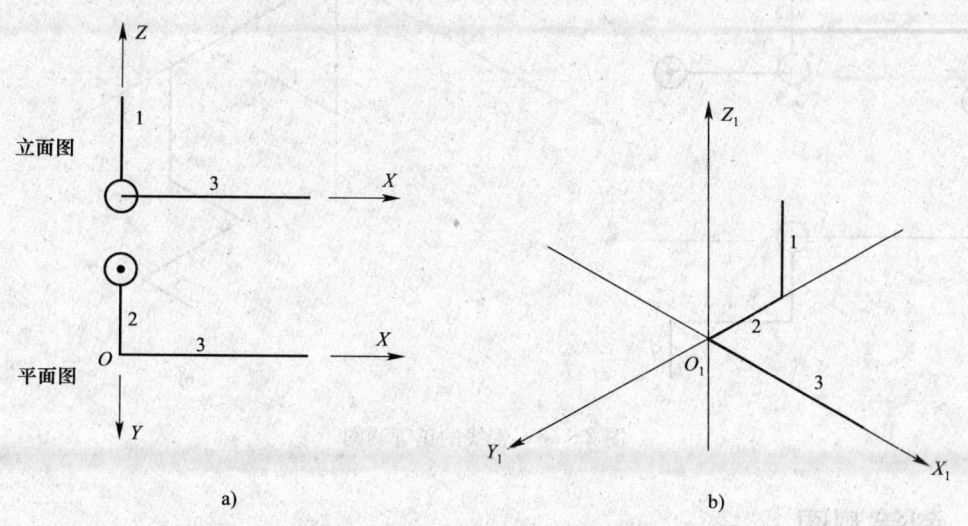

图2—47 摇头弯的正等测图

作图步骤如下：

1) 分析图2—47a的平、立面图可知，管段1为上下走向，管段2为前后走向，管段3为左右走向。

2) 选管段2、3间的转弯点为坐标原点，建立坐标系。

3) 逐段画图，从O_1点沿X_1轴向右量取管段3在平面图中的实长。

从O_1点沿Y_1轴向后量取管段2在平面图中的实长，再沿与Z_1轴平行的方向向上的量取管段1在立面图中的实长。

4) 描深、整理，即得正等测图，如图2—47b所示。

（2）把图2—48a中的管线画成正等测图。

作图步骤如下：

1) 进行图形分析，对管段编号。

2) 以管段2、3之间的转弯点为坐标原点，建立坐标系。

3) 逐段画图。从O_1开始，沿X_1轴向右量取管段3在平面图中的实长，再沿与Z_1轴平行的方向向下量取管段4在立面图中的实长，沿与Y_1轴平行的方向向前量取管段5在平面图中的实长，沿与X_1轴平行的方向向右量取管段6在平面图中的实长，再沿Y_1轴平行的方向前量取管段7在平面图中的实长。

从O_1开始，沿Z_1轴向下量取管段2在立面图中的实长，再向后量取管段1在平面图中的实长。

4) 描深、整理，即得正等测图，如图2—48b所示。

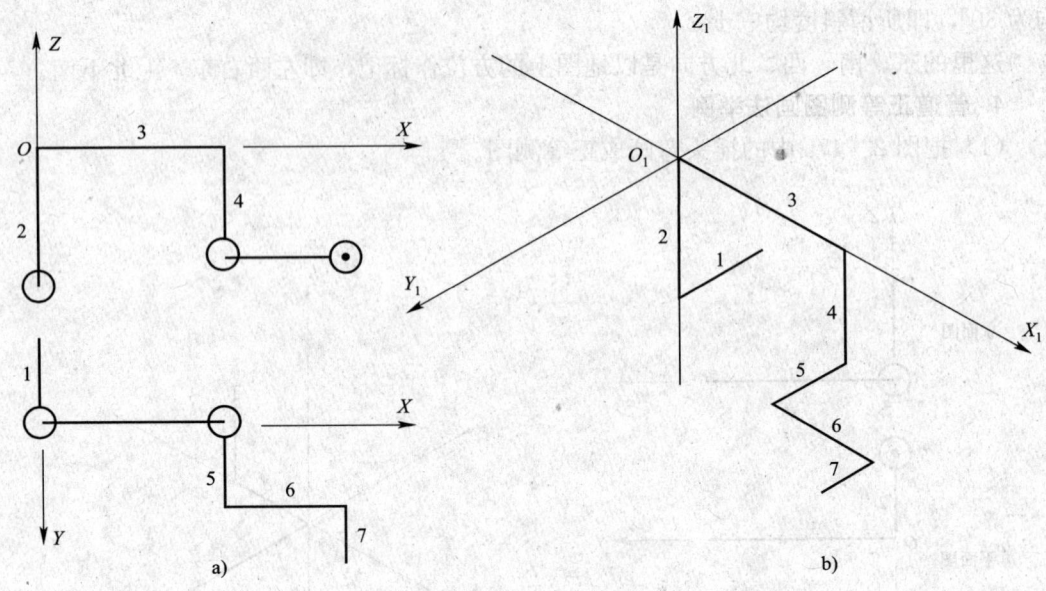

图 2—48 管线的正等测图

三、斜等测图

1. 轴间角及轴向伸缩系数

斜等测图的轴间角 $\angle X_1O_1Z_1=90°$，$\angle X_1O_1Y_1=\angle Y_1O_1Z_1=135°$，如图 2—49 所示。轴向伸缩系数均为 1。

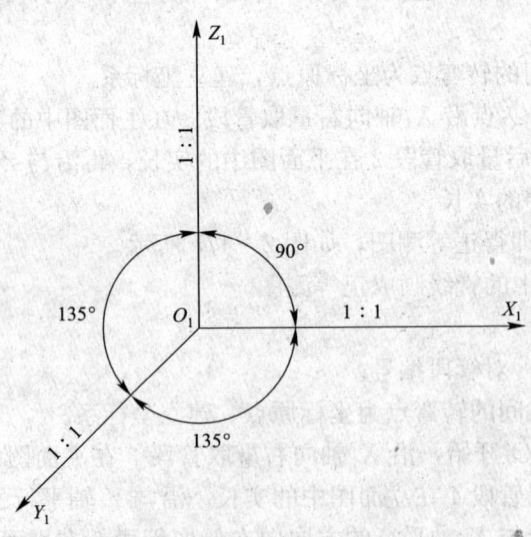

图 2—49 斜等测图的轴间角及轴向伸缩系数

2. 管道斜等测图画法举例

管道斜等测图的作图原则及画法与正等测图基本相同，除轴间角不同外，平行于坐标面 XOZ 的圆，在斜等测图上反映的是实形的圆，而在正等测图上反映的是椭圆。

(1) 把图 2—50a 中的摇头弯画成斜等测图。

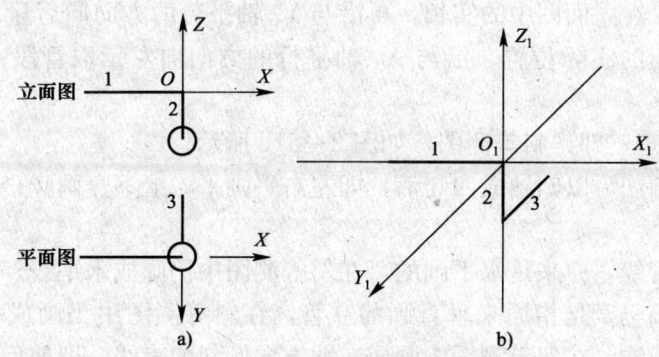

图 2—50 摇头弯的斜等测图

作图步骤如下：
1) 进行图形分析，并对管段编号。
2) 取管段 1、2 之间的转弯点为坐标原点，建立坐标系。
3) 逐段画图。从 O_1 点开始先向左量取管段 1 在立面图中的实长。

从 O_1 点开始，沿 Z_1 轴向下量取管段 2 在立面图中的实长，再沿与 Y_1 轴平行的方向向后量取管段 3 在平面图中的实长。

4) 描深、整理，即得摇头弯的斜等测图，如图 2—50b 所示。

(2) 把图 2—51a 中的管线画成斜等测图。

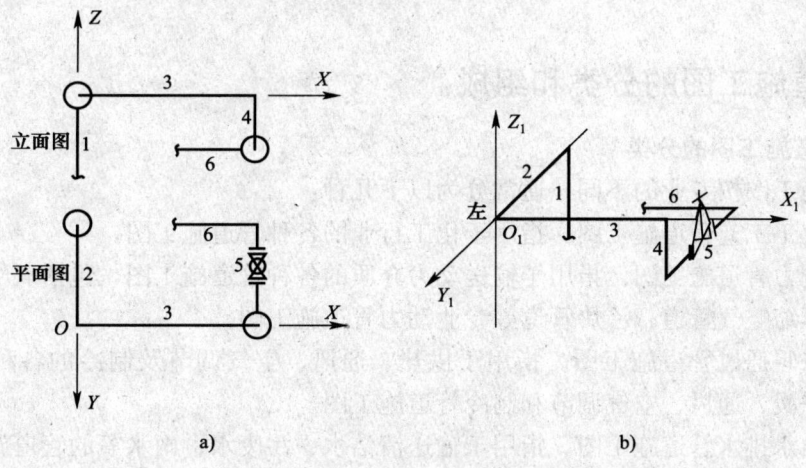

图 2—51 管道的斜等测图

作图步骤如下：
1) 进行图形分析，并对管段编号。
2) 取管段 2、3 之间的转弯点为坐标原点，建立坐标系。
3) 逐段画图。从 O_1 点开始沿 Y_1 轴向后量取管段 2 在平面图中的实长，再沿与 Z_1 轴平行的方向向下量取管段 1 在立面图中的实长。

从 O_1 点开始沿 X_1 轴向右量取管段 3 在平面图中的实长,然后沿与 Z_1 轴平行的方向向下量取管段 4 在立面图中的实长,再沿与 Y_1 轴平行的方向向后量取管段 5 在平面图中的实长及阀门的实际位置,沿与 X_1 轴平行的方向向左量取管段 6 在平面图上的实长。

4)描深,整理,即得斜等测图,如图 2—51b 所示。

斜等测图的画法可以归纳成四句话,即左右平画平,上下竖画竖;前后东北斜,斜度四十五。

左右走向的管线,原来是水平画的,在斜等测图中仍画成水平线,管线的走向、长度不变。上下竖画竖,是指原来垂直画的立管,在斜等测图中仍画成垂直的,且为实长。前后走向的管线,在斜等测图中画成东北方向倾斜的直线,即前后东北斜。管线与水平线的夹角为 45°。

第六节 管道施工图的识读方法

→ 1. 掌握管道施工图的组成
→ 2. 熟悉管道施工图的图例及代号
→ 3. 熟悉管道施工图的表示方法
→ 4. 掌握管道施工图的识读方法

一、管道施工图的分类和组成

1. 管道施工图的分类

管道施工图按专业的不同,通常分为以下几种:

(1)化工工艺管道施工图。指用于化工行业的各种管道施工图。

(2)动力管道施工图。指用于输送动力介质的各种管道施工图,包括氧气管道、煤气管道、压缩空气管道、乙炔管道等专业动力管道施工图。

(3)采暖通风管道施工图。指用于供热、通风、空气调节及制冷的各种管道施工图,包括采暖、通风、空气调节和制冷管道施工图。

(4)给水排水管道施工图。指用于输送清洁水、污废水、雨水等的管道施工图,包括给水管道施工图、排水管道施工图和卫生工程图。

(5)自控仪表管道施工图。指用于连接各种仪表,以进行各种参数自动调节的管道施工图,如温度仪表、压力仪表、流量仪表等的管道控制图。

2. 管道施工图的组成

管道施工图由基本图和详图两大部分组成。基本图包括图样目录、施工图说明、设备材料表、流程图、平面图、系统图和立(剖)面图等,详图包括节点图、大样图、标准图。

(1) 图样目录。对于数量较多的施工图，设计人员把它们按一定的图名和顺序归纳编排成图样目录，以便查阅，从中可得知设计单位、建设单位、工程名称、地点、编号及图样名称等信息。

(2) 施工图说明。图样上无法表示出来而施工人员必须知道的一些技术和质量方面的要求，一般用施工图说明加以表示。其内容包括主要技术数据、施工和验收要求，以及注意事项。

(3) 设备材料表。指该项工程所需的各种设备和各类管道、管件、阀门，以及防腐、保温材料的名称、规格、型号、数量的明细表。

(4) 流程图。流程图表示的是一个生产系统或一个化学装置的整个工艺变化过程，通过它可以对设备的位号、建（构）筑物的名称及整个系统的仪表控制点（温度、压力、流量以及分析的测点）有一个全面的了解。同时，对管道的规格、编号，输送的介质、流向，以及主要控制阀门等也有一个确切的了解。

(5) 平面图。平面图是施工图中最基本的图样，它主要表示建（构）筑物和设备的平面分布，管线的走向、排列和各部分的长宽尺寸，以及每根管子的坡度和坡向、管径和标高等具体数据。看过平面图后，可以对工程有一个大致的了解。

(6) 系统图。系统图是一种立体图，它能在一个图面上同时反映出管线的空间走向和实际位置，帮助施工人员想象管线的布置情况，减小看其他图的困难。

(7) 立（剖）面图。立（剖）面图主要表达建（构）筑物和设备的立面分布、管线垂直方向上的排列和走向，以及每路管线的编号、管径和标高等具体数据。

(8) 节点图。节点图能清楚地表示某一部分管道的详细结构及尺寸，是对平面图及其他施工图所不能反映的某点图形的放大。节点用代号表示其所在部位，例如节点A，可在平面图上找到"A"所代表的部位。

(9) 大样图。表示一组设备的配管或一组管配件组合安装的一种详图。大样图用双线图表示，所表达的物体有真实感，并对组装体各部位的详细尺寸都作了标记。

(10) 标准图。标准图是一种具有通用性质的图样，图中标有成组管道、设备或部件的具体图形和详细尺寸，但是它不能用作单独施工的图样。

二、管道施工图的常用线型、代号及通用图例

1. 管道施工图常用线型

管道施工图上的管子及管件多采用统一的线型表示，各种线型的含义和作用又有所不同。管道施工图的常用线型见表2—2。

表2—2　　　　　　　　　管道施工图的常用线型

序号	名称	线型	宽度	使用范围及说明
1	粗实线	————————	b	1. 主要管线 2. 图框线
2	中实线	————————	$\dfrac{b}{2}$	1. 辅助管线 2. 分支管线

续表

序号	名称	线形	宽度	使用范围及说明
3	细实线	——————————	≈$\frac{b}{3}$	1. 管件、阀件的图线 2. 建筑物及设备轮廓线 3. 尺寸线、尺寸界线及引出线等
4	粗点画线	— · — · — · —	b	主要管线（在同一张图样中，区别于粗实线所代表的管线）
5	点画线	— · — · — · —	≈$\frac{b}{3}$	1. 定位轴线 2. 中心线
6	粗虚线	— — — — — —	b	1. 地下管线 2. 被设备所遮盖的管线
7	虚线	— — — — — —	≈$\frac{b}{3}$	1. 设备内辅助管线 2. 自控仪表连接线 3. 不可见轮廓线
8	波浪线	～～～～	≈$\frac{b}{3}$	1. 管件、阀件断裂处的边界线 2. 表示构造层次的局部界线

2. 管路代号

管道图中输送各种液体和气体的管道一般采用实线表示。为了区别各种不同类别的管路，在线的中间须注上用汉语拼音表示的规定代号，如图2—52所示。液体和气体管路的规定代号见表2—3。

在施工图中，如果只有一种或在同一图上有多数相同的管路，其代号可以省略不标，只在图样中加以说明。

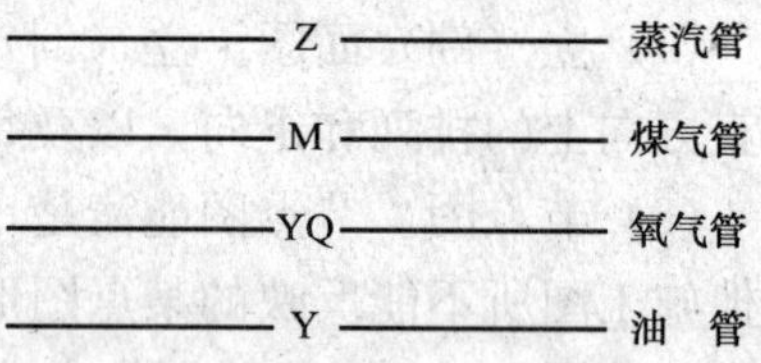

———— Z ———— 蒸汽管
———— M ———— 煤气管
———— YQ ———— 氧气管
———— Y ———— 油管

图2—52 管道规定代号示例

表2—3　　　　　液体和气体管路的规定代号

类别	名称	符号	类别	名称	符号	类别	名称	符号
1	给水管	J	9	煤气管	M	17	乙炔管	YI
2	排水管	P	10	压缩空气管	YS	18	二氧化碳管	E
3	循环水管	XH	11	氧气管	YQ	19	鼓风管	GF
4	污水管	W	12	氮气管	DQ	20	通风管	TF
5	热水管	R	13	氢气管	QQ	21	真空管	ZK
6	凝结水管	N	14	氩气管	YA	22	乳化剂管	RH
7	冷冻水管	L	15	氨气管	AQ	23	油管	Y
8	蒸汽管	Z	16	沼气管	ZQ			

3. 管道施工图通用图例

管道施工图上的管件和阀门多采用规定的图例来表示。管道施工图通用图例见表2—4。

表 2—4　　　　　　　　　管道施工图通用图例

序号	名称	图例	说明
1	保温管	〜〜〜	适用于防结露管
2	地沟管	≡≡≡	
3	防护套管	▭	
4	流向	→	
5	坡向	→	
6	套筒伸缩器	─┤├─	
7	波形伸缩器	─◇─	
8	弧形伸缩器	─∩─	
9	矩形伸缩器	─⊓─	
10	软管	∿	
11	固定支架	─✕──✕─	
12	滑动支架	═	
13	阀门	法兰连接 ─▷◁─ 螺纹连接 ─▷◁─	
14	角阀	▷	
15	截止阀	─▷◁─	
16	闸阀	─▷◁─	

续表

序号	名称		图例	说明
17	三通阀			
18	四通阀			
19	球阀			
20	旋塞阀			
21	电磁元件			
22	电动元件			
23	止回阀			
24	减压阀			
25	安全阀	弹簧式		
		重锤式		
26	减压孔板			
27	过滤器			
28	螺纹管帽			
29	法兰盖			
30	活接头			

续表

序号	名称	图例	说明
31	温度传感元件		
32	压力传感元件		
33	指示表（计）		
34	记录仪		

三、管道施工图的表示方法

1. 比例

管道施工图上的尺寸与实际尺寸相比的关系叫作比例，如图样比例为1∶50、1∶100等。在比例为1∶50的图样上若量取尺寸为10 mm，则实际管线长度为0.5 m。

2. 标高

标高是标注管道或建筑物高度的一种尺寸形式。标高有绝对标高和相对标高两种。

（1）绝对标高。把我国青岛附近黄海的平均海平面定为绝对标高的零点，其他各地标高以它为基准。

（2）相对标高。一般以新建建筑物的底层室内主要地坪面定为该建筑物相对标高的零点，用"±0.000"表示。比地坪面低的标高用负号表示，如-1.280；比地坪面高的标高前不写"+"，如1.280。

标高以"m"为单位，一般注写到小数点后第三位。

标高的标注形式分别如图2—53、图2—54和图2—55所示。

图2—53 平面图中管道标高的标注

3. 方位标

确定管道安装方位基准的图标称为方位标。如图2—56所示为指北针及风玫瑰图。

4. 管径标注

管径的标注如图2—57所示。

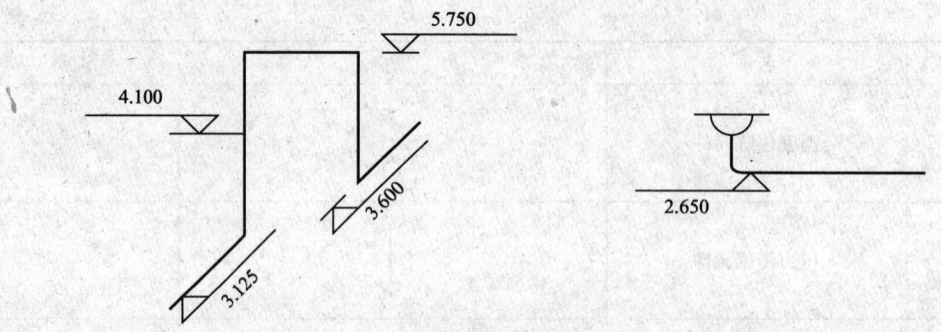

图 2—54 轴测图中管道标高的标注

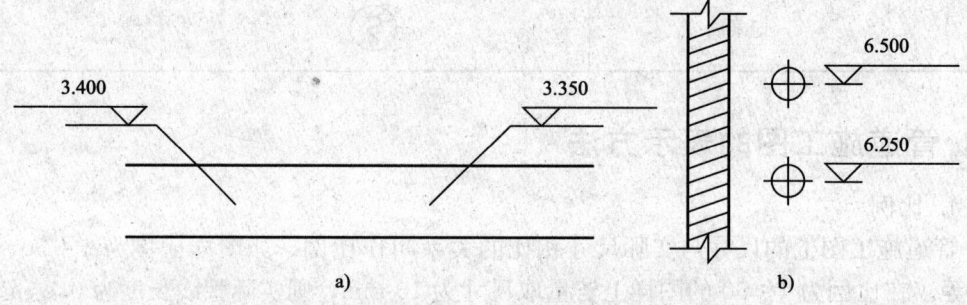

图 2—55 地沟标高和剖面图中管道标高的标注
a) 地沟标高的标注　b) 剖面图中管道标高的标注

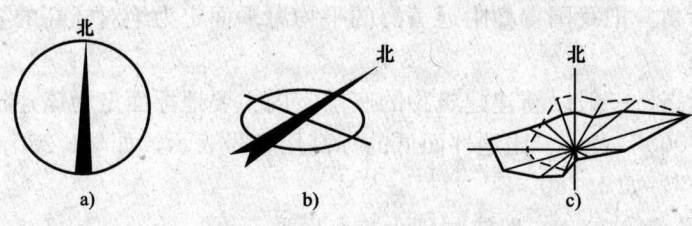

图 2—56 指北针及风玫瑰图

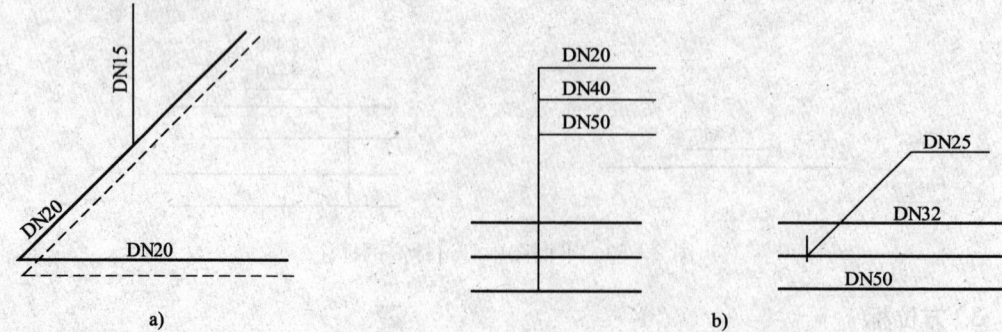

图 2—57 管径的标注
a) 管径尺寸标注位置　b) 多根管线的管径标注

5. 坡度及坡向

管道的坡度及坡向表示管道倾斜的程度和高低方向，坡度常用 i 表示，坡向常用单箭头表示，箭头指向低的一端。管道坡度及坡向的表示方法如图 2—58 所示。

图 2—58 管道坡度及坡向的表示方法

6. 管道连接的表示方法

管道连接方法常在施工图说明中注明，常见连接方法的符号如图 2—59 所示。

图 2—59 常见连接方法的符号
a) 法兰连接 b) 承插连接 c) 螺纹连接 d) 焊接连接

7. 管线的表示方法

管线的表示方法很多，常用汉语拼音字母表示管道的类型，例如，给水立管用"JL"表示、热水管用"R"表示等。

如图 2—60 所示为管道系统编号表示法，如图 2—61 所示为采暖系统编号表示法，如图 2—62 所示为管道编号表示法。

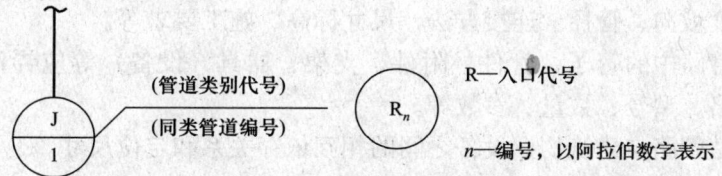

图 2—60 管道系统编号表示法

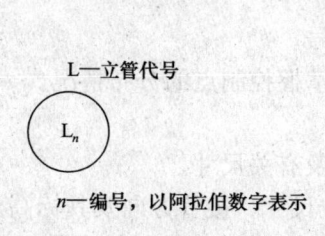

图 2—61 采暖系统编号表示法

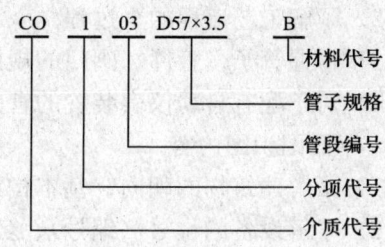

图 2—62 管道编号表示法

四、管道施工图的识读方法

1. 管道施工图的特点

管道施工图的显著特点是示意性和附属性。管道施工图中的线型和图例只能表示管线及其附件等的安装位置，不可能完全反映安装的具体尺寸和要求。

在识读图样之前，必须初步具备管道安装的工艺知识，了解管道安装操作的基本方法及各种管路的特点与安装要求，熟悉各类管道施工规范和质量标准，只有这样才具备了看图的基础技能。

2. 识图方法

一般应遵循从整体到局部、从大到小、从粗到细的原则，同时要将图样与文字对照看，将各种图样对照看，以便逐步深入和逐步细化。看图过程是一个从平面到空间的过程，必须利用投影还原的方法，再现图样上各种线条、符号所代表的管路、附件、器具、设备的空间位置及管路的走向。

3. 全套施工图识图方法

（1）首先看图样目录，了解建设工程性质、设计单位、管道种类，必须清楚整套图样一共有多少张，有哪几类图样，以及图样编号。

（2）其次看施工说明书、材料表、设备表等一系列文字说明，然后按照流程图（原理图）、平面图、立（剖）面图、系统轴测图及详图的顺序，逐一详细阅读。

（3）各种图样之间是相互补充、相互说明的，看图过程中不能一张接一张地看，要将内容相同的各种图样对照起来看。

4. 单张施工图识图方法

（1）首先看图样标题栏，了解图样名称、比例、图号、图别，以及设计人员。

（2）其次看图样上所画的图形、文字说明和各种数据，弄清管线编号、管路走向、介质流向、坡度坡向、管径、连接方法、尺寸标高、施工要求等。

（3）对于管路中的管子、管件、附件、支架、器具（设备）等应弄清楚材质、名称、种类、规格、型号、数量、参数等。

（4）弄清楚管路与建筑物、设备之间的相互依存关系和定位尺寸。

5. 施工流程图识图内容

（1）掌握设备的种类、名称、位号（编号）、型号。

（2）了解工艺流程的全过程。

（3）掌握管子、管件、阀门的规格、型号及编号。

（4）对于配有自动仪表装置的管路系统，还要掌握控制点的分布情况。

6. 平面图识图内容

（1）了解建筑物的朝向、基本构造、轴线分布及有关尺寸。

（2）了解设备的位号（编号）、名称、平面定位尺寸、接管方向及其标高。

（3）掌握各条管线的编号、平面位置、介质名称、管子及管路附件的规格、型号、种类、数量。

（4）掌握管道支架的设置情况，弄清支架的形式、作用、数量及构造。

7. 立（剖）面图识图内容

（1）了解建筑物竖向构造、层次分布、尺寸及标高。

（2）了解设备的立面布置情况，查明位号（编号）、型号、接管要求及标高尺寸。

（3）掌握各条管线在立面上的布置情况，特别是坡度及坡向、标高尺寸等情况，以及管子、管路附件的各类参数。

8. 系统轴测图识图内容

（1）掌握管路系统的空间立体走向，弄清楚管路标高、坡度及坡向、管路出口和入口的组成。

（2）了解干管、立管及支管的连接方式，掌握管件、阀门、器具（设备）的规格、型号、数量。

（3）了解管路与设备的连接方式、连接方向及要求。

9. 简单管道施工图的识读

识读如图 2—63 所示的某喷泉供水管道系统图。

（1）平面图的识读。如图 2—63a 所示，从平面图上可以看到 3 条主要管道。

第 1 条是供水主管 DN40：从断口起，至三通 a 止。其上安装 DN40 阀门一个。

第 2 条是左路供水干管 DN32：从三通 a 起，至弯头 3 止。其上安装立管（L_1、L_2、L_3）三根、水平短管一根（SP_1）及 DN15 阀门 3 个。

第 3 条是右路供水干管 DN32：从三通 a 起，至弯头 6 止。其上安装立管（L_4、L_5、L_6）三根、水平短管一根（SP_2）及 DN15 阀门 3 个。

（2）轴测图的识读。如图 2—63b 所示，从轴测图上可以看到 11 条主要管道。

第 1 条是供水主管 DN40：从断口起，水平向前至阀门，并继续向前至三通 a（标高－0.40）止。

第 2 条是左路供水干管 DN32：从三通 a 起，水平向左至三通 b，并继续向左至弯头 1，然后水平向前至三通 c，继续水平向前至弯头 2，然后水平向右至弯头 3（标高－0.40）止。

第 3 条是右路供水干管 DN32：从三通 a 起，水平向右至三通 d，并继续向右至弯头 4，然后水平向前至三通 e，继续水平向前至弯头 5，而后水平向左至弯头 6（标高－0.40）止。

第 4 条是立管 1（L_1）DN15：从三通 b（标高－0.40）起，垂直向上至阀门（标高 0.50），并继续垂直向上至断口（标高 0.60）止。

第 5 条是立管 2（L_2）DN15：从三通 c（标高－0.40）起，垂直向上至向右弯的 90°弯头（标高 0.50）止。

第 6 条是立管 3（L_3）DN15：从弯头 3（标高－0.40）起，垂直向上至阀门（标高 0.50），并继续垂直向上至断口（标高 0.60）止。

第 7 条是立管 4（L_4）DN15：从三通 d（标高－0.40）起，垂直向上至阀门（标高 0.50），并继续垂直向上至断口（标高 0.60）止。

第 8 条是立管 5（L_5）DN15：从三通 e（标高－0.40）起，垂直向上至向左弯的 90°弯头（标高 0.50）止。

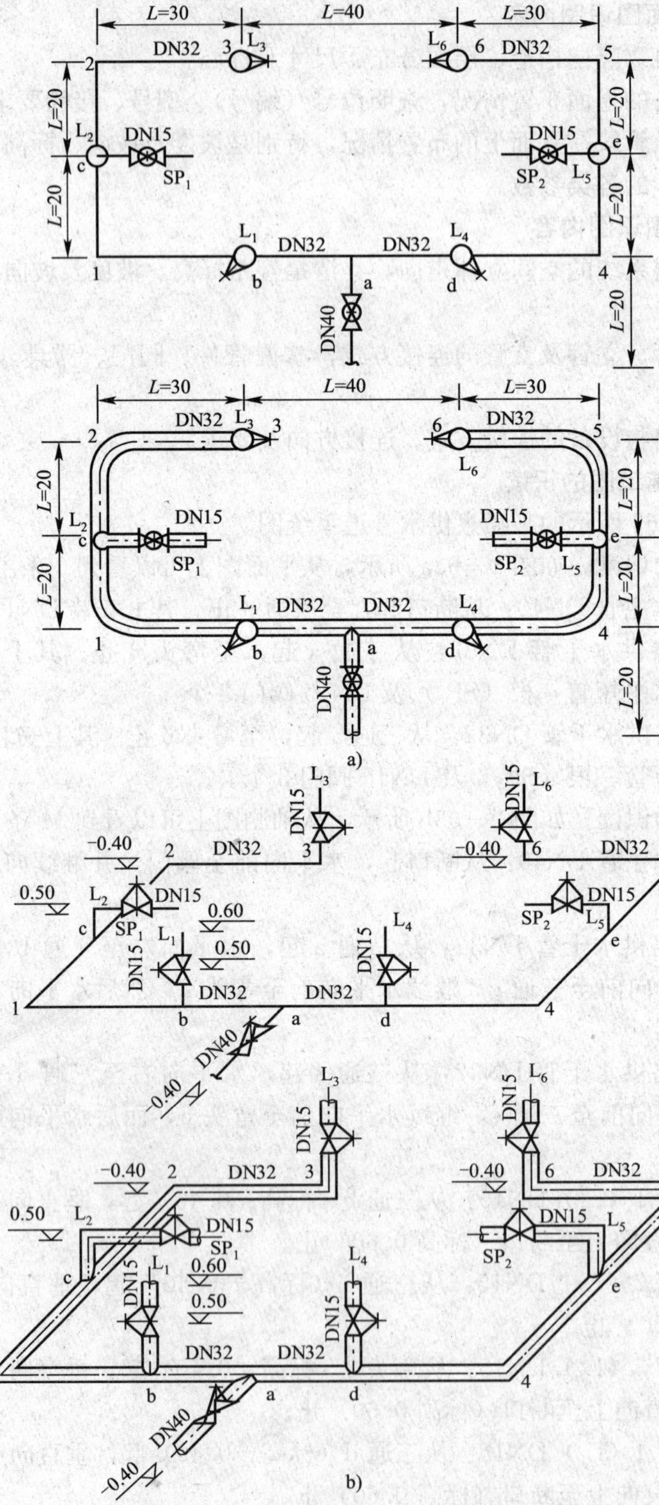

图 2—63 某喷泉供水管道系统图
a) 管道平面图的单、双线图　b) 管道斜等测图的单、双线图

第9条是立管6（L_6）DN15：从弯头6（标高-0.40）起，垂直向上至阀门（标高0.50），并继续垂直向上至断口（标高0.60）止。

第10条是水平短管1（SP_1）DN15：从立管2（L_2）向右弯的90°弯头（标高0.50）起，水平向右至阀门并继续向右至断口止。

第11条是水平短管2（SP_2）DN15：从立管5（L_5）向左弯的90°弯头（标高0.50）起，水平向左至阀门并继续向左至断口止。

第七节 技能训练实例

相关链接

管件制作的常用名词如下：

1. 母线

与管子轴线平行的管子外轮廓线的组合。

2. 弯曲半径

弯管轴线所形成扇形平面的半径，通常用 R 表示。例如，焊接弯头的弯曲半径 $R=1.5D_w$（其中，R 为弯曲半径，单位 mm；D_w 为欲展开的管子的外径，单位 mm）。

3. 相贯线

构成管件的焊接缝。

4. 样板厚

制作样板板材的厚度，用 δ 表示，通常取 $\delta=1$ mm。

5. 基准线

为了便于用样板准确地在管子上画线而在管子上所做的辅助线。

6. 样冲眼

用样冲在管子表面打的记号，用于防止基准线丢失或再显示基准线。

7. 端节

位于焊接弯头两个端部的部分。

8. 中节

焊接弯头的主要部分，两个端面都与管轴线不垂直，一个中节等于两个端节。

9. 样板长度

制作管件样板的长度。

（1）用管子作管件时，样板长度公式为

$$L=\pi(D_w+\delta)$$

式中　D_w——管子的外径，mm；

　　　δ——样板厚度，mm。

（2）用板材作管件时，样板长度为欲作管件规格尺寸的展开长度，即

$$L=\pi D_z$$

式中 D_z——欲作管件的中径，mm。

10. 样板的轮廓线

围成样板的光滑曲线和直线段。

11. 样板材料

制作样板的材料，如油毡，黄、白板纸，薄铁皮等。

12. 平行线法

对圆柱形管件，用平行线的几何作图方法，将其表面分成若干不规则梯形，拼接成样板图的作图方法。

说明：本技能训练的要求是掌握管件样板的制作方法，管件制作的工艺仅供了解。掌握了管道工基本操作技能后，再行制作。

实训1 等分直线段和圆周

一、等分直线段

已知直线段 AB，任意等分（如五等分），如图2—64所示，其作图步骤如下：

1. 以 A 点为端点作一任意直线段 AC，并从端点起量取任意长度的五个等份，得点1、2、3、4、5，如图2—64a所示。

2. 连接点5与点 B，再过点1、2、3、4作 $5B$ 的平行线，与 AB 线交于点 $1'$、$2'$、$3'$、$4'$，这些点即等分点，如图2—64b所示。

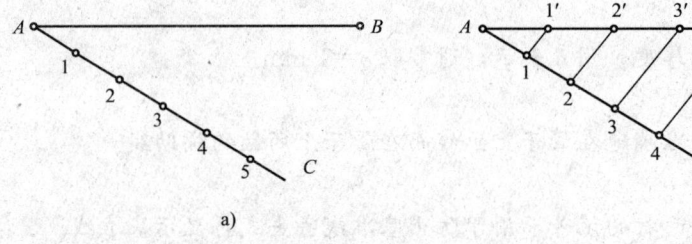

图2—64 等分直线段

二、等分圆周

1. 圆周的三等分及作内接正三角形

如图2—65所示，其作图步骤如下：

如图2—65a所示，以 D 为圆心，以圆的半径 R 为半径画圆，交圆周于 A、B、A、B、C 即圆周的三等分点。如图2—65b所示，依次连接 AB、BC、AC，即得内接正三角形。

2. 圆周的五等分及作内接正五边形

如图2—66所示，其作图步骤如下：

(1) 求作半径 OF 的中点 M。

(2) 以 M 为圆心、MA 为半径作弧，交 OG 于 N 点，AN 即正五边形的边长。

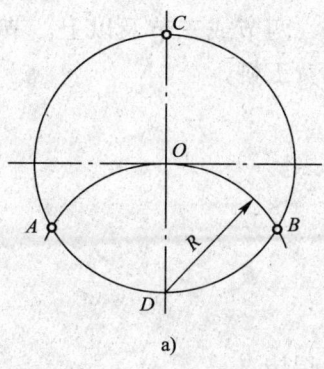 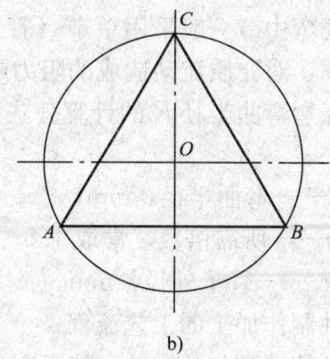

图 2—65　圆周的三等分及作内接正三角形

(3) 从 A 点起，以 AN 为半径，在圆周上连续截取等长圆弧，得 B、C、D、E 点。

(4) 依次连接各等分点，即得所求的内接正五边形。

3. 圆周的六等分及作内接正六边形

如图 2—67 所示，其作图步骤如下：

分别以 A、D 为圆心，以圆的半径 R 为半径画弧，交圆周于 B、F、C、E 四点，A、B、C、D、E、F 即圆周的六等分点（见图 2—67a）。依次连接，即得所求之内接正六边形（见图 2—67b）。

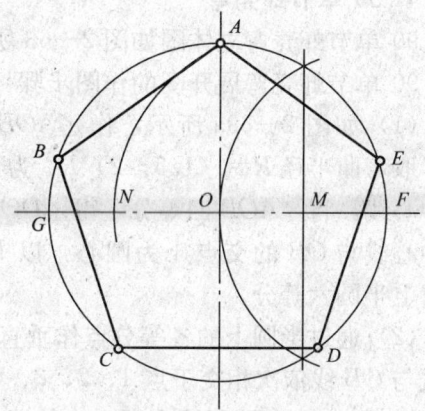

图 2—66　圆周的五等分及作内接正五边形

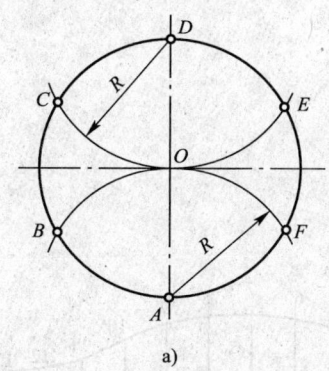 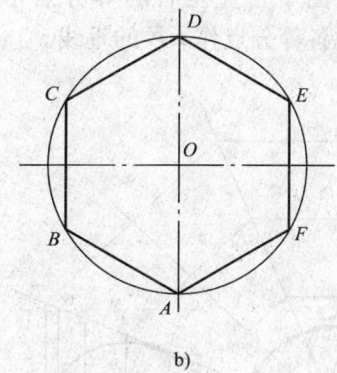

图 2—67　圆周的六等分及作内接正六边形

实训 2　制作焊接弯头

焊接弯头又称虾壳弯，是由若干个称为"节"的带有斜截面的直管段组成，组成的节一般包括两个端节及若干个中节，端节为中节的一半。

虾壳弯中节一般采用单节（管道安装禁止采用）、两节或三节及以上。节数越多，弯头越顺，对介质流动造成的阻力越小，但相应地越费工料。

虾壳弯弯曲半径 R 的计算公式为

$$R = mD_w$$

式中　R——弯曲半径，mm；

　　　m——所需倍数，常取 1.5～2；

　　　D_w——管子外径，mm。

管件制作加工的工艺流程：

管件的展开与放样→画线下料→切割坡口→组对焊接。

一、虾壳弯的展开与放样

1. 90°单节虾壳弯

90°单节虾壳弯立体图如图 2—68 所示。

90°单节虾壳弯展开图的作图步骤：

（1）如图 2—69a 所示，作 $\angle AOB = 90°$，以 O 为圆心，取弯曲半径 $R = (1.5 \sim 2)D_w$ 为半径，画出虾壳弯的中心线。将 $\angle AOB$ 四等分，得 $\angle DOB = 22.5°$，以虾壳弯中心线与 OB 的交点 4 为圆心，以 $D_w/2$ 为半径画圆，并将上半圆六等分。

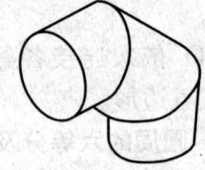

图 2—68　90°单节虾壳弯立体图

（2）通过半圆上的各等分点作垂直于 OB 的直线，垂直线与 OB 线依次相交于点 1、2、3、4、5、6、7，与 OD 线相交于点 $1'$、$2'$、$3'$、$4'$、$5'$、$6'$、$7'$。四边形 $11'7'7$ 即弯头的端节立面图。

（3）如图 2—69b 所示，在 OB 延长线上画直线 EF，使 $\overline{EF} = \pi(D+\delta)$，并进行十二等分，图中自左至右的等分点依次是 1、2、3、4、5、6、7、8、9、10、11、12、13，通过各等分点作 EF 的垂线。

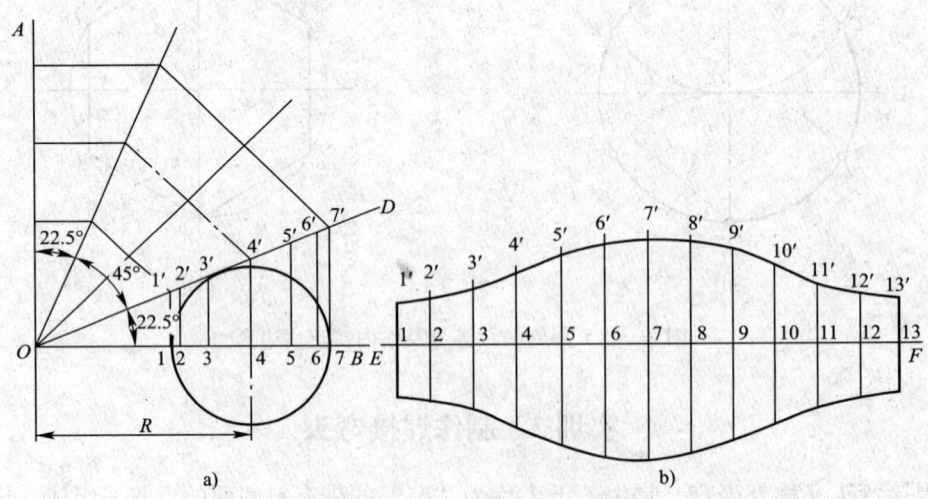

图 2—69　90°单节虾壳弯的展开图

(4) 以直线 EF 上各等分点为基点，分别截取图 2—69a 中 $11'$、$22'$、$33'$、$44'$、$55'$、$66'$、$77'$ 线段长，画在 EF 相应的垂直线上，然后以同样的方法对称截取相应的长度，得到 $8'$、$9'$、$10'$、$11'$、$12'$、$13'$，将所得的各交点用光滑曲线连接起来，就是该弯头端节的展开图。然后以 EF 为对称线，画出对称图形，即得到弯头的中节展开图。

2. 90°两节虾壳弯

90°两节虾壳弯是指有两个中节的 90°虾壳弯，其展开图的作图步骤如下：

(1) 如图 2—70a 所示，作 $\angle AOB=90°$，以 O 为圆心，以 $R=(1.5\sim2)D_w$ 为半径，画出虾壳弯中心线。并将 $\angle AOB$ 三等分。再将距离直线 OB 最近的 30°角平分，得 $\angle COB=15°$，以虾壳弯中心线与 OB 的交点 4 为圆心，以 $D_w/2$ 为半径画圆并将上半圆六等分。

(2) 通过半圆上的各等分点作垂直于 OB 的直线，交于 OB 的各点为 1、2、3、4、5、6、7，交于 OC 的各点为 $1'$、$2'$、$3'$、$4'$、$5'$、$6'$、$7'$，则四边形 $11'7'7$ 是弯头的端节立面图。

(3) 如图 2—70b 所示，沿 OB 延长线方向画出直线 EF，使 $\overline{EF}=\pi(D+\delta)$，并十二等分，自左至右的等分点是 1、2、3、4、5、6、7、8、9、10、11、12、13，通过各等分点作垂线。

(4) 以直线 EF 上的各等分点为圆心，分别截取图 2—70a 中 $11'$、$22'$、$33'$、$44'$、$55'$、$66'$、$77'$ 线段长，画在 EF 相应的垂直线上，然后以同样的方法对称截取相应的长度，得到 $8'$、$9'$、$10'$、$11'$、$12'$、$13'$，将所得的各交点用光滑曲线连接起来。再以 EF 为对称线，画出对称图形，即得两节虾壳弯中节的展开图。

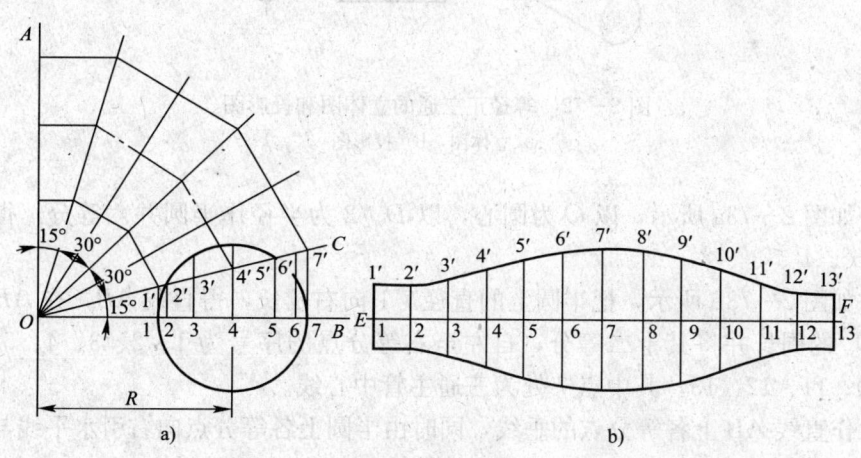

图 2—70 90°双中节虾壳弯的展开图

二、虾壳弯的画线下料与加工制作

1. 将管件的展开图画在油毡上，经剪裁成为下料的样板。在管子上画出两条对称的中心线，并用样冲轻轻冲眼，把样板包缠在管子上，并划出切割线，两段之间应留足 3～5 mm 的切割口宽度，如图 2—71 所示。

2. 管子划线下料后用氧乙炔焰切割，清除切口熔渣。然后加工坡口，坡口角度背部为20°～25°，两侧为30°～35°，弯头腹部为40°～45°。

3. 完成坡口加工后，对准管端中心进行点焊，并用扁钢直角尺校正其角度，防止出现勾头现象。

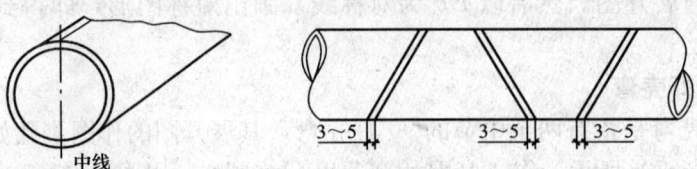

图2—71 虾壳弯的划线下料

实训3 制作焊接三通

焊接三通又称马鞍三通、挖眼三通，是在干管上开孔、焊接支管而制成，可分为等径正三通、异径正三通、等径斜三通及异径斜三通等多种形式。

一、制作等径正三通

1. 等径正三通的展开与放样

图2—72是等径正三通的立体图和投影图，其展开图的作图步骤如下：

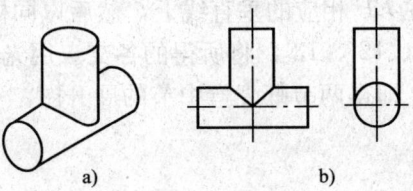

图2—72 等径正三通的立体图和投影图
a) 立体图 b) 投影图

(1) 如图2—73a所示，以 O 为圆心，以 $D_w/2$ 为半径作半圆并六等分，得等分点 $7'$、$6'$、$5'$、$4'$、$3'$、$2'$、$1'$。

(2) 如图2—73b所示，把半圆上的直径 $7'1'$ 向右延长，得直线 AB，在 AB 上量取管外径 D_w 的周长并将其十二等分，自左至右等分点的序号为1、2、3、4、5、6、7、8、9、10、11、12、13，其中点7处为三通主管中心线。

(3) 作直线 AB 上各等分点的垂线，同时由半圆上各等分点向右引水平线与各垂线相交，将所得的对应交点连成光滑曲线，即得支管的展开图Ⅰ。

(4) 以直线 AB 为对称线，将4—10范围内的垂直等分线分别对称地向上截取相应的长度，得各对应的交点，并将其连成光滑曲线，即得主管上开孔切割的展开图Ⅱ。

2. 等径正三通的划线下料与加工制作

(1) 在主管和支管上划出定位线，并用中心冲轻轻冲眼，分别把展开图Ⅰ、Ⅱ样板中心对准管中心，划出切割线，便可进行切割。

(2) 应根据坡口的要求进行切割，支管上应全部开坡口，坡口角度在角焊处为

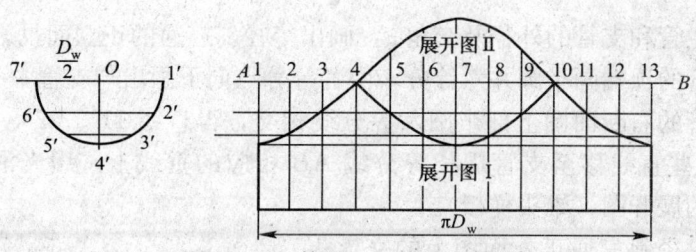

图 2—73 等径正三通的展开图

$45°$,对焊处为 $30°$,从角焊处向对焊处(即尖角处)应逐渐缩小坡口角度,均匀过渡。主管开口处不应全开坡口,在角焊处不开坡口,如图 2—74 中 A 节点,在向对焊处伸展的中心点处开始开坡口,至对焊处为 $30°$,如图 2—74 中 B 节点。

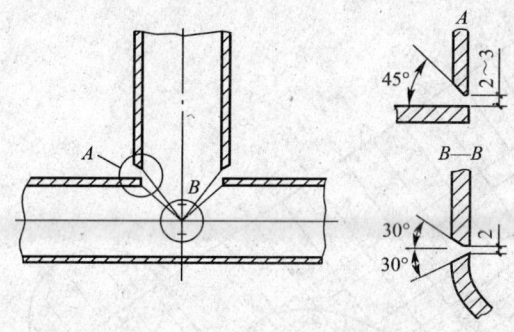

图 2—74 等径正三通坡口组对示意图

(3) 组对时,要求主管上开孔的大小与支管的内径相配,因此,展开图Ⅱ样板最宽处的两边应减去壁厚再划线,使焊缝的内缝相平齐,组对时用宽座直角尺校正支管与主管间的角度应为 $90°$,再由专业焊工进行点焊、施焊。

二、制作等径斜三通

1. 等径斜三通的展开与放样

等径斜三通的立体图和投影图如图 2—75 所示。由图可知,支管与主管的交角为 α(通常取 $\alpha=45°$)。其展开图的作图步骤为:

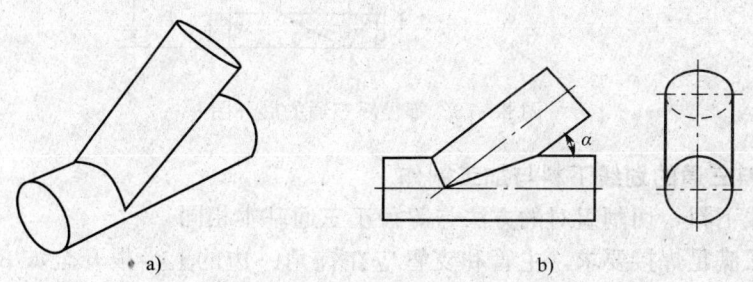

图 2—75 等径斜三通的立体图和投影图
a) 立体图 b) 投影图

(1) 根据主管和支管的外径及交角 α，画出等径斜三通的正立面投影图。

(2) 在支管的顶端画半圆并六等分，由各等分点向下画出与支管中心相平行的斜直线，使之与主管的右断面图上部半圆六等分线相交，得直线 $11'$、$22'$、$33'$、$44'$、$55'$、$66'$、$77'$，将这些直线移至支管周长等分线 AB 相应的垂线上，用光滑曲线连接各交点，即得支管的展开图（雄头样板）。

(3) 通过等径斜三通正立面图上的交点 $1'$、$2'$、$3'$、$4'$、$5'$、$6'$、$7'$ 分别向下引垂线，与半圆的周长 $\pi D_w/2$ 的各等分线相交，所得交点的序号分别为 $1''$、$2''$、$3''$、$4''$、$5''$、$6''$、$7''$，用光滑的曲线连接各点，即得主管开孔的展开图（雌头样板），如图 2—76 所示。

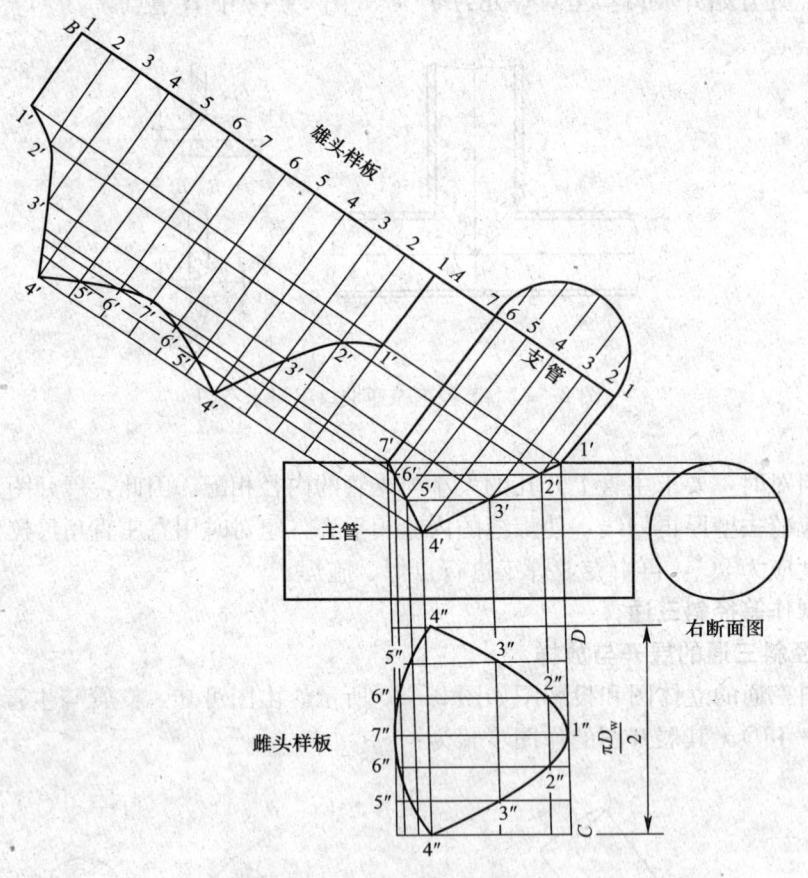

图 2—76　等径斜三通的展开图

2. 等径斜三通的划线下料与加工制作

(1) 划线下料，切割组对的方法与等径正三通基本相同。

(2) 为了满足焊接要求，主管和支管应在钝角一边的上半根开全坡 $30°\sim 35°$，下半根仅在尖角处为 $30°$，再逐渐过渡为 $45°$，使两管夹角处的坡口最大。

单元测试题

一、填空题（请将正确答案填在空白横线上）

1. 由三个相互垂直的平面组成的三面投影体系，分别称为正立投影面（正面），用 V 表示；＿＿＿＿＿＿，用 H 表示；＿＿＿＿＿＿，用 W 表示。
2. 三视图的投影规律是＿＿＿＿＿＿、＿＿＿＿＿＿和＿＿＿＿＿＿。
3. 单线图是指在图形中仅用单根的＿＿＿＿表示管子和管件的图样。
4. 管道施工图由基本图和详图两大部分组成。基本图包括图样目录、＿＿＿＿、设备材料表、＿＿＿＿、平面图、＿＿＿＿和立（剖）面图等，详图包括节点图、＿＿＿＿、标准图。
5. 相对标高一般是以新建建筑物的＿＿＿＿＿＿＿＿＿＿定为该建筑物相对标高的零点，用"＿＿＿＿"表示。

二、单项选择题（下列每题有 4 个选项，其中只有 1 个是正确的，请将其代号填写在空白横线上）

1. 斜等测图的轴间角 $\angle X_1O_1Z_1=90°$，$\angle X_1O_1Y_1=\angle Y_1O_1Z_1=$＿＿＿。
   A. 90°　　　B. 120°　　　C. 135°　　　D. 150°
2. 标高是标注管道或建筑物＿＿＿＿的一种尺寸形式。标高有绝对标高和相对标高两种。
   A. 长度　　　B. 宽度　　　C. 高度　　　D. 数据
3. 绝对标高是把我国青岛附近黄海的平均＿＿＿面定为绝对标高的零点，其他各地标高以它为基准。
   A. 水平　　　B. 海平　　　C. 地坪　　　D. 侧
4. 管道的坡度及坡向表示管道＿＿＿＿的程度和高低方向，坡度常用 i 表示，坡向常用单箭头表示。
   A. 水平　　　B. 倾斜　　　C. 竖直　　　D. 流程
5. 流程图是对一个生产系统或一个化学装置的整个＿＿＿＿变化过程的表示。
   A. 生产　　　B. 工作　　　C. 工艺　　　D. 材料
6. 在正立投影面上得到的视图叫＿＿＿＿。
   A. 主视图　　　B. 俯视图　　　C. 左视图　　　D. 右视图
7. 某图样标注比例为 1：50，图样上量出管子的长度为 2 cm，它的实际长度应为＿＿＿＿cm。
   A. 50　　　B. 100　　　C. 150　　　D. 200

三、多项选择题（下列每题有 5 个选项，其中有 1 个以上是正确的，请将其代号填写在空白横线上）

1. 斜等测图的画法可以归纳成四句话，即＿＿＿＿。
   A. 左右平画平　　　B. 上下竖画竖　　　C. 前后东北斜
   D. 水平直线画　　　E. 斜度四十五

2. 直线和平面图形的正投影具有_____。
   A. 显实性　　　　　B. 重合性　　　　　C. 积聚性
   D. 实用性　　　　　E. 类似性
3. 识读管线正投影的一般方法是_____。
   A. 对线条　　　　　B. 合起来　　　　　C. 找关系
   D. 想整体　　　　　E. 看视图
4. 管道轴测图分为_____形式。
   A. 正等测图　　　　B. 平面图　　　　　C. 剖面图
   D. 流程图　　　　　E. 斜等测图

四、判断题（下列判断正确的请在括号内打"√"，错误的请在括号内打"×"）

1. 投影中心集中于一点，发出互相平行的投射线，用这种方法作出的投影，称为中心投影法。（　）
2. 用投射线垂直于投影面的投影法绘制的图样称为正投影。（　）
3. 轴测图用一个图形能同时表达出物体的长、宽、高三个方向的尺寸和形状，立体感强，容易识读。（　）
4. 采暖系统图是一种立体图，它能在一个图面上同时反映出管线的空间走向和实际位置，帮助施工人员想象采暖管线的布置情况，减小看其他图的困难。（　）
5. 室内给水管道系统图，一般按用水设备、支管、立管、干管及引入管的顺序识读。（　）

五、简答题

1. 简述管线正投影图的识图方法。
2. 简述管道施工图的识图方法。
3. 简述全套管道施工图的识图方法。

六、画图题

1. 已知硬聚氯乙烯塑料管的外径为 110 mm，弯曲半径取 $R=2D_w$，依据展开放样的方法画出 90°双节虾壳弯的展开图。
2. 已知硬聚氯乙烯塑料管的外径为 110 mm，弯曲半径取 $R=2D_w$，依据展开放样的方法画出等径正三通的展开图。

单元测试题参考答案

一、填空题

1. 水平投影面（水平面）　侧立投影面（侧面）　2. 主俯视图长对正　主左视图高平齐　俯左视图宽相等　3. 粗实线　4. 施工图说明　流程图　系统图　大样图　5. 底层室内主要地坪面　±0.000

二、单项选择题

1. C　2. C　3. B　4. B　5. C　6. A　7. B

三、多项选择题
1. ABCE 2. ACE 3. ABCDE 4. AE

四、判断题
1. × 2. √ 3. √ 4. √ 5. ×

五、简答题
略

六、画图题
略

第3单元

常用管材、管件和辅助材料

- 第一节 管材及管件的通用标准/71
- 第二节 常用管材、管件/73
- 第三节 常用辅助材料/85
- 第四节 技能训练实例/91

第一节 管材及管件的通用标准

→ 1. 了解公称通径、公称压力、试验压力和工作压力的含义
→ 2. 熟悉常用的公称通径

管材按其制造材质分为金属管材、非金属管材和复合管材三大类。每种管材的特性与其制造材质和制造工艺有关。管道系统使用的管材，一般根据管内输送介质的性质、温度和工作压力等因素选用。管材与管件如图 3—1 所示。

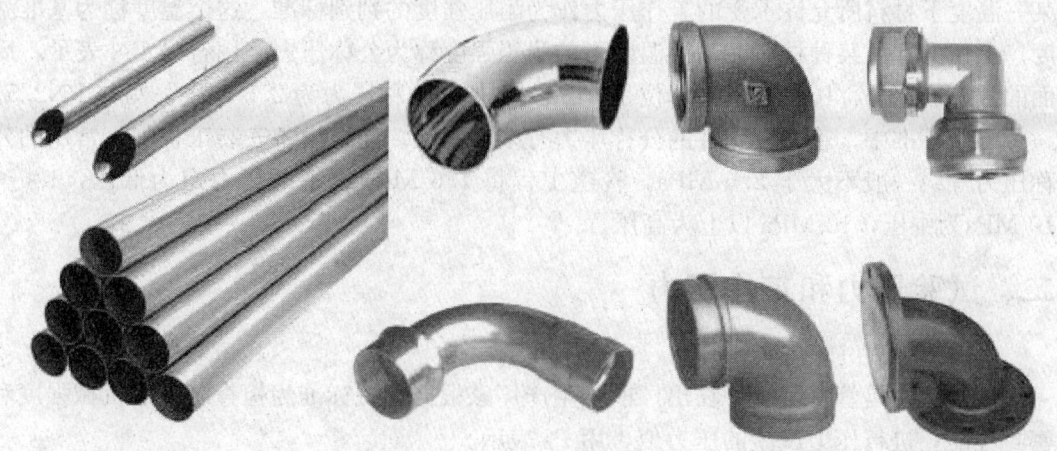

图 3—1 管材与管件

常用的金属管材有焊接钢管、无缝钢管、不锈钢管、铜管、铸铁管等，另外还有铝及铝合金管、钛及钛合金管等。每种管材都有相同材质的管件，管件形式与管道连接方式相对应。

一、管材及管件的通用标准、公称通径和公称压力

1. 管材及管件的通用标准

为便于使用和安装，管材和管件有国家规定的通用标准，生产管材或管件的厂家均要执行这些标准，以便于实现安装使用时的互换。

在我国，每种技术标准都用标准代号表示。统一格式的标准代号由标准类别代号、标准顺序号和颁发年号三部分组成。如中华人民共和国国家标准《管道元件 DN（公称尺寸）的定义和选用》的标准代号是 GB/T 1047—2005。标准类别一般为其汉语拼音的首位字母，如 GB 为强制性国家标准、GB/T 为推荐性国家标准。

2. 公称通径 DN

为了使管材和管路附件及设备的进出口能够相互连接，在连接处的口径应保持一致，这种能相互连接的口径称为公称通径。同一公称通径的管材和管路附件均能相互连接，且具有互换性。简而言之，公称通径就是为了使管材及管路附件相互连接而规定的标准直径。

公称通径也称公称直径、公称口径。公称通径的数值近似等于管子内径取整或与内径相等。公称通径既不是管子内径，也不是管子外径，只是管子的名义直径。

公称通径的系列很多，其中 DN15、DN20、DN25、DN32、DN40、DN50、DN65、DN80、DN100、DN125、DN150 等规格在建筑设备安装工程中较常用。

3. 公称压力 PN

管材和管件在使用过程中受工作介质的压力和温度的共同作用，同一材料在不同的温度下具有不同的耐压强度，一般情况下，温度升高，材料的强度下降。所以，必须以某一温度下材料所允许承受的工作压力作为耐压强度的判别标准，这个温度称为基准温度。工程上常把某种材料在基准温度下的耐压强度称为公称压力，用符号 PN 表示，后面的数字表示公称压力数值，单位是 MPa。例如，公称压力为 2.5 MPa，写作 PN2.5。

国家标准中，管材及管件的公称压力有多个等级。建筑设备安装工程中，常用的公称压力等级一般不大于 2.5 MPa。管道工程将 1.6 MPa 以下的压力定为低压，1.6～10 MPa 为中压，10 MPa 以上为高压。

二、试验压力和工作压力

1. 试验压力 Ps

试验压力是管材及管件在出厂前，生产厂家根据相关标准为检查制品的机械强度和密封性能，进行压力试验的压力值，用 Ps 表示。

2. 工作压力 P

工作压力是管材及管件在实际环境温度下工作时能够承受的最大压力，用 P 表示。右下角附加的数字是输送介质的最高温度除以 10 后所得的整数，后面的数字表示工作压力的数值。例如，介质最高温度为 300℃、工作压力为 10 MPa 时，用 $P_{30}10$ 表示。

在实际工程中，试验压力 Ps、公称压力 PN、工作压力 P 之间的关系应满足 Ps≥PN≥P，这是保证管路系统安全运行的必要条件。

相关链接
下面一段知识在实际工作中可能对你有所帮助，请自己选择、了解或掌握。由于历史的原因，管道工程中管材及管路附件的公称通径曾采用英制标准，目前仍有一些地方使用英制标准。 英制单位：1 英尺（ft）=12 英寸（in），1 英寸（in）=25.4 mm。

对于DN15的焊接钢管来说，一般称其为"四分管"，实际是"四英分管"。DN20叫"六分管"，DN25叫"一寸管"，DN32叫"一寸二管"，DN40叫"一寸半管"，DN50叫"二寸管"，DN65叫"二寸半管"，DN80叫"三寸管"，DN100叫"四寸管"，DN125叫"五寸管"，DN150叫"六寸管"。

表3—1给出了部分公称通径DN（mm）与英寸的对应关系。

表3—1　　　　　　　　部分公称通径与英寸的对应关系

公称通径DN（mm）	对应的英寸（in）	公称通径DN（mm）	对应的英寸（in）
6	$\frac{1}{8}$	40	$1\frac{1}{2}$
8	$\frac{1}{4}$	50	2
10	$\frac{3}{8}$	65	$2\frac{1}{2}$
15	$\frac{1}{2}$	80	3
20	$\frac{3}{4}$	100	4
25	1	125	5
32	$1\frac{1}{4}$	150	6

第二节　常用管材、管件

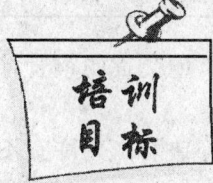

→ 1. 了解常用管材和管件的种类和规格
→ 2. 熟悉常用管材的应用范围

一、低压流体输送用焊接钢管及管件

1. 管材

低压流体输送用焊接钢管包括焊接钢管和钢板卷制焊接钢管等。

（1）焊接钢管。焊接钢管习惯上称为焊管，是用普通碳素钢板或钢带经过卷曲成形后焊接制成的钢管。力学性能稳定，具有良好的冷、热加工性能，常温下可直接进行电焊、气焊，具有良好的可焊性。可用于传输水、燃气、空气、油等低压介质，是建筑设备安装工程中使用最多的管材之一。

焊接钢管按表面质量分为镀锌钢管和非镀锌钢管两种，镀锌钢管习惯上称为白铁管，非镀锌钢管习惯上称为黑铁管。按管壁厚度分为普通焊接钢管和加厚焊接钢管两种，普通焊接钢管可承受的工作压力为 1.0 MPa，加厚焊接钢管可承受的工作压力为 1.6 MPa。

焊接钢管通常使用的长度为 6 m/根。其最大公称通径为 DN150（公称外径为 168.3 mm）。

1) 焊接钢管的公称通径、公称外径、壁厚及质量应符合表 3—2 的规定。

表 3—2　　　　　　　　低压流体输送用焊接钢管规格

公称通径 DN（mm）	公称外径（mm）	普通管（未镀锌）		加厚管（未镀锌）	
		壁厚（mm）	质量（kg/m）	壁厚（mm）	质量（kg/m）
6	10.2	2.0	0.40	2.5	0.47
8	13.5	2.5	0.68	2.8	0.74
10	17.2	2.5	0.91	2.8	0.99
15	21.3	2.8	1.28	3.5	1.54
20	26.9	2.8	1.66	3.5	2.02
25	33.7	3.2	2.41	4.0	2.93
32	42.4	3.5	3.36	4.0	3.76
40	48.3	3.5	3.87	4.5	4.86
50	60.3	3.8	5.29	4.5	6.19
65	76.1	4.0	7.11	4.5	7.95
80	88.9	4.0	8.38	5.0	10.35
100	114.3	4.0	10.88	5.0	13.48
125	139.7	4.0	13.39	5.5	18.20
150	168.3	4.5	18.18	6.0	24.02

2) 镀锌钢管以实际质量交货，也可按理论质量交货。以理论质量交货的钢管，每批或单根钢管的理论质量与实际质量的允许偏差应为±7.5%。

3) 钢管内外表面应光滑，不允许有折叠、分层、裂缝、搭焊等缺陷，允许有不超过壁厚负公差的其他缺陷存在。

4) 镀锌钢管的内外表面应有完整的镀锌层，不应有未镀上锌的黑斑和气泡存在，允许有不大的粗糙面和局部的锌瘤存在。

焊接钢管可采用焊接连接或螺纹连接。镀锌钢管管径小于或等于 100 mm 时应采用螺纹连接，套螺纹时破坏的镀锌层表面及外露螺纹部分应做防腐处理；管径大于 100 mm 的镀锌钢管应采用法兰或卡套式专用管件连接，镀锌钢管与法兰的焊接处应二次镀锌。

(2) 钢板卷制焊接钢管。钢板卷制焊接钢管是用钢板卷制焊接而成，分为直缝卷制焊接钢管（直焊缝）和螺旋缝卷制焊接钢管（螺旋焊缝），如图 3—2 所示。其管径一般较大，多用在供热、燃气等室外大口径管道和长距离输送管道中。

钢板卷制焊接钢管可以按国家标准规格供货，也可以按供需双方协议供货，但其质量都必须符合国家标准。钢板卷制焊接钢管的规格和质量要求可查阅相关国家标准。

图 3—2 钢板卷制焊接钢管
a）直缝卷制焊接钢管 b）螺旋缝卷制焊接钢管

2. 管件

一般情况下，公称通径小于 50 mm 的焊接钢管多采用螺纹连接，公称通径大于 50 mm 的焊接钢管多采用焊接。钢板卷制焊接钢管属于大口径钢管，一般均采用焊接。焊接连接的管件有成品管件和现场下料制作的管件。

低压流体输送用焊接钢管的螺纹连接管件，通常是用可锻铸铁制造的，带有管螺纹，如图 3—3 所示。管件有镀锌和非镀锌两种，分别用于连接镀锌焊接钢管和非镀锌焊接钢管。管件的公称压力为 1.6 MPa。

在图 3—3 中，b 为管件的构造长度，在国家标准中规定有标准尺寸。管件的构造长度减去管螺纹长度就是螺纹管件在管道中所占的长度（实际现场叫管件长度），这个长度在以后的实际工程中相当重要，因为管段的下料长度等于施工图中管子的中心线尺寸减去管件在管道中所占的长度。螺纹管件的构造长度可在管件实物上直接测量得到。

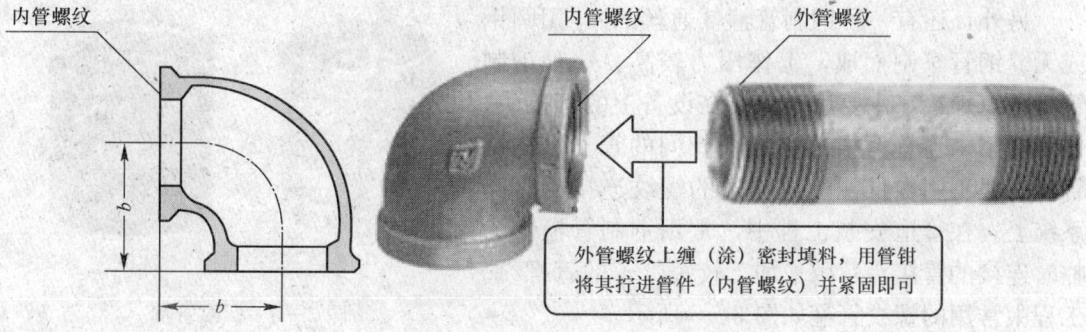

图 3—3 管件的基本构造和使用示意图

管件的规格是用与其相连接的管子的公称通径表示。等径管件是指管件各方向所连接的管子公称通径相同，异径管件是指管件各方向所连接的管子公称通径不完全相同。

（1）弯头。用于管道转弯处，按转向角度分为 90°弯头和 45°弯头两种。90°弯头又称正弯，用于连接两根公称通径相同的管子，使管路作 90°转弯；45°弯头又称直弯，用于连接两根公称通径相同的管子，使管路作 45°转弯。弯头按连接管端是否变径又可分为等径弯头和异径弯头，异径弯头又称大小弯，用于连接两根公称通径不同的管子。

另外，还有弯曲半径较大的弯头、带活接的弯头等。螺纹弯头如图 3—4 所示。

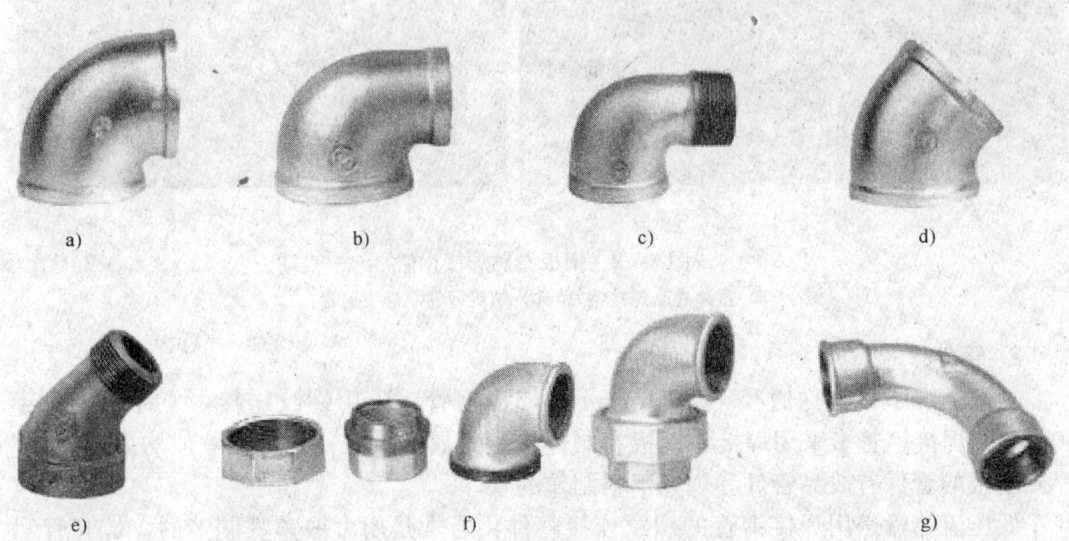

图 3—4　螺纹弯头
a) 等径 90°弯头　b)、c) 异径 90°弯头　d) 等径 45°弯头　e) 异径 45°弯头
f) 等径带活接 90°弯头　g) 大弯曲半径等径 90°弯头

（2）管箍。管箍又称管接头、内螺栓、束结，分圆柱形（通丝的）和圆锥形（不通丝的）两种，主要用于直线连接两根公称通径相同的管子。通丝的管箍则常与锁紧螺母和短管子配合，用于需要经常装拆的管路上。

另外，还有一种钢制管箍（通丝的），用圆钢或无缝钢管车制而成，工作压力较高。这种钢制管箍可以焊接，主要用于焊接在设备上的管接头，也可以用来连接两根公称通径相同的管子。钢制管箍一般不用在低压流体输送的螺纹连接的管路系统上。在管道安装工程中，常用钢制管箍作为临时连接的管接头、用来加工较短管子的管螺纹。工程中常用的螺纹管箍如图 3—5 所示。

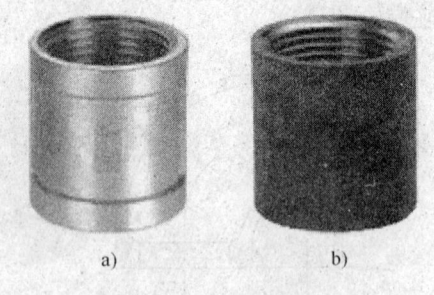

图 3—5　螺纹管箍
a) 铸铁管箍　b) 钢制管箍

（3）三通。三通用于管道的分支处，有等径、异径之分。等径三通用于由直管中接出垂直支管，连接的三根管子公称通径相同。异径三通包括中小三通及中大三通，作用与等径三通相似，当支管的公称通径小于主管的公称通径时用中小三通，当支管的公称通径大于主管的公称通径时用中大三通。

另外，还有侧大三通、侧小三通、直角三通、斜三通等。螺纹三通如图 3—6 所示。

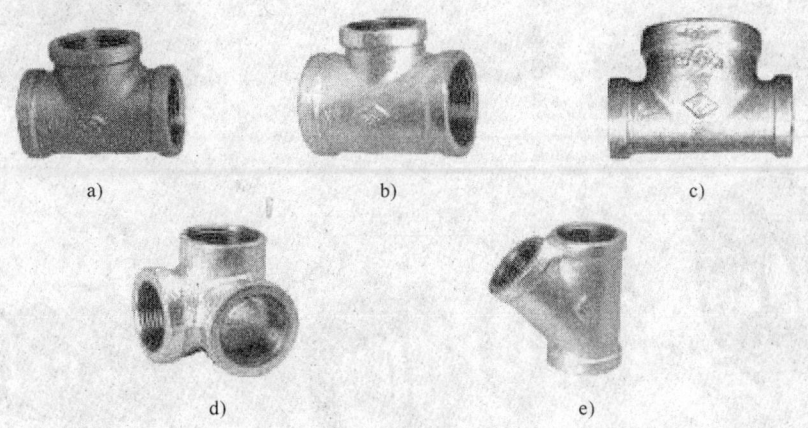

图 3—6　螺纹三通
a) 等径三通　b) 中小三通　c) 中大三通　d) 直角三通　e) 等径 45°斜三通

（4）四通。四通和三通的作用一样，也有等径和异径之分。通常使用的四通其直线方向的公称直径相等，且在同一个平面上。近年来，也出现了直角四通和四个方向上公称通径不同的四通。螺纹四通在实际中使用较少。如图 3—7 所示为螺纹四通。

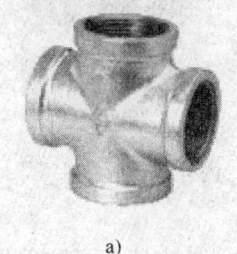

图 3—7　螺纹四通
a) 等径四通　b) 异径四通　c) 直角四通

（5）活接头。活接头又称由任，作用与管箍相同，但比管箍装拆方便，用于需要经常装拆或两端已经固定的管路上。螺纹活接头如图 3—8 所示。

（6）外接头。外接头又称双头外螺丝、短接、对丝，用于连接距离很短的两个公称通径相同的内螺纹管件或配件（阀件）。对丝有铸铁对丝（又称六方对丝或机制对丝）和钢管对丝（又称圆对丝），铸铁对丝长度一般为 50 mm，钢管对丝长度一般为 5～10 mm。钢管对丝可用焊接钢管现场加工。螺纹外接头如图 3—9 所示。

（7）异径管箍。异径管箍又称大小头，用来连接两根公称通径不同的直管，使管路直径缩小或放大。异径管箍如图 3—10 所示。

（8）内外螺纹管接头。内外螺纹管接头又称补芯，用于直线管路变径处。与异径管箍的不同点在于它的一端是外螺纹，另一端是内螺纹，外螺纹一端通过带有内螺纹的管件与大管径管子连接，内螺纹一端则直接与小管径管子连接。内外螺纹管接头如图 3—11 所示。

— 77 —

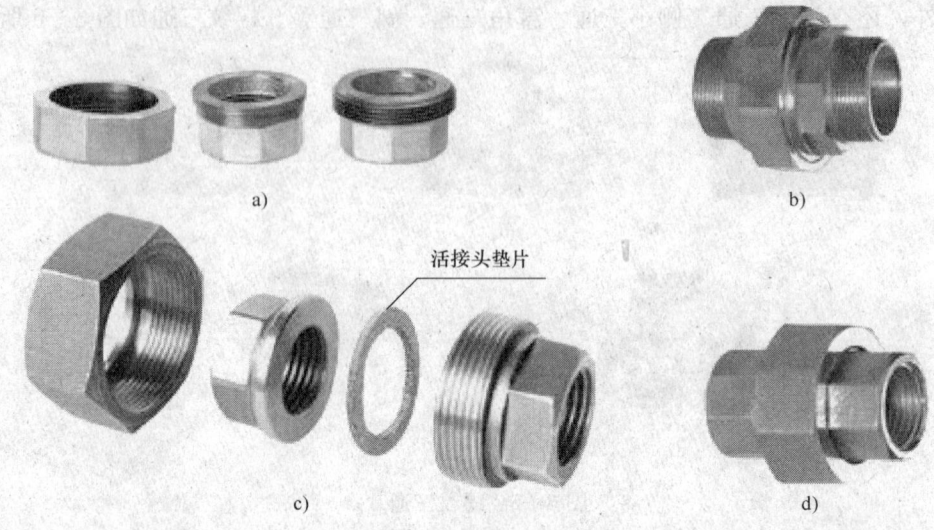

图3—8 螺纹活接头
a) 活接头组成件 b) 外螺纹活接头 c) 活接头连接示意 d) 内螺纹活接头

图3—9 螺纹外接头 　图3—10 异径管箍 　图3—11 内外螺纹管接头
a) 铸铁对丝 b) 钢管对丝

（9）外方堵头、管帽。外方堵头、管帽均属于封堵管道的管件。外方堵头又称管塞或丝堵，用于堵塞管件的端头或堵塞管道预留管口。管帽用于堵塞管子端头，管帽带有内螺纹。外方堵头和管帽如图3—12所示。

图3—12 外方堵头和管帽
a) 外方堵头 b) 管帽

（10）其他螺纹管件

1) 锁紧螺母。又称根母，用于锁紧外管螺纹用，常与长管螺纹、管箍配套使用，可代替活接头。

2) 抱弯。又称过桥弯头，两端均有螺纹，用于同一平面内管子垂直交叉的跨接。

使用抱弯可以使安装工序简化。

3) Y形三通。作用与普通三通相同，但阻力比普通三通小。

4) 内外螺纹变径管。作用与异径管箍、补芯相同。

5) 异径管接头。作用和补芯相同。

其他螺纹管件如图3—13所示。

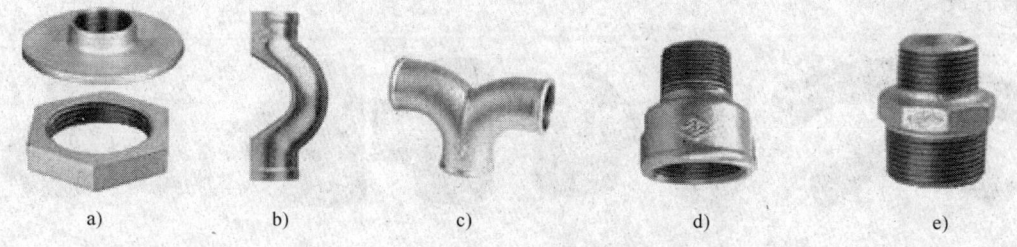

图3—13 其他螺纹管件
a) 锁紧螺母 b) 抱弯 c) Y形三通 d) 内外螺纹变径管 e) 异径管接头

螺纹管件种类、规格较多，实际使用时应根据安装部位的具体情况，灵活选用。管件选用的基本原则是使安装工序简单、接头较少。

管件的规格一般按下列方法标注：

等径管件直接用公称通径表示，如90°弯头DN15、45°弯头DN15、三通DN15等。

对于异径管件，首先给出大端的公称通径，然后是小端的公称通径。如补芯DN20×15、异径管箍DN20×15、90°异径弯头DN20×15、45°异径弯头DN20×15、中小三通DN20×15、中大三通DN15×20、四通DN20×15等。

二、无缝钢管及管件

1. 管材

无缝钢管是由圆钢坯加热后，经穿管机穿孔轧制（热轧）而成的，或者再经过冷拔而成为外径较小的管子，因为它没有接缝，所以称为无缝钢管。

无缝钢管分为普通无缝钢管和专用无缝钢管。建筑设备工程中常使用普通无缝钢管。

普通无缝钢管简称无缝钢管，用普通碳素钢、优质碳素钢等经冷拔或热轧制成。无缝钢管按外径和壁厚供货，在同一外径下有多种壁厚，以满足不同的压力需要。无缝钢管用外径×壁厚表示规格，如D108×4表示外径为108 mm，壁厚为4 mm的无缝钢管。

冷拔无缝钢管受加工条件限制，其最大公称通径为150 mm，管长3～12 m。热轧管最大公称通径可达600 mm，管长2～10.5 m。

安装工程中采用的无缝钢管应有质量证明书，并提供力学性能参数。对优质碳素钢还应提供材料化学成分。经外观检查，不得有裂缝、折叠、轧折、离层、发纹、结疤及壁厚不均等缺陷。

无缝钢管具有强度高、可承受较大的内压力、内表面光滑、水力条件好等优点，多用于锅炉房、热力站、制冷站、供热外网和高层建筑冷热水等高压系统中。一般工作压力在 0.6~1.6 MPa 时都采用无缝钢管，用于生活给水管道时要镀锌。

2. 管件

无缝钢管一般采用焊接管件，其管件有无缝弯管、无缝冲压弯头、无缝三通、无缝异径管箍等。无缝钢管的管件可以现场下料自制，也有成品管件。图 3—14 为常用无缝钢管管件。

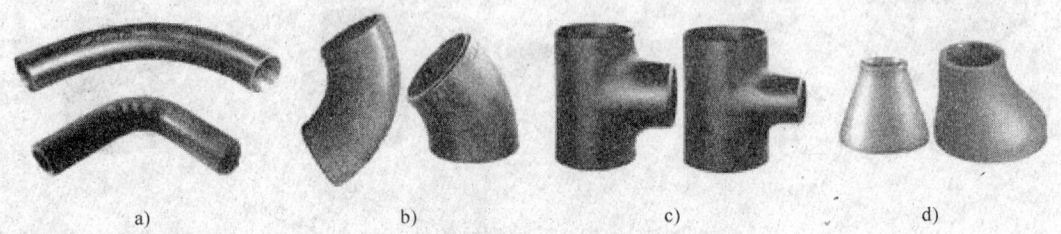

图 3—14 常用无缝钢管管件
a) 无缝弯管 b) 无缝冲压弯头 c) 无缝三通 d) 无缝异径管箍

三、塑料管材及管件

1. 塑料管材的基本特性

塑料管材及管件基本都是以塑料为主要原料，加入专用助剂，在制管机内经挤出和注塑成形而制成的。

塑料管材规格用公称外径×壁厚表示。其管材端部形状与管材连接方式有关，主要有平口端部和承口端部两种，如图 3—15 所示。

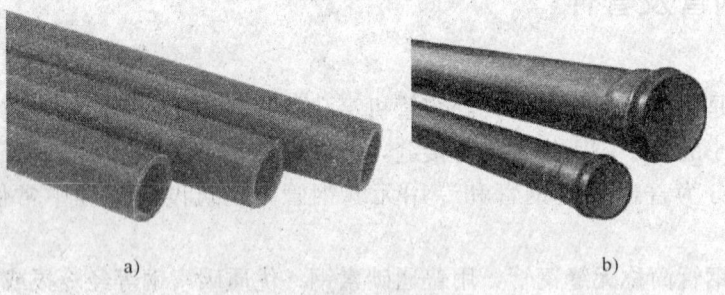

图 3—15 塑料管材端部形状
a) 平口 b) 承口

塑料管材虽然种类较多，但其特性基本一致，只是部分塑料管材在使用功能上有其自身的特点。塑料管材的基本特性如下：

(1) 耐腐蚀。可以输送酸、碱、盐类等腐蚀性介质。

(2) 流体阻力小、不易堵塞、不结垢。塑料管材内壁光滑，流体流动的水力条件好。

(3) 质量轻。塑料的密度通常较小，因而管材质量较轻，运输、储存和安装维修方便。

(4) 耐老化，使用寿命长。一般使用寿命为 20~50 年，户内及埋地时间较长，户外较短。

(5) 耐热、耐寒。塑料的导热系数小，冬天使用不易冻裂。

(6) 电绝缘性好。塑料管材导电性很差，具有一定的电绝缘性。

(7) 具有一定可挠性。塑料管材弯曲性较好，接头管件少，节约工程成本。

(8) 使用温度有一定限制。温度高时，塑料变软，强度降低；温度低时，塑料容易脆化。

(9) 膨胀系数大。塑料的膨胀系数相对较大，管道系统中要有补偿装置。

(10) 力学性能较差。抗冲击性不佳，刚度差，平直性也差，因而管卡及吊架设置密度高。

(11) 阻燃性差。大多数塑料制品可燃，且燃烧时热分解会释放出有毒气体和烟雾。

2. 塑料管件的类型

塑料管件的类型与其管材连接方式有关，各种连接方式有其配套的管件。塑料管件的类型主要有承插类塑料管件、电熔类塑料管件、热熔类塑料管件、螺纹类塑料管件四种。

(1) 承插类塑料管件。这类管件的端部均有承口，承口内径与管材外径相等，用于和平口端部的管材连接。有些承插类管件端部没有承口，用于和端部有承口的管材连接。承插类塑料管件如图3—16所示。

(2) 电熔类塑料管件。这类管件由管件、电阻丝和接线端子组成。管件、电阻丝和接线端子经注塑而成。螺旋状电阻丝嵌于管件承插部位的内表面，电阻丝的两端与接线柱连接，接口设置在管件两端的侧面，且轴线与管件轴线平行。接线端子接口可为圆柱形或长方形。电熔类塑料管件如图3—17所示。

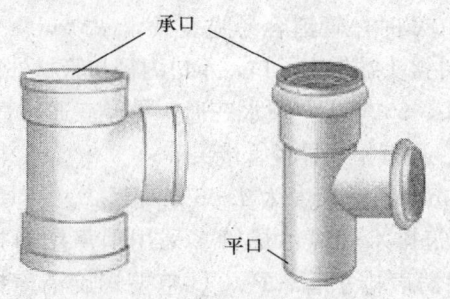

图3—16 承插类塑料管件　　　　图3—17 电熔类塑料管件

(3) 热熔类塑料管件。这类管件和管材采用热熔连接，管件分为对接热熔管件和承插热熔管件两种。热熔管件端部有全部热熔连接的，也有一端为热熔连接，另一端为法兰连接或螺纹连接的，其管件种类较多。热熔类塑料管件如图3—18所示。

(4) 螺纹类塑料管件。这类管件和管材采用螺纹连接。用于螺纹连接的塑料管材一般在管材端带有管螺纹，其管螺纹不进行现场加工。螺纹类塑料管件如图3—19所示。

3. 聚氯乙烯（PVCU）管

聚氯乙烯管是以聚氯乙烯树脂为主要原料，加入增塑剂和稳定剂等，经过机械作用

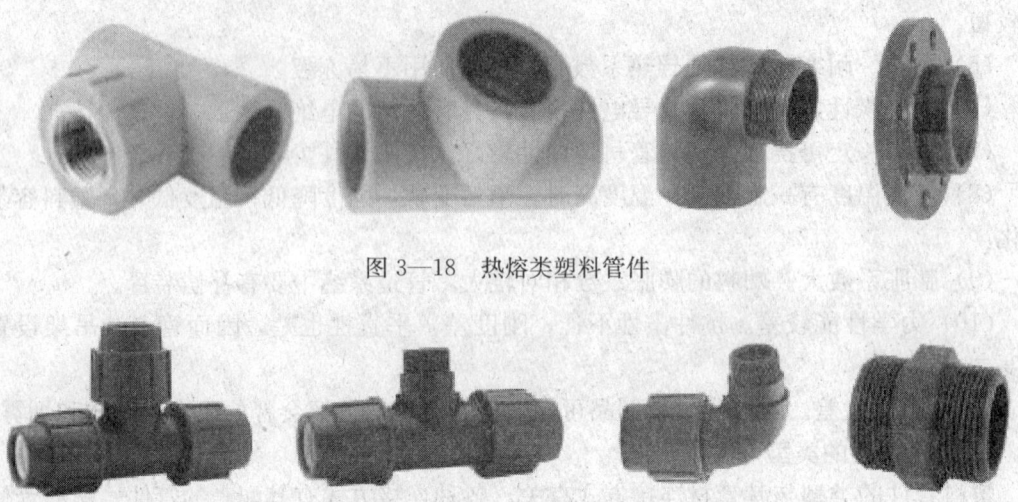

图 3—18 热熔类塑料管件

图 3—19 螺纹类塑料管件

和热作用塑化而制成的,有给水聚氯乙烯管和排水聚氯乙烯管两种。

(1) 给水聚氯乙烯管材及管件。给水聚氯乙烯管材及管件是以食品卫生级的聚氯乙烯树脂为主要原料,加入无毒专用助剂,经混合、塑化、挤出或注塑而成。管材质量符合国家饮水卫生标准,采用承插粘接、弹性密封圈、金属管接头等连接方式,主要用于民用住宅室内的供水的系统,并可用于排水、排污、输送腐蚀性流体等的系统,还可用于输送温度在 45℃以下的建筑物(架空或埋地)给水管。

(2) 排水聚氯乙烯管材及管件。适用于建筑物内排水系统,在考虑管材的耐化学性和耐热性的条件下,也可用于工业排水系统。在温度 60℃以下时可连续使用,在温度 80℃以下时可间歇性使用,当使用温度低于-10℃时,管道容易脆裂。

通常采用承插连接。当采用承插连接时,管件接头端带有承口,承口内径与管材外径相等。工程中常用的聚氯乙烯排水管管件有 45°弯头、90°弯头、顺水三通、异径三通、管箍、45°斜三通、伸缩节、立管检查口、清扫口、地漏、通气帽、异径管接头等。

常用规格为 D40~200,壁厚 0.50~4.4 mm,供货长度为 4~6 m/根。

为了克服实壁塑料管材噪声大的缺点,建筑排水聚氯乙烯管多采用消声塑料排水管。消声塑料排水管主要有 PVCU 实壁内螺旋消声排水管、PVCU 空壁螺旋消声排水管和 PVCU 双壁波纹管。

(3) 复合发泡硬聚氯乙烯(PSP)管。复合发泡硬聚氯乙烯管是采用三层共挤出工艺生产的,内外两层与普通 PVCU 管相同,中间是相对密度为 0.7~0.9 的低发泡层的一种新型管材。由于在结构上利用了材料力学中 I 型结构原理,并具有吸能隔声效果的发泡芯层,所以,逐渐成为取代铸铁管、硬质 PVC 实壁管等的一种塑料管材。它适用于工业和住宅建筑中的低压给水管、排水管、排污管、室内空调与通风管、排气管、电线电缆护套管、冷热流体输送管和化学与医药等工业用管。

4. 聚乙烯(PE)管材及管件

聚乙烯管材由不同密度的聚乙烯树脂加入添加剂,经挤压成形而得。聚乙烯管按其密度不同分为高密度聚乙烯管（HDPE）、中密度聚乙烯管（MDPE）、低密度聚乙烯管（LDPE）。按其用途不同可分为给水用聚乙烯管、聚乙烯燃气管、热水用交联聚乙烯管（PEX）、排灌用低密度聚乙烯管。

交联聚乙烯（PEX）给水管的使用温度可达95℃，主要用于建筑室内冷热水供应、地板辐射采暖和太阳能供热系统。给水用聚乙烯管和聚乙烯燃气管一般用于常温介质的输送，可用于城市给水和燃气管道。

聚乙烯管一般采用电熔、热熔连接，也可采用顶管施工法。

聚乙烯管件比相应管材高一个压力等级。聚乙烯管件按制作方式分为焊接管件、电熔管件和注塑管件。焊接管件经多角焊接机加工成形，其焊缝强度高于母材强度，在管道连接中可以对接焊接、电热熔焊，其管件主要用作大口径的三通、弯头。

聚乙烯电熔管件适用于同材质的管材连接，有电熔套管（异径）、电熔三通（异径三通）、电熔90°弯头和鞍形三通。

聚乙烯注塑管件一次注塑成形，结构合理，安全可靠，适用于热熔对接、热熔承插和电熔连接，主要有外（内）螺纹弯头、管帽、套管、带座内螺纹弯头、注塑法兰头等。

5. 聚丙烯（PP）管材及管件

聚丙烯管材由聚丙烯树脂经挤压成形，可分为均聚聚丙烯PPH（Ⅰ型）管材、嵌段共聚聚丙烯PPB（Ⅱ型）管材、无规共聚聚丙烯PPR（Ⅲ型）管材。常温下的工作压力，Ⅰ型为0.4 MPa、Ⅱ型为0.6 MPa、Ⅲ型为0.8 MPa。应用最广泛的是无规共聚聚丙烯PPR（Ⅲ型）管材。

PPR管材的特点是具有极佳的节能保温效果，一般水温95℃，最高可达120℃。管材、管件均采用同一材料，采用热熔或电熔连接，施工速度快，永久密封无渗漏。但PPR管材比金属管材硬度低、刚度差，在5℃以下有一定脆性，线膨胀系数较大，长期受紫外线照射易老化。

PPR管材分冷水管、热水管。PN1.25、PN1.6管材主要用于40℃以下的冷水管道。PN2.0管材主要用于热水系统，其长期使用最高温度不应高于95℃。冷热水管应有醒目标志，以防施工中冷热水管混用。

PPR管材主要用于冷热水供应、室内采暖工程、空调设备配管、生产给水、纯净水、化工、医药等工艺管道。

PPR管件为一次注塑成形，管件的耐压等级比管材高一个等级。同时，用于与金属管道及水嘴、金属阀门连接的塑料管件，在连接端均带有耐腐蚀的金属内外螺纹嵌件、主要有45°弯头、90°弯头、承口内螺纹三通接头、承口外螺纹三通接头等管件。

四、复合管材及管件

复合管是由两种或两种以上材料采用一定的工艺制造而成的。它综合了组成材料各自的优点，使管材的应用性能得到进一步改善。

复合管种类较多，常用的是金属与塑料的复合管、金属与金属的复合管两种类型。

1. 铝塑复合管（PAP管）

（1）管材。铝塑复合管以焊接铝管为中间层，铝层采用搭接超声波焊和对接氩弧焊，内外层均为塑料，铝层内外采用热熔胶粘接，通过专用机械加工方法复合成一体，其结构如图3—20所示。

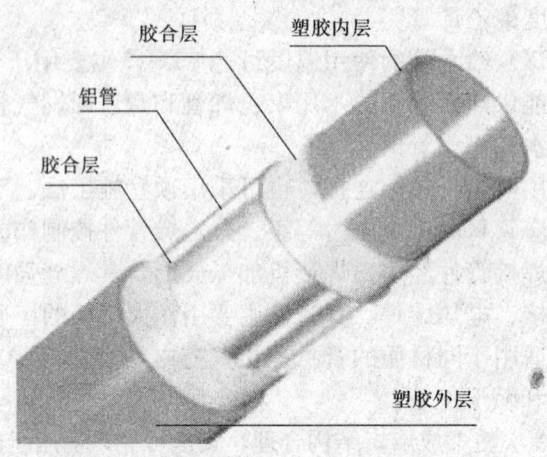

图3—20 铝塑复合管结构

根据中间层铝管焊接方式不同，铝塑复合管分为搭接焊铝塑复合管和对接焊铝塑复合管。按用途分类有普通饮用水管（白色、蓝色，LS/L标志）、耐高温管（红色，LS/R标志）、燃气管（黄色，LS/Q标志）。另外，还有耐化学腐蚀型、特殊型铝塑复合管等。

铝塑复合管是一种综合了金属和塑料优点的管材，具有耐温、耐压、耐腐蚀、不结污垢、不透氧、保温性能好、管道不结露、抗静电、阻燃、可弯曲不反弹、可成卷供应、接头少、渗漏机会少，既可明装也可暗装、施工安装简便、施工费用低、质量轻、运输储存方便等特性，广泛应用于建筑室内冷热水供应、地面辐射供暖系统、空调管道、城市燃气管道、压缩空气管道等工程。

铝塑复合管规格用内径和外径表示。例如，铝塑复合管P-1620，P—普通型铝塑复合管；16—铝塑复合管内径，16 mm；20—铝塑复合管外径，20 mm。

铝塑复合管主要规格有1014、1216、1418、1620、2025、2632、3240、4050等，并配套相应的连接管件。

铝塑复合管的塑料一般为聚乙烯（PE），工作温度为-40～95℃，工作压力P≤1.0 MPa。

（2）管件。铝塑管连接采用卡套式和卡压式连接，专用管件结构与连接方式配套。管件材质一般为黄铜及聚乙烯（PE）塑料。卡套式管接头由压紧螺母、C形金属压紧环、O形橡胶密封圈和管件本体组成，如图3—21所示。

铝塑管专用管件有等（异）径直通、外螺纹直通、等（异）径弯头、外螺纹弯头、等（异）径三通、外螺纹三通等。

2. 钢塑复合管（SP管）

给水钢塑复合管是采用热胀法工艺在热镀锌焊接钢管内衬硬聚氯乙烯（PVCU）、聚乙烯（PE）、交联聚乙烯（PEX）、聚丙烯（PP）等塑料制成，并以胶圈或厌氧密封胶止水、防腐，与衬塑可锻铸铁管件、涂（衬）塑钢管件配套使用。

常用管材、管件和辅助材料

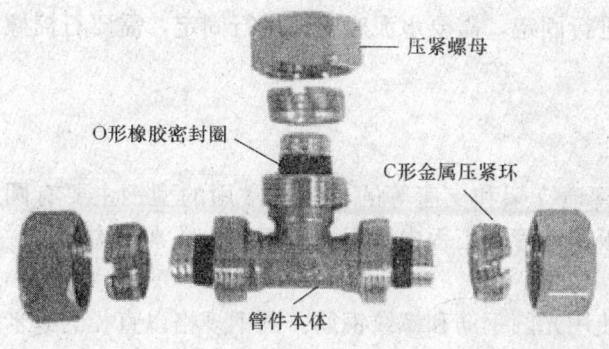

图3—21 铝塑管卡套式管接头

钢塑复合管将钢管的强度高、刚度好、耐高压等性能与塑料的耐腐蚀、不结垢、内壁光滑、流阻小等优点复合为一体，使其既承压又耐腐，从而克服了钢管与塑料管单独使用时的诸多缺陷。

根据内衬塑料耐热性能，可分为输送冷水型管材和输送热水型管材。

钢塑复合管规格一般为DN15～150，产品标记由衬塑材料代号和管材公称通径组成。例如SP-C-（PEX）-DN100衬塑钢管，表示公称通径为100 mm，内衬材料为交联聚乙烯的钢塑复合管。

钢塑复合管及其管件如图3—22所示。

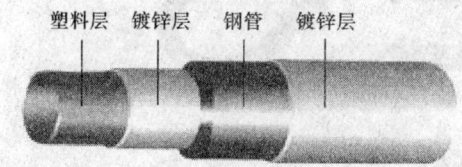
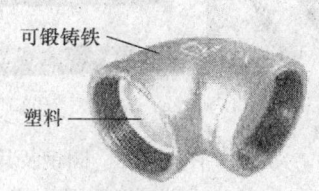

图3—22 钢塑复合管及其管件

另外，钢塑复合管还有不锈钢塑料复合管和铝合金塑料复合管。这两类钢塑复合管的金属管（不锈钢管和铝合金管）的管壁较薄，塑料管的管壁较厚。金属管可以内覆塑料管，也可以外覆塑料管。管材连接方式多为热熔连接。

第三节 常用辅助材料

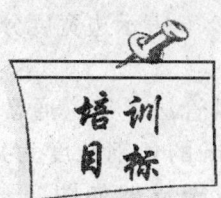

→ 1. 掌握常用型钢的种类和规格
→ 2. 熟悉其他辅助材料的使用范围

要形成一个完整的管道系统，仅有管材、管件和阀门是不够的，还应有一些其他材料作为辅助。例如，需要支架对管道进行固定，需要水泥对支架进行固定，需要石棉橡胶板或橡胶板对法兰连接进行密封等。

一、常用型钢

在管道工程中，型钢主要是制作管道支架和支座等的材料，常用的型钢主要有圆钢、扁钢、角钢、槽钢、工字钢、钢板等。管道工程中所用的型钢多为碳素结构钢。

1. 圆钢

圆钢也称钢筋。管道工程中主要使用光圆钢筋和螺纹钢筋。圆钢规格以直径的毫米数表示，例如，φ6 表示直径为 6 mm 的圆钢。小规格圆钢常用来制作吊架的吊杆、U形管卡、散热器托钩等，大规格圆钢常用来制作錾子、捻口凿、撬杠、散热器组对钥匙等简易安装工具。另外，圆钢有时也用作钢板水箱的加强拉筋等。

圆钢有盘条和直条两种，一般 φ5～12 mm 的为盘条。直条长度一般为 4～10m。圆钢及其制作的 U 形管卡如图 3—23 所示。

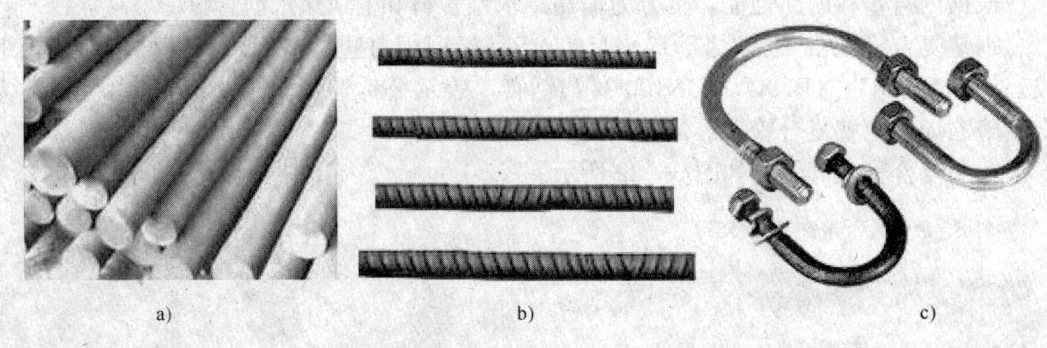

a)　　　　　　　　　　b)　　　　　　　　　　c)

图 3—23　圆钢及其制作的 U 形管卡
a) 光圆钢筋　b) 螺纹钢筋　c) U 形管卡

2. 扁钢

管道工程中使用的扁钢有镀锌扁钢和不镀锌扁钢两种，其规格以宽度×厚度的毫米数表示，例如，—20×4 表示宽度为 20 mm、厚度为 4 mm 的扁钢。扁钢用来制作吊环、卡环、活动支架、法兰阀门跨接导线、钢板水箱的加强拉筋等。扁钢的长度通常是 3～9 m。扁钢及其制作的管道吊架如图 3—24 所示。

3. 角钢

管道工程中使用的角钢有等边角钢和不等边角钢两种，其规格以边宽度×边宽度×边厚度的毫米数表示。例如，角钢∟30×30×4 表示两边宽度均为 30 mm，边厚度为 4 mm 的等边角钢，也可表示为等边角钢∟30×4；角钢∟80×60×6 表示边宽度分别为 80 mm 和 60 mm，边厚度为 6 mm 的不等边角钢。

角钢在管道工程中应用很广泛，主要用来制作管道支架、风管法兰等。通常情况下，边宽 20～40 mm 的角钢长度为 3～9 m，边宽 45～80 mm 的角钢长度为 4～12m。管道工程中常用的角钢为等边角钢。角钢及其制作的管道支架如图 3—25 所示。

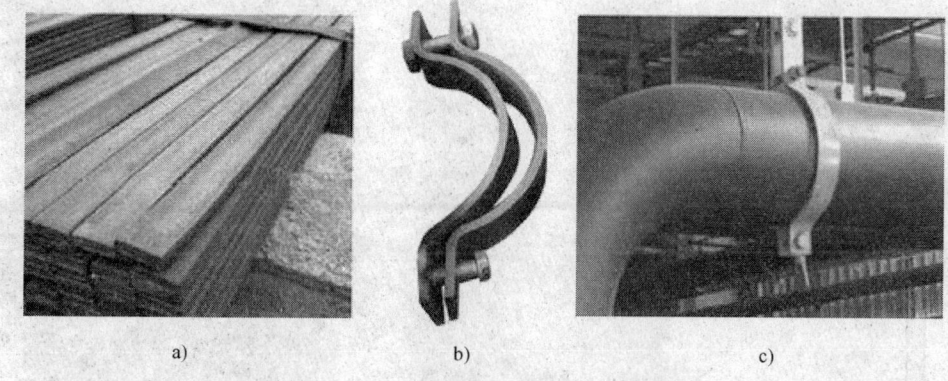

图 3—24 扁钢及其制作的管道吊架
a)扁钢　b)管道吊架　c)管道吊架的安装

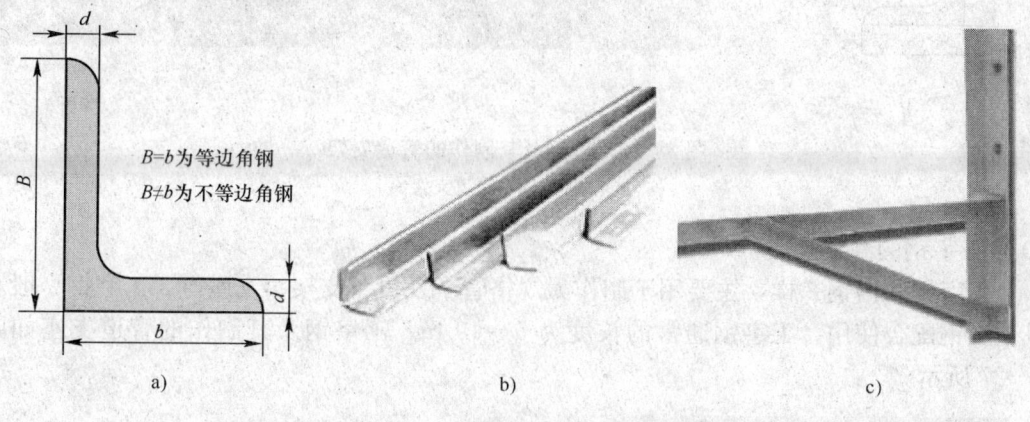

图 3—25 角钢及其制作的管道支架
a)角钢截面　b)角钢　c)管道支架

4. 槽钢

槽钢是截面为凹槽形的长条钢材,其规格以高度(h)×宽度(b)×厚度(d)的毫米数表示。例如,槽钢[100×48×5.3 表示高度为 100 mm,宽度为 48 mm,厚度为 5.3 mm 的槽钢,也可写成槽钢[10,读作"10 号槽钢"。对于槽钢型号来讲,其号数就是槽钢的高度(注意,此时高度的单位是 cm,而不是 mm),即 10 号槽钢的高度是 10 cm。

槽钢主要用于制作大规格管子及设备支架、支座等,槽钢一般和其他型钢配合使用。槽钢通常的长度:5~8 号,长 5~12 m;10~18 号,长 5~19 m;20 号以上,长 6~9 m。槽钢及其制作的管道支架如图 3—26 所示。

5. 工字钢

工字钢是截面为工字形的长条钢材,其规格以高度(h)×宽度(b)×厚度(d)的毫米数表示。例如,工字钢I100×68×4.5 表示高度为 100 mm,宽度为 68 mm,厚度为 4.5 mm 的工字钢,也可写成工字钢I10,读作"10 号工字钢"。对于工字钢的型号来讲,其号数就是工字钢的高度(注意,此时高度的单位是 cm,而不是 mm),例如

图 3—26 槽钢及其制作的管道支架
a) 槽钢 b) 管道支架

10 号工字钢的高度是 10 cm。

工字钢和槽钢一样，主要用于制作大规格管子及设备支架、支座等，工字钢一般和其他型钢配合使用。工字钢通常的长度为 5~19 m。工字钢及其制作的管道支座如图 3—27 所示。

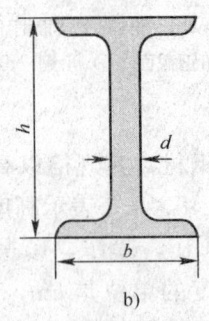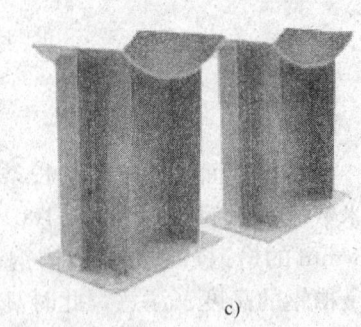

图 3—27 工字钢及其制作的管道支座
a) 工字钢 b) 工字钢截面 c) 管道支座

6. 钢板

钢板的种类较多，暖通工程使用的主要是普通钢板、不锈钢板、镀锌钢板、铝合金钢板、塑料复合钢板（在普通钢板上喷涂一层 0.2~0.4 mm 厚的塑料层就形成塑料复合钢板）等。通常情况下，厚度小于或等于 4 mm 的钢板叫薄钢板，厚度大于 4 mm 的钢板叫厚钢板。

钢板规格较多，根据不同的厚度，每张钢板的尺寸不一样。厚钢板主要用于制作水箱和管道支架等，薄钢板主要用于制作通风空调管道。

二、其他辅助材料

1. 水泥

水泥是管道安装工程中常用的辅助材料。在管道工程中，除大量地用来浇筑设备基础、混凝土支墩外，还用来埋设各种钢支架，在设备就位时浇埋地脚螺栓，此外，还普遍用作承插式管道接口填充材料。水泥的种类较多，在管道安装工程中，应用较多的水泥是硅酸盐水泥、普通硅酸盐水泥和自应力膨胀水泥等。

普通硅酸盐水泥简称普通水泥。早期强度高、凝结硬化快、抗冻性好，但抗水性差，对酸碱的耐腐蚀性也差。

水泥加水调成水泥浆后，慢慢变稠，渐渐地失去塑性称为初凝。初凝之后就不能进行拌和了，待开始具备强度称为终凝。强度继续增长叫硬化。从初凝到硬化的全过程叫硬化过程。在水泥的硬化过程中，结构渐渐密实，强度不断增加。在开始的3～7天内强度增长较快，28天后强度增长显著减慢。在保持适当温度和湿度的环境中养护，其强度增长趋势甚至可以延续几年。如果处于干燥环境中，由于水分很快丧失，强度增长很快停止。因此，水泥的硬化与环境温度、湿度有密切的关系。高温、高湿下养护能加速硬化，增强早期强度，这一点对保证承插管道的水泥接口质量是非常重要的。

水泥的标号有32.5、42.5、52.5、62.5等，管道安装工程中应用最多的是32.5号和42.5号水泥。

自应力膨胀水泥是在硅酸盐水泥熟料中加入适量的膨胀剂混合磨细而成。自应力膨胀水泥具有硬化时体积增大、早期强度高、抗渗透性好的特点。自应力膨胀水泥主要用于防渗、堵漏、填缝、管道接口等。

2. 石棉

石棉是一种矿物纤维，具有隔热、不燃烧和耐腐蚀的特点，是优良的天然保温材料。不同质量石棉的纤维长度和含尘量不同。石棉可与水泥制成石棉水泥管，石棉绒经纺纱可编制成各种石棉绳，石棉还可以制成石棉板、石棉纸、石棉布和石棉灰等，可用于法兰垫片、石棉水泥接口、管道设备保温等。

3. 橡胶

橡胶区别于其他工程材料的主要标志是其在一定的温度范围内具有优良的弹性。此外，它还具有良好的扯断强度、撕裂强度和耐疲劳强度及不透水性、不透气性、耐酸性和绝缘性等。这些良好的综合力学性能，使其得到了广泛的应用。

橡胶制品多为橡胶板，主要有普通橡胶板、耐酸橡胶板、耐油橡胶板、耐热橡胶板等。在管道工程中，橡胶板主要用来制作法兰垫片、活接头垫片、暖气片垫片、卫生设备排水垫片、铸铁管承插接口密封圈及设备基础的防振板等。橡胶垫片如图3—28所示。

图3—28 橡胶垫片

石棉橡胶板耐热性强，可做蒸汽法兰垫片、活接头垫片等。石棉橡胶板分高压（深褐色）、中压（浅褐色）和低压（白色）三种类型。

4. 铅油、铅粉

管道工程中使用的铅油有白色、红色、灰色等几种。常用的是白铅油，俗称白厚漆。在管螺纹连接中先在螺纹上涂白铅油，可增加连接的严密性。另外，以粗石棉绳做成的手孔垫或大孔垫，安装时均在石棉绳外涂一层铅油。当铅油过稠时，可加入少量的机油调稀后使用。

铅粉又叫石墨粉，呈碎片状，性滑。使用时可用机油搅拌成糊状后涂于用石棉橡胶板制成的法兰垫片、活接头片上，以增加连接的严密性。而且在垫片需要更换时，也容易拆下。

5. 麻类

管道工程中常用的麻类有亚麻、线麻（也称大麻）和白麻（也称简麻）。亚麻的纤维细而长，强度大，最宜作为管道螺纹连接的填充材料。将亚麻或线麻经油浸透晾干后，制作成油麻，可作为铸铁管承口的填料。油麻有防腐能力，当管内充水时，油麻浸水后纤维膨胀，使纤维中间的空隙变小，可起到防止压力水渗透的作用。

6. 油漆涂料

油漆涂料常作为管道工程中管材、设备、支架等的防腐材料。常用的防锈漆有红丹（樟丹、铅丹）、铁红防锈漆、铅粉防锈漆等，其中红丹防锈漆性能最好，附着力强，常用作底漆。

银粉漆由银粉、清漆、汽油三种原料配制而成。工程中多用作面漆，如室内采暖管道、散热器等外壁均涂银粉漆。

7. 聚四氟乙烯生料带

用聚四氟乙烯树脂与一定量的助剂混合碾制成厚度约0.1 mm、宽度不大于30 mm、长度1～5 m的薄膜带，因为不经过烧结工艺，所以叫作生料带，如图3—29所示。

聚四氟乙烯具有优良的耐化学腐蚀性能，对于浓酸、浓碱及强氧化剂，即使在高温下也不发生反应。它的热稳定性也好，工作温度高，能在250℃以下长期使用，可用作工

图3—29 生料带

作温度为－180～250℃输送腐蚀介质的管道螺纹连接的填料。

用在管道上的聚四氟乙烯制品还有聚四氟乙烯管、垫片、阀门、盘根、板等。

8. 管道螺纹密封剂

管道螺纹密封剂是一种厌氧型密封胶，又叫液体生料带。这种胶液与空气接触时保持液态，将胶液涂在螺纹上形成圆周并装配闭合时，在金属螺纹内因缺氧并在金属离子的催化作用下发生固化反应，填充整个螺纹间隙，形成高强度、耐腐蚀、耐高温、耐老化、密封锁固性极强的热固性塑料，具有取代我国目前传统使用的麻丝、聚四氟乙烯生料带的趋势，是一种先进的密封填料。

据有关资料介绍，厌氧型密封胶是白色或淡黄色黏液，接头外部的胶液不固化，清除简单，不会堵塞管路系统；使用温度为-55～150℃，固化时间为初期凝固20 min，完全固化24 h，固化后可耐69 MPa以下的压力，以保护金属螺纹；拆卸强度中等，可用普通扳手拧紧，用管钳拆卸；重复使用时，拆卸后的管接头需清洗并重新涂胶，拧紧即可；成本低，同样的价格比传统生料带密封的管螺纹口多30%以上；只能用在金属螺纹上，金属活性越高，反应速度越快，温度越高，反应速度也越快；不影响自来水的水质，不含有害物质，无公害，无污染，施工环境清洁；胶液在管螺纹口固化成弹性塑料，使用寿命可达50年。

使用这种密封胶时，将密封胶在外螺纹表面上涂成一条连续的胶圈，使它充满结合处即可，但螺纹处要保持干净、干燥并无油脂。管道螺纹密封剂一般装在软塑料瓶内，如图3—30所示。

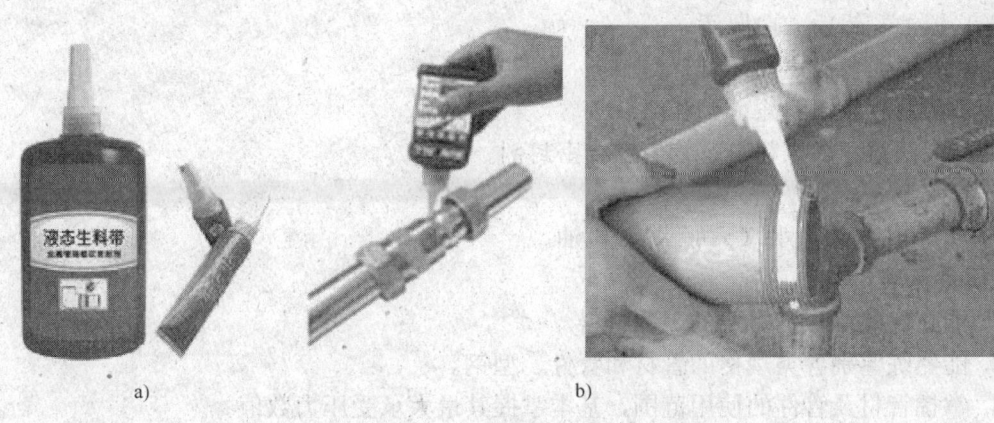

图3—30 管道螺纹密封剂及其使用
a）管道螺纹密封剂 b）管道螺纹密封剂的使用

第四节 技能训练实例

【实训内容】
识别常用管材、管件和辅助材料。

【准备要求】
1. 工具与机具
钢锯、砂轮切割机、铝塑管专用剪刀、割管器、木工锯、钢卷尺（2 m）、钢直尺（500 mm）、游标卡尺（150 mm）、皮尺（20～30 m）。

2. 管材和管件
（1）镀锌焊接钢管（白铁管）和非镀锌焊接钢管（黑铁管），以及三通、四通、弯头、活接头、管箍、大小头、补芯、堵头等螺纹管件（镀锌和非镀锌）。
（2）无缝钢管，以及冲压弯头、煨制弯头等焊接管件。
（3）聚氯乙烯（PVC）排水管和给水管、聚乙烯（PE）管、聚丙烯（PPR）管等塑料管，以及相应与塑料管配套的管件。

上述管材及管件采用常用的规格。

3. 型钢

圆钢、扁钢、角钢、槽钢、工字钢、薄钢板等普通碳素结构钢轧制的常用型钢（规格不限）。

4. 其他辅助材料

（1）石棉板、石棉纸、石棉绳、石棉布、石棉绒、石棉灰等。

（2）橡胶板（普通、耐酸碱、耐热、耐油）、橡胶管（普通橡胶管及输送水、空气、蒸汽、稀酸碱、油、氧气、乙炔等介质的各种橡胶管）。

（3）石棉橡胶板（低压、中压、高压）。

（4）亚麻、线麻、白麻、油麻。

（5）铅油、铅粉、白厚漆。

（6）石油沥青、焦油沥青。

（7）防锈漆、银粉漆、调和漆。

（8）聚四氟乙烯生料带、管道螺纹密封剂。

（9）水泥。

（10）汽油、香蕉水（天那水）、机油。

【质量标准】

1. 能正确熟练识别常用的工程材料。
2. 能熟练鉴别各类规格的管材和管件、型钢。
3. 掌握管材及管件的使用范围，基本掌握其最大承受压力数值。
4. 基本掌握常用管材的连接方式。

【操作步骤】

1. 测量各类管子的外径、内径、壁厚，思考公称通径与外径、内径的关系。
2. 目测DN15~100的焊接钢管、铸铁管、塑料管、复合管的管径及无缝钢管的外径、壁厚。
3. 将焊接钢管（黑铁管）和无缝钢管混放在一起进行识别。
4. 进行各种规格的螺纹管件、承插式管件、法兰式管件与相应管材的搭配训练。
5. 测量各类型钢的有关实际尺寸，并与其规格的数据进行比较。
6. 各类辅助材料的识别。

【质量验收】

通过实训，能正确识别常用的工程材料，重点能识别各种规格的管材及其相应的管件，初步掌握常用工程材料的应用范围和常用管材的连接形式及使用要求。

【注意事项】

1. 安全注意事项

（1）砂轮切割机应在专人指导下使用，切割管子时，严禁站在砂轮切割机的正前面。

（2）搬抬或翻转较重管子时，要注意相互配合，防止管子滑落伤人。

(3) 对切割后的管口要防止毛刺划伤。
(4) 不得用量具击打管子,量具用完之后要仔细擦拭干净。
(5) 注意防止钢卷尺缩入时划伤手。
(6) 若在实际建筑物中进行实训,参观前要进行安全纪律学习。

2. 其他注意事项

(1) 各类常用材料的数量可根据实际需要确定。
(2) 较大规格的管材及管件可进行实地参观识别,并测量管子的内外径。
(3) 复合类管材可进行现场切割,从切口断面观察管材的结构。
(4) 使用各类量具测量管材及管件时,至少做两次测量。测量方向要转换,以两次测量数值的平均值作为测量结果。对外观变形的管子,要选择没有变形的部位多次测量。对于用割管器切割的管子,应消除割管器造成的缩口后再测量。

单元测试题

一、填空题(请将正确答案填在空白横线上)

1. 工程上常把某种材料在_____温度下的_____强度称为公称压力,用符号 PN 表示,单位是 MPa。

2. 焊接钢管按表面质量分为_____和_____两种。_____习惯上称为白铁管,_____习惯上称为黑铁管。

3. 无缝钢管用_____表示规格。无缝钢管 D108×4 的外径为_____,壁厚为_____。

4. 交联聚乙烯(PEX)给水管的使用温度可达_____,主要用于建筑室内_____供应、地板辐射采暖和_____供热系统。

5. 铝塑复合管的结构分为五层,内外塑料层一般为聚乙烯(PE),其工作温度为_____,工作压力_____。

6. 在管道工程中,型钢主要用于制作管道_____和支座等,常用的型钢主要有圆钢、_____、_____、槽钢、_____和钢板等。

7. PPR 管材的特点是具有极佳的节能保温效果,一般要求水温为_____,最高可达 120℃。管材、管件均采用同一材料,采用_____连接,施工速度快,永久密封,无渗漏。

二、单项选择题(下列每题有 4 个选项,其中只有 1 个是正确的,请将其代号填写在空白横线上)

1. 聚四氟乙烯生料带常用作_____连接管道的密封材料。
   A. 螺纹   B. 法兰   C. 承插   D. 焊接

2. 排水铸铁管常用于重力流排水管道,其连接方式为_____连接。
   A. 螺纹   B. 法兰   C. 承插   D. 焊接

3. 在实际工程中,试验压力 Ps、公称压力 PN、工作压力 P 之间的关系应满足_____,这是保证管路系统安全运行的必要条件。

A. Ps>PN≥P   B. PN>Ps≥P   C. PN>P≥Ps   D. P>PN≥Ps

4. 活接头又称为_____，用于需要经常装拆或两端已经固定的管路中。
   A. 补芯   B. 由任   C. 短接头   D. 大小头

三、多项选择题（下列每题有5个选项，其中有1个以上是正确的，请将其代号填写在空白横线上）

1. 镀锌钢管管径大于100 mm时，应采用_____连接。
   A. 螺纹   B. 卡箍   C. 法兰
   D. 焊接   E. 卡套式专用管件

2. 为了克服实壁塑料管材噪声大的缺点，建筑排水硬聚氯乙烯管多采用_____。
   A. 实壁内螺旋消声管   B. 空壁螺旋消声管   C. 普通塑料排水管
   D. 双壁波纹管   E. 聚乙烯排水管

3. 聚乙烯管按其密度不同可分为_____管材。
   A. PEX   B. HDPE   C. MDPE
   D. LDPE   E. PPR

四、判断题（下列判断正确的请在括号内打"√"，错误的请在括号内打"×"）

1. 试验压力是管材及管件在出厂前，生产厂家根据相关的标准，为检查制品的机械强度和密封性能，进行压力试验的压力值。（ ）
2. 无缝钢管的规格以公称通径×壁厚表示，如DN100×3.5。（ ）
3. 白铁管是由无缝钢管镀锌而成的，主要输送水、煤气等介质。（ ）
4. 聚四氟乙烯化学稳定性差，不能作为输送腐蚀性介质的管道螺纹连接的填料。（ ）
5. 公称通径等于管子的实际外径，采用国际标准符号DN表示。（ ）
6. 扁钢的规格以宽度×厚度表示。（ ）
7. 铝塑复合管规格用内径和外径表示，如铝塑复合管P-1620。（ ）
8. 管道工程使用的角钢有等边角钢和不等边角钢两种，其规格以边宽度×边宽度×边厚度的毫米数表示。（ ）

五、简答题

1. 低压流体输送用焊接钢管有哪几种？写出五种以上的常用管件。
2. 管道工程中常用塑料管材有哪些？如何连接？
3. 管道工程中常用型钢有哪些？有什么作用？

单元测试题参考答案

一、填空题

1. 基准　耐压　2. 镀锌钢管　非镀锌钢管　镀锌钢管　非镀锌钢管　3. 外径×壁厚　108 mm　4 mm　4. 95℃　冷热水　太阳能　5. −40～95℃　P≤1.0 MPa
6. 支架　扁钢　角钢　工字钢　7. 95℃　热熔或电熔

二、单项选择题
1. A　　2. C　　3. A　　4. B

三、多项选择题
1. CE　　2. ABD　　3. BCD

四、判断题
1. √　　2. ×　　3. ×　　4. ×　　5. ×　　6. √　　7. √　　8. √

五、简答题
略

第4单元

管道安装基本技能

- 第一节 管子的调直、切割和整圆/97
- 第二节 管段的量尺和下料/100
- 第三节 管道支架的制作与安装/105
- 第四节 管道的试压/112
- 第五节 管道的吹洗/115
- 第六节 管道的防腐和绝热/116
- 第七节 技能训练实例/121

第一节 管子的调直、切割和整圆

→ 1. 掌握管子弯曲部位的检查和调直方法
→ 2. 掌握管子的切割方法和切口质量标准
→ 3. 了解管口变形的整圆方法

一、管子弯曲部位的检查和调直

1. 管子弯曲部位的检查

由于运输、装卸或者存放不当,管子容易产生扭曲变形,小口径的管子尤其如此。施工中不允许使用弯曲的管子,弯曲的管子需要调直后才能安装。

检查管子是否弯曲,一般采用目测法和滚动法。

(1) 目测法。将管子一端抬起,用眼睛直接观察管子外表面,同时慢慢转动管子。若目测管子外表面处均为一直线时,即为直管。如有凸起,则凸起部位就是弯曲部位,可用石笔在凸起部位做上记号,以备在此处进行调直。

(2) 滚动法。对于管径较大或较长的管子可采用滚动法检查。检查的方法是将被检查的管子放置在两根平行的管子或由滚动轴承制成的检查架上轻轻滚动,当管子以匀速来回转动而无摆动,并可以在任意位置停止时,则为合格的直管;如果管子转动时快时慢,有摆动,而且停止时都是某一面朝下,则此管有弯曲,且弯曲部位朝下。

2. 管子的调直

管子的调直可采用冷调直和热调直两种方式。

(1) 管子的冷调直。管子的冷调直是指在常温下直接对管子进行调直,适用于公称通径在 50 mm 以下且弯曲不严重的钢管。冷调直可用人工或机械方法进行。

1) 人工冷调直

方法 1:用两把手锤(见图 4—1)进行冷调直。调直时用一把手锤顶在钢管弯曲(凹面)的起弯点作为支点,另一把手锤敲击凸面处,直至将钢管敲平。

对于一根有多处弯曲的钢管,需逐个敲平。调直时两把手锤不能对着敲,而且锤击处宜垫硬质木块,以免把钢管打扁。

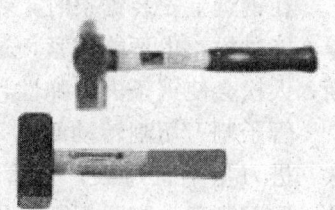

图 4—1 手锤

方法 2:寻找一个平台,在平台上立两个铁桩作为受力点。将管子放在平台上,管子弯曲处凸面高点置于桩前 80~100 mm,铁桩与管子的接触点处应垫放木块。调直时一边将管子向弯曲的反方向扳一边向前拉动。

注意矫正时用力不能过大，否则容易形成蛇形弯。

方法3：将管子放在平整的地面上，凸面向上。一个人在管子一端观察弯曲部位，另一个人按照观察者的指挥，用手锤从弯曲开始的位置顺着管子进行敲打，直到管子平直为止。

对于因螺纹管件不正而引起的节点弯曲，也可以进行冷调直，但应注意不能用锤子敲打螺纹管件，只能敲打靠近螺纹管件的钢管，使其产生微量反向弯曲，达到管路平直的目的。

2) 机械冷调直管子。使用螺旋式调直台进行机械冷调直的方法方便、省力、可靠，对管壁不造成局部损坏。

(2) 管子的热调直。热调直的方法是将管子的弯曲部位加热，利用重力及钢材的塑性变形达到调直的目的。公称通径50 mm以上的弯曲钢管及弯曲度大于20°的小管径钢管一般采用热调直。

管子热调直的方法：用四根以上的管子相互平行、间隔均匀地放置在同一平面上，把加热（可地炉加热，钢管呈火红色）的管子按垂直位置放在这一排管子上面，再使它在排管上来回滚动，利用重力的作用进行调直。

由于塑料管、纯铜管、铝塑管等材质较软，对于管径较小的管子，可用手工调直或用橡皮锤、木板轻敲调直；对于管径较大的纯铜管和铝塑管，应用喷枪或焊炬加热后再调直；对于管径较大的塑料管材，可用热风加热（或通蒸汽加热）后调直。

二、管子的切割工具、切割方法及切口质量标准

1. 管子的切割工具

常用的切割工具有钢锯、管子割刀、砂轮切割机和割炬，另外还有专用剪刀（用于塑料管和铝塑管的切割）。近年来，等离子弧切割技术也在实际安装现场开始使用。

(1) 钢锯和管子割刀。钢锯主要用于DN50以下钢管的切割，管子割刀主要用于薄壁不锈钢管和铜管的切割。钢锯和管子割刀如图4—2所示。

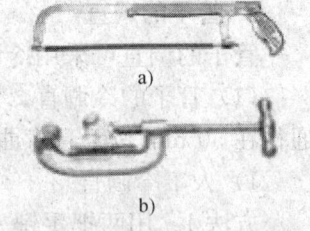

图4—2 钢锯和管子割刀
a) 钢锯 b) 管子割刀

在钢锯上安装锯条时，锯齿应朝前，不能装反。锯条装得不能过松，也不能过紧，过紧会使锯条发生扭曲，容易折断；太松会使锯条失去弹性，也易折断。

管子割刀切割转动时，每转动1~2次需进刀一次，进刀量不宜过大；当管子快割断时，需松开刀片，取下割刀，用手折断管子，并用刮刀、锉刀修整管口。

(2) 砂轮切割机。砂轮切割机如图4—3所示，主要由基座、砂轮、电动机和防护罩等组成。砂轮较脆，转速很高，使用时应严格遵守下列安全操作规程：

图4—3 砂轮切割机

1）使用前应检查设备是否有合格的接地线；检查砂轮切割机是否完好，砂轮片是否有裂纹缺陷，禁止使用带病设备和不合格的砂轮片。

2）砂轮片的旋转方向一定要与罩壳上的箭头方向相符，切不可反方向旋转。

3）必须采用增强纤维的砂轮片。砂轮片上必须有能遮盖180°以上范围的保护罩。

4）切割时应使砂轮片缓慢接近管子，不可用力过猛或突然撞击。切入工件后要加速进给切割，即将切断时应降低进给速度。切断时先将手柄抬起，再关闭电动机，砂轮停转后方可拆卸管子。

5）更换砂轮片时，要待设备停稳后进行，并要对砂轮片进行检查。

(3) 割炬。割炬也称割枪，如图4—4所示。割炬由割嘴、混合气管、氧气调节阀、乙炔调节阀等组成。

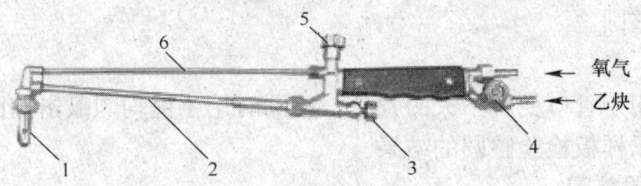

图4—4 割炬（割枪）

1—割嘴 2—混合气管 3—氧气调节阀 4—乙炔调节阀 5—切割氧气调节阀 6—切割氧气管

2. 管子的切割

(1) 管子的切割方法。管子切割的方法很多，有锯割、錾切、气割、等离子弧切割等。

1）锯割。用来切断钢管、有色金属管及塑料管。锯割可分为手工切断（包括用钢锯和滚刀切管器切割）和机械切断（包括用机械锯、砂轮切割机和大直径切管机切割）。

2）錾切。錾切法适用于材质较脆的管子，如铸铁管、混凝土管、陶土管等，但不能用于切割脆性较大且易裂的玻璃管、塑料管等。

錾切管子时，应先划切割线，管子下面要垫上方木，錾子的打击方向要适当。大直径的管子可由两人操作，一人掌錾子，一人打锤，錾子要把正，周围不要站人，以防止錾渣飞出伤人。

3）气割。利用氧气和乙炔燃烧时产生的热能使切割的金属在高温下熔化，产生氧化铁熔渣，然后用高压氧气流将熔渣吹除，管子即被切断。大直径管子宜采用气割，但不锈钢管、铜管及铝管禁止使用气割。

4）等离子弧切割。等离子弧切割是指利用高温等离子弧的热量使工件切口处的金属局部熔化（和蒸发），并借助高速等离子的能量排除熔融金属以形成切口的一种加工方法。

等离子弧切割配合不同的工作气体可以切割各种气割难以切割的金属，尤其是对于有色金属（不锈钢、铝、铜、钛、镍）的切割效果更佳。其主要优点在于切割厚度不大的金属时，等离子弧切割速度快，尤其在切割普通碳素钢薄板时，速度可达气割的5～6倍，切割面光洁，热变形小，几乎没有热影响区。

等离子弧切割发展到现在，可采用的工作气体（工作气体是等离子弧的导电介质，又是携热体，同时还要排除切口中的熔融金属）对等离子弧的切割特性、切割质量和切割速度都有明显的影响。常用的工作气体有氩气、氢气、氮气、氧气、空气、水蒸气以及某些混合气体。

目前，空气等离子弧切割机在施工现场已开始使用。

此外，管径较小的塑料管和铝塑复合管可采用专用的剪管刀手工切割。

（2）管子切口质量标准。管子切口表面应平整，不得有裂纹、重皮、毛刺、凸凹等；切口平面倾斜偏差不大于管径的1%，最大不超过3 mm。

三、钢管的整圆

钢管的变形多数发生在管口处，管子整圆的方法有锤击整圆、用内整圆器整圆和用特制外圆对口器整圆。

1. 锤击整圆

锤击整圆适用于管口变形不大的管子。整圆时用手锤均匀敲击椭圆管口的长轴两端范围，然后用圆弧样板检验整圆的结果。

2. 用内整圆器整圆

若管口的变形较大或有瘪口现象，可采用内整圆器进行整圆。

3. 用特制外圆对口器整圆

外圆对口器适用于DN426以上大直径、变形不大的管口，在对口的同时进行整圆。操作时，把圆箍（内径与管子外径相同，制成两个半圆以易于拆装）套在圆管口的端部，并使管口探出约30 mm，使之与椭圆的管口相对；然后在圆箍的缺口内打入楔铁，通过楔铁的挤压把管口挤圆，随后再点焊。

第二节　管段的量尺和下料

→ 1. 熟悉常用量具的使用方法
→ 2. 掌握管道的测绘方法
→ 3. 掌握管段的下料方法

管道系统是由不同材质的管子构成不同形状、不同长度的管段，而各管段共同组成的完整系统。在施工过程中，正确的量尺和下料方法是管道工应掌握的一项重要的基本操作技能。

一、常用量具

管道安装常用的量具有长度尺、钢角尺、水平尺和线坠。

1. 长度尺

长度尺用于测量管线长度等。常用的长度尺有钢卷尺、皮尺、钢直尺。

(1) 钢卷尺。钢卷尺有小钢卷尺和大钢卷尺两种，如图4—5所示。小钢卷尺常用的规格为1 m、2 m、3 m等。大钢卷尺常用的规格为5 m、10 m、15 m、20 m、30 m、50 m等。

使用钢卷尺时应注意不得与带电物体接触，以防止尺子被电弧烧坏；测完一段后，需将尺带抬离地面，不得将钢卷尺拖地而行；测量较长的距离时，要防止尺子扭曲变形；钢卷尺使用完毕应擦拭干净。

图4—5 钢卷尺

(2) 皮尺。皮尺常用的规格有5 m、10 m、15 m、20 m、30 m、50 m等。

使用皮尺测量时，尺带要拉直，但不要拉得过紧，以免拉断尺带，也不可拉得过松，以免影响测量的准确性；尺子使用后，应及时将尺带擦拭干净，平直地卷入尺盒内。

(3) 钢直尺。钢直尺又称钢板尺，常用不锈钢制成。其规格有150 mm、300 mm、500 mm、1 000 mm等，管道工常用150 mm的钢直尺。

使用钢直尺测量时，要将钢直尺放平且紧贴工件，不得将尺悬空或远离工件读数；不得用钢直尺来铲铁锈、除污泥或拧紧螺钉等；使用时要注意保护刻度，防止磨损；使用完毕要及时将尺面擦拭干净。

2. 钢角尺

钢角尺用来检验弯管的直角和法兰安装的垂直度等。钢角尺的类型有宽座钢角尺、扁钢角尺、法兰角尺、万能角尺等。管道工常用宽座钢角尺和扁钢角尺两种。

宽座钢角尺由长臂和短臂（即宽座）两部分组成，长臂上有长度的刻度，常用于各类型钢的划线以及检验法兰安装的垂直度，如图4—6所示。

扁钢角尺的长臂和短臂是用同样规格、厚度相等的扁钢制成的，常用于测量管道虾壳弯及煨弯90°弯管。

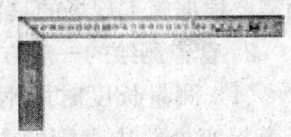

图4—6 宽座钢角尺

使用钢角尺时应轻拿轻放，保护刻度；不得用钢角尺敲击被测物；使用完毕应及时擦拭干净。

3. 水平尺

水平尺有条形和框式两种，按材质可分为铸铁水平尺、铝制水平尺及镁铝水平尺。水平尺用于测量管道及设备的水平度，较长的水平尺还可测垂直度。

管道工常用的是条形水平尺，如图4—7a所示。水平尺在平面中央装有一个横向水泡玻璃管，用于检查平面的水平度；另一个垂直水泡玻璃管则用于检查垂直度。通过观察玻璃管内的气泡是否处在中间位置，来判定被测管道或设备是否水平或垂直。

将水平尺放在被测物体上，水平尺的气泡偏向哪边，则表示哪边偏高，即需要降低该侧的高度，或调高相反侧的高度，将水泡调整至中心。

测量前，要将测量表面与水平尺工作表面擦干净，以防止测量不准确或损伤工作表

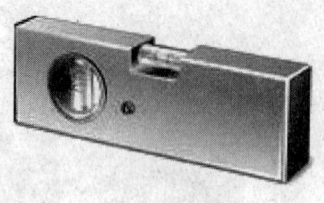 

a)　　　　　　　　　b)

图 4—7　水平尺和磁力线坠
a) 条形水平尺　b) 磁力线坠

面；看水平尺时，视线要垂直对准玻璃管内的气泡，否则读数不准；水平尺要轻拿轻放、放正放稳，不准在测量表面上将水平尺拖来拖去；检查管道或设备的垂直度时，应用力均匀地将其靠紧在管道或设备立面上。

4. 线坠

线坠用于测量立管的垂直度。线坠的规格以质量划分，管道工使用的一般在 0.5 kg 以下。磁力线坠如图 4—7b 所示。

二、管道的测绘方法

1. 管道测绘的基本要求

管道的测绘是利用建立空间坐标轴的原理来确定管道的位置、尺寸和方向。测绘时，先选择基准面，再根据基准面进行测绘。

管道系统配管要求管子横平、竖直（有坡度的管子除外）、孔正（法兰螺栓孔连线同轴）、口正（管口中心线与法兰面垂直）。因此，基准面包括水平面、垂直面等，基准面需要根据施工现场的具体环境来确定。

2. 管道测绘的一般方法

（1）测量长度时用钢卷尺，管道转弯处应测量到转弯的中心点。测量时，可在管道拐弯处两边直管的中心线上各拉一条细线，两条线的交叉点就是管道转弯处的中心点。

（2）测量标高一般用水平尺（或水准仪），也可以从已知的标高点（或平面）用钢卷尺垂直测量。

（3）测量简单管路的角度一般是在管道转弯处两边直管的中心线上各拉一条细线，用量角器或活动角尺测量这两条线的夹角，从而得出弯管的弯曲角度。对于复杂管路，应用经纬仪测量角度。

（4）在进行施工测绘过程中，首先应根据施工图样的要求定出主干管各转弯点的位置。对于水平管段，则先测出一端的标高，并根据管段的长度和坡度定出另一端的标高，两端的标高确定后，就可以定出管段中心线的位置。然后再在水平干管中心线上定出各分支管的位置，标出分支管的中心线，随后确定管路上各管件、阀门、管架的位置，最后测出各管段的长度和弯头的弯曲角度，绘出测绘草图。

对于复杂管线可以分成若干管段来测量，每段的测量方法如上所述。

三、管段的量尺和下料

1. 量尺与下料

（1）量尺。任何一个管道系统都是由若干个管段组成的。所谓管段，是指两管件（阀件）或管件与阀件之间由管子与管件（阀件）组成的一段管道。两管件中心之间的长度称为管段的构造长度，管段中管子的实际长度称为下料长度。

当管段为直管段时，下料长度小于构造长度；当管径为弯管段时，下料长度经展开将大于构造长度。

量尺的目的是要测量管子的构造长度，从而确定管子加工的下料长度。

（2）管段的下料。管子的下料长度即管段的加工长度。下料长度应根据构造长度来计算。它还与管道的连接方式和加工工艺有关。

常用的下料方法有计算法和比量法，实际施工中多用比量法。

2. 计算法下料举例

（1）螺纹连接。螺纹连接的计算法下料如图 4—8 所示（图中数据请参阅相关资料）。

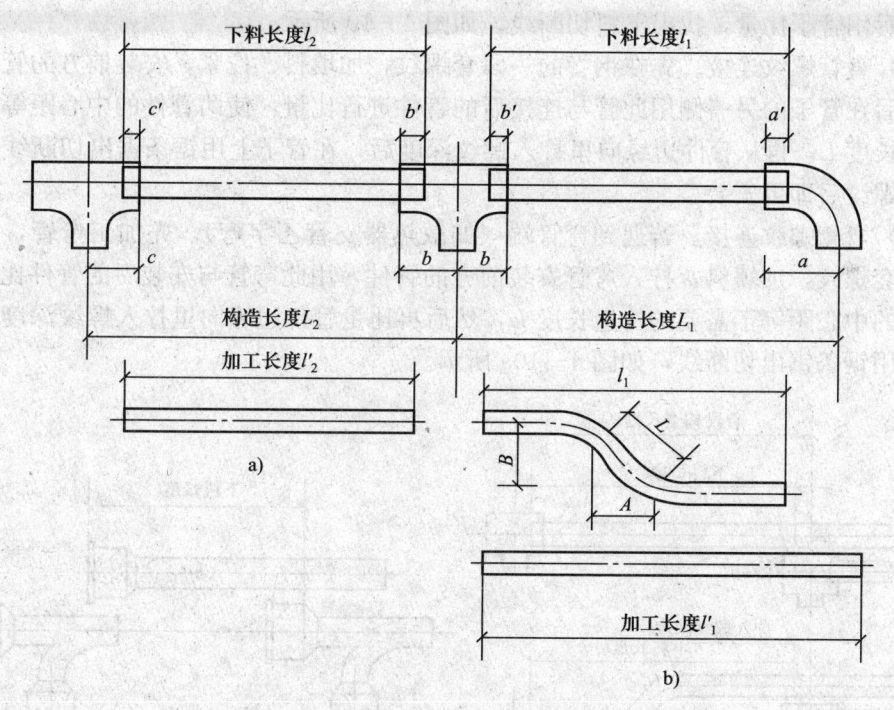

图 4—8　螺纹连接的计算法下料
a) 直管段的计算　b) 弯管段的计算

（2）承插连接。铸铁管（或塑料管）承插连接的计算法下料如图 4—9 所示。

由此可知，使用计算法下料时，除应已知管段构造长度 L 外，还必须掌握和运用各类不同材质、不同形状管件的结构尺寸，才能通过计算求得下料长度，对于弯管的计算更为复杂。所以，实际操作时管段的下料都用比量法。

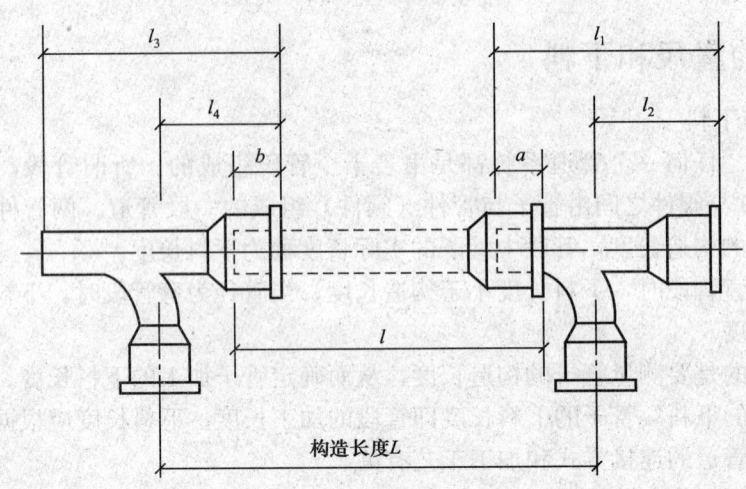

图 4—9 铸铁管承插连接的计算法下料

3. 比量法下料举例

所谓比量法下料,是指在地面上或实际安装位置按所需要的尺寸将配件排列或安装好,然后用管子比量,找出下料切断线,如图 4—10 所示。

(1) 直管螺纹连接。先在钢管的一段套螺纹,加填料、拧紧,安装前方的管件或阀门,然后在管子的另一侧用此管与连接后的管件进行比量,使两管件的中心距等于需要的构造长度 L,再从管件边缘向里拧入螺纹深度后,在管子上用锯条锯出切断线。经切断、套螺纹后即可安装。

(2) 弯管螺纹连接。若遇到弯管端(如散热器支管乙字弯),先加工弯管,并在弯管一端套螺纹,加填料,拧入弯管安装前方的管件,用此弯管与安装后的管件比量,使两管件的中心距等于需要的构造长度 L,然后再比量管件边缘向里拧入螺纹深度后,在管子上用锯条锯出切断线,如图 4—10a 所示。

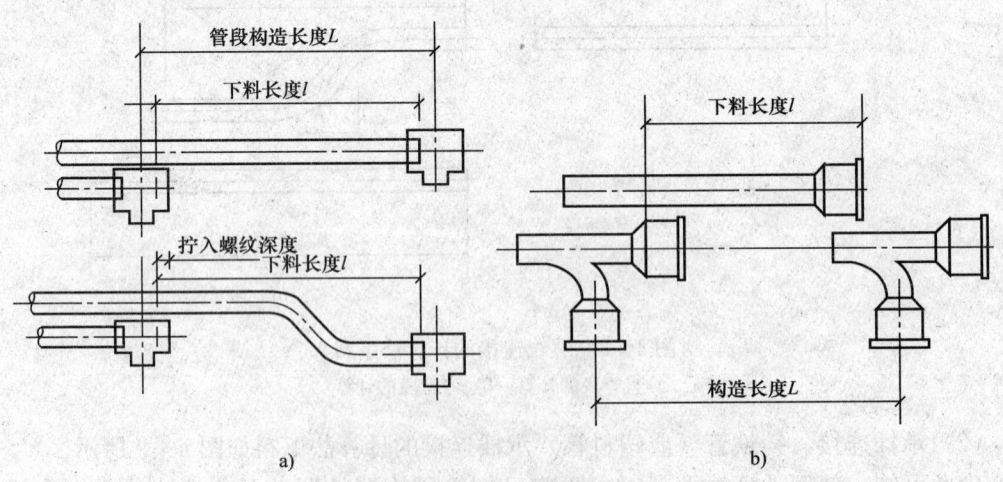

图 4—10 比量法下料
a) 钢管螺纹连接 b) 铸铁管承插连接

（3）承插连接。先将前方、后方安装的两管件平放在地上，使其中心距等于构造长度 L，再将一整根承插管放在两管件旁比量，使直管承口处于管件插口的插入位置后，在直管另一端承口的内边缘位置上划线，即为下料切断线，如图4—10b所示。

第三节 管道支架的制作与安装

→ 1. 掌握钻孔、攻螺纹和套螺纹的操作方法
→ 2. 掌握管道支架的作用和形式
→ 3. 掌握管道支架制作的基本要求
→ 4. 掌握管道支架安装的施工方法

一、钻孔、攻螺纹和套螺纹的操作方法

管道支架制作的基本技能包括钻孔、攻螺纹和套螺纹。

1. 钻孔工具和设备的使用与维护

常用的钻孔工具和设备有台钻、手电钻、立钻和摇臂钻等。

（1）手电钻的使用与维护。手电钻是灵活、轻便的钻孔工具，多用于在较大的工件或已经固定的工件上钻孔，以及不能将加工工件置于钻床上钻孔时使用。手电钻有手枪式和手提式两种，如图4—11所示。

手电钻的使用及维护注意事项如下：

1）使用前应检查电源电压是否与手电钻使用电压相符，手电钻有无漏电现象，开关是否良好。

2）使用时应在空载情况下启动手电钻。

3）操作人员应戴上绝缘手套。

4）使用后应将手电钻清理干净，装入工具箱内，并放置于清洁、干燥的地方。

（2）台钻的使用与维护。台钻是一种小型钻床，常用来钻 ϕ12 mm 以内的孔，较常用的一种台钻如图4—12所示。

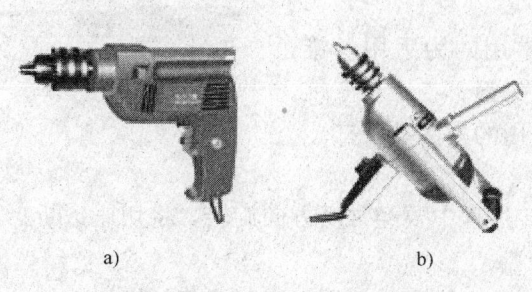
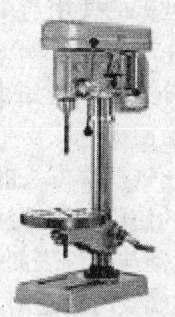

图4—11 手电钻　　　　　　　图4—12 台钻
a) 手枪式 b) 手提式

台钻的使用及维护注意事项如下：

1）使用台钻前，应对钻床进行检查，如发现漏电、旋转不平稳等异常现象，应及时进行修理，正常后方可使用。

2）应在空载情况下开启开关，操作时应用力均匀。

2. 钻孔操作方法及注意事项

用钻头在工件上加工孔的操作称为钻孔。

钻孔时常用的设备有台钻、手电钻、立钻和摇臂钻等。管道工常用的钻孔工具有台钻和手电钻，用来钻 ϕ12 mm 以内的孔，大于 ϕ12 mm 的孔一般采用立钻、摇臂钻等专用设备，并由专业人员进行加工。

（1）台钻的操作步骤与方法

1）钻孔前，首先在工件上划线，并打上样冲眼。

2）选择合适的钻头，并固定在台钻上。

3）将工件固定在钻床的工作台上，并垫上垫木。

4）选择合适的转速，在空载情况下启动开关后缓慢旋转钻头升降手柄，将钻头对准样冲眼。

5）操作时应用力均匀。快钻透时要减小进给压力，以免损坏钻头。

6）在钻较大直径的孔时，可先用直径为 5～6 mm 的钻头钻一个孔坑（不钻透），然后再用较大直径的钻头钻孔。

（2）钻孔操作注意事项

1）操作前应检查电源、电压及设备是否漏电。

2）夹持工件要牢固，不允许用手扶持工件钻孔。

3）清除切屑要注意安全，不可用手直接清除或用嘴吹切屑。

4）禁止开机时用手拧紧钻夹头。变速时应先停机。

5）钻孔时严禁戴手套。操作者衣袖要扎紧，头发较长者要戴好工作帽，将头发塞进工作帽。

6）使用手电钻要防止触电，做好防护措施。

3. 攻螺纹和套螺纹工具的使用与维护

攻螺纹的工具为丝锥。套螺纹的工具为螺纹铰板。

（1）丝锥的使用与维护。丝锥是加工内螺纹的工具，由工作部和柄部组成，如图 4—13 所示。

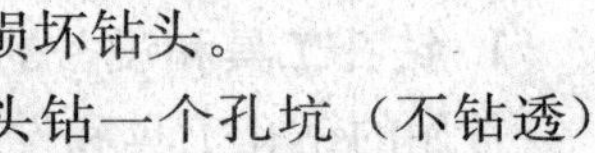

丝锥分为手用丝锥和机用丝锥，常用的为手用丝锥。手用丝锥由两支或三支组成一套，称为头锥、二锥和三锥。用来夹持丝锥柄部方头的是铰杠，最常用的为活动铰杠。

图 4—13 丝锥

丝锥的使用及维护注意事项如下：

1）丝锥与工件表面要垂直，在旋转过程中要经常反方向旋转，将切屑挤断。

2）攻螺纹时应适时加注切削液。

3）在较硬材料上攻螺纹时，要头锥、二锥交替使用，以防止将丝锥扭断。

4）使用后的丝锥应及时清除切屑、油污和灰尘，并在其表面涂上机油，妥善保管

(2) 螺纹铰板。螺纹铰板是把圆柱形工件铰出外螺纹的加工工具，有圆板牙和方板牙两种。

圆板牙有固定式和可调式两种，圆板牙及扳手如图 4—14 所示。圆板牙需装在板牙架内才能使用，用钝后不能再磨，而应报废。方板牙由两片组合而成，方板牙用钝后可重新磨锋利再使用。

圆板牙的使用及维护注意事项如下：

1) 套螺纹的圆柱形工件端部要锉掉棱角，这样既起刃具的导向作用又能保护刀刃。

2) 螺纹铰板与工件要垂直，两手用力要均匀。

3) 转动螺纹铰板时，每转动一周应适当反转，以便将切屑挤断，套螺纹时应适当注入切削液。

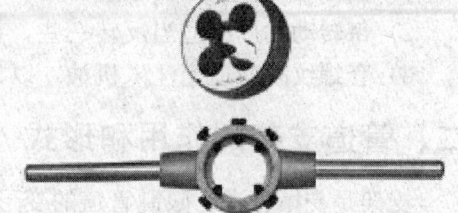

图 4—14　圆板牙及扳手

4) 使用后的螺纹铰板应清除切屑、油污和灰尘，并在其表面涂上机油，妥善保管。

4. 攻螺纹的操作方法及注意事项

用丝锥在孔中攻出内螺纹的操作称为攻螺纹。

(1) 攻螺纹的操作方法

1) 在工件上钻好合适的底孔。

2) 准备好攻螺纹工具。

3) 将工件夹持好。把头锥装在铰杠上并插入孔内，转动铰杠攻内螺纹，并随着转动向前推进。

4) 再依次用二锥、三锥攻螺纹，直至工作完毕。

(2) 攻螺纹的注意事项

1) 初攻时，丝锥的轴线要对正底孔轴线，否则攻出的螺纹易歪斜，严重时将折断丝锥。

2) 为避免切屑过长而咬住丝锥，要经常反方向转动 1/4 圈，使切屑排出。

3) 在攻螺纹过程中，当感到很紧时，切不可猛力旋出，否则会将丝锥折断。

4) 攻螺纹时要经常润滑（可滴入机油）。

5) 当攻螺纹数量很大时，可采用机动攻螺纹。机攻时丝锥与底孔要同轴。丝锥的校准部分不能全部出头；否则，在反转退丝锥时会产生乱牙。而且应根据材料不同选择不同的切削速度。

5. 圆杆套螺纹的操作方法及注意事项

用螺纹铰板在圆杆上加工螺纹叫作圆杆套螺纹。

(1) 圆杆套螺纹的操作方法

1) 将圆杆垂直固定在台虎钳上。露出钳口的圆杆长度要适中，太长易发颤；太短握板牙架的手易碰钳口。

2) 圆杆顶端的棱角应锉掉。

3) 选择合适的板牙，并固定在板牙架内。

4）两手平持板牙架，使板牙卧进圆杆顶端。为使板牙切入圆杆，在转动板牙架时，要边转动边垂直地向下适当加力，待板牙已旋入切出螺纹时，就不要再施加压力了。

5）两手均匀、适度用力旋转，转动至套出所需长度的螺纹为止。

(2) 圆杆套螺纹注意事项

1）板牙与圆杆一定要垂直。

2）每转动一周应适当反转一些，将切屑挤断。

3）套螺纹时应适当注入机油，以提高螺纹表面质量，延长板牙的使用寿命。

二、管道支架的作用和形式

支架是支撑管道、限制管道的变形和移动，并承受从管道传来的压力、外载荷及温度变化的弹性力，同时将这些力传递到支撑结构上或地面的一种管道构件。支架按作用特点和结构形式分为固定支架和活动支架。

1. 固定支架的作用和形式

固定支架用于管道上不允许有任何方向移动的支撑点。固定支架除支撑管道质量外，还要承受管道内压力的轴向反力以及热胀冷缩的推拉力。常用的形式有 U 形螺栓和弧形板组成的固定支架、单面挡板固定支架、双面挡板固定支架。

U 形螺栓和弧形板组成的固定支架一般用于室内不保温管道，如图 4—15 所示。对于保温的管道，应装管托，管托与管子应焊牢，管托与支架之间用挡板加以固定。挡板又分为单挡板和双挡板两种，挡板式固定支架如图 4—16 所示。

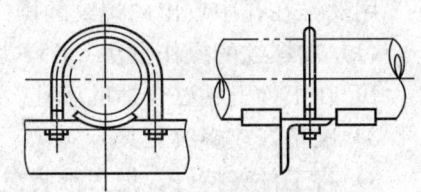

图 4—15 U 形螺栓和弧形板组成的固定支架

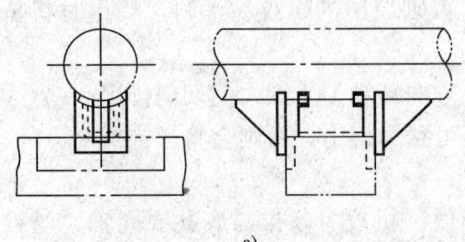 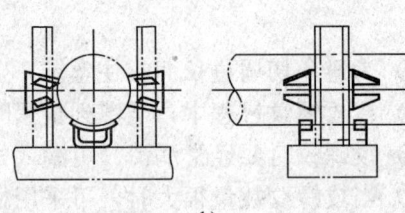

图 4—16 挡板式固定支架
a) 单面挡板固定支架 b) 双面挡板固定支架

2. 活动支架的作用和形式

活动支架是允许管道沿纵向移动的支架，主要用于因温度变化而发生移动的管道上。活动支架包括滑动支架、导向支架、滚动支架和吊架。

(1) 滑动支架。管子在温度变化产生热胀冷缩时，能使管子与支架结构间发生自由滑动的支架叫作滑动支架。滑动支架分为低滑动支架和高滑动支架，如图 4—17 所示。

低滑动支架一般有 U 形螺栓固定的低滑动支架和弧形板低滑动支架两种。加弧形

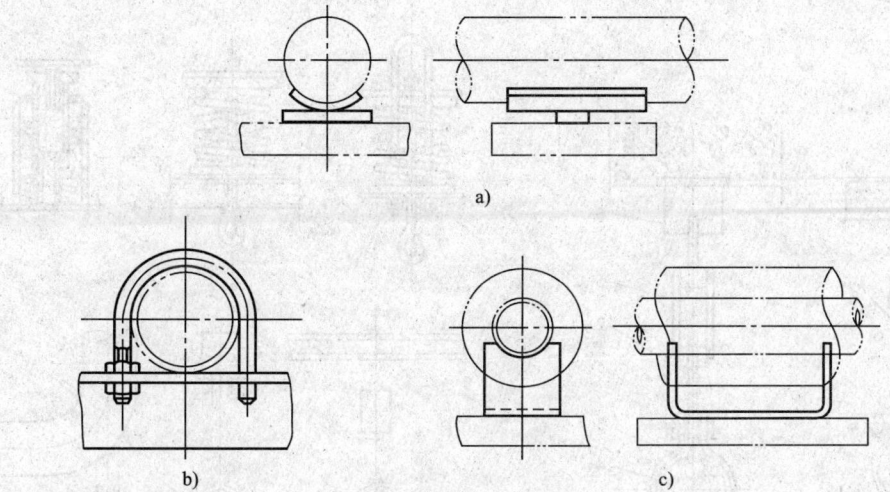

图 4—17 滑动支架
a) 弧形板低滑动支架　b) U形螺栓固定的低滑动支架　c) 高滑动支架

板的目的主要是防止管子直接与支撑结构摩擦而减薄管壁。低滑动支架适用于室内不保温管道，高滑动支架适用于保温、保冷管道。

(2) 导向支架。导向支架是为了使管子在支架上滑动时管子轴线不至于偏离而设置的，如图 4—18 所示。通常的做法是在滑动支架的滑托两侧各焊一段短角钢。

(3) 滚动支架。设置滚动支架是为了减小管子在热胀冷缩时对支座的摩擦力，使用滚柱或滚珠加在滑托与支架之间，将滑动摩擦变为滚动摩擦。滚动支架一般用于伸缩量大、管径较大的管道上，如图 4—19 所示。

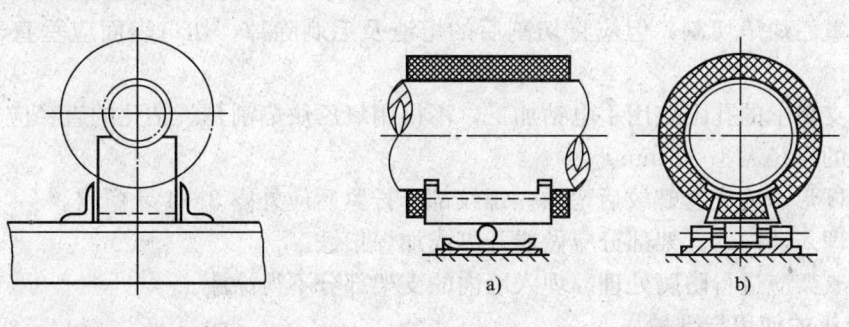

图 4—18　导向支架　　图 4—19　滚动支架
　　　　　　　　　　　　a) 滚珠式　b) 滚柱式

(4) 吊架。吊架分为普通吊架和弹簧吊架两种。普通吊架由根部、吊杆和管卡三部分组成，如图 4—20 所示。普通吊架用于口径较小、伸缩性较小的管道。弹簧吊架由弹簧、吊杆、管卡和支撑结构等组成，弹簧吊架的结构及安装形式如图 4—21 所示。弹簧吊架用于有垂直位移及振动较大的管道。吊杆有可调节和不可调节之分。

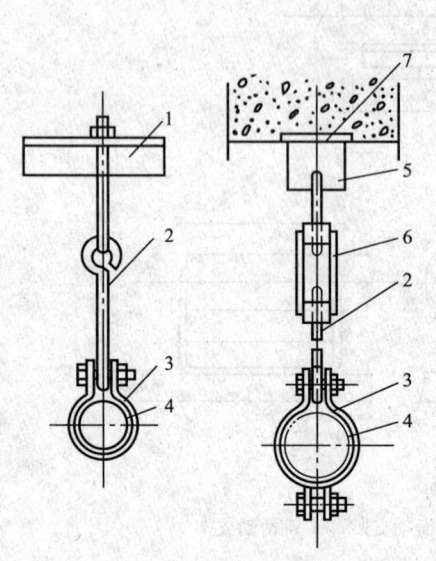
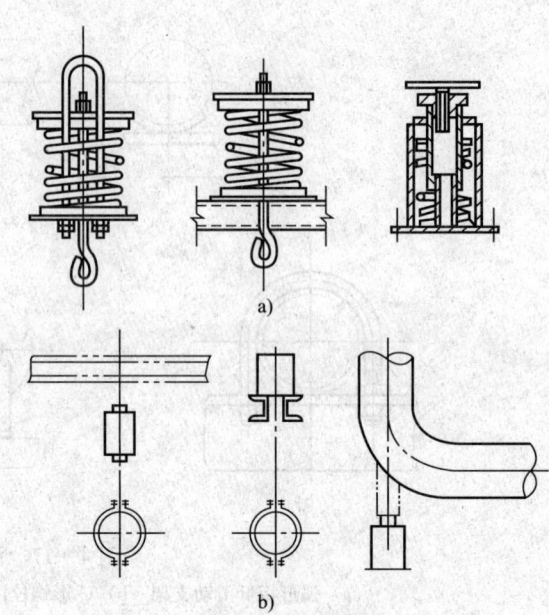

图4—20 普通吊架
1—支架横梁 2—吊杆 3—吊环 4—管子
5—吊板 6—调节器 7—预埋钢板

图4—21 弹簧吊架的结构及安装形式
a) 弹簧结构 b) 安装形式

三、支架的制作与安装

1. 支架制作的基本要求

（1）宜在管道安装前采取企业化集中预制，以提高效率。

（2）下料前，先将型钢调直。下料时宜采用机械冲剪或锯割。边长大于 50 mm 的型钢可用氧乙炔焰切割，但应将切割后的熔渣及毛刺除掉，切口表面应垂直于管子的轴线。

（3）支架上的孔眼应用手电钻加工，不得用氧乙炔焰割孔。钻孔的直径应比所穿管卡或螺栓的直径大 1~2 mm。

（4）U 形卡应先套螺纹后弯曲。螺纹部分拧紧后应外露 3~4 牙螺纹。

（5）埋入墙内的支架部分应做成开脚或加焊扫铁。

（6）支架应进行防腐处理。埋入墙内的支架部分不得涂漆。

2. 电锤的使用与维护

电锤俗称冲击电钻，是管道支架安装中常用的工具。电锤是具备旋转和冲击两个动作的打孔工具，用于在混凝土、砖墙和岩石上打孔、开槽。电锤及电锤钻头如图4—22 所示。

电锤的使用及维护注意事项如下：

（1）使用前，应首先检查开关、插头、插座及接地情况，在确认安全、状态良好时可接入电源。

图4—22 电锤及电锤钻头

(2) 使用时将钻头顶在工作面上,然后按动开关,这样可以避免只转不冲或损坏工具和空打。

(3) 电锤工作时应用力适当,操作平稳。在钻孔中钻头碰到钢筋时应立即退出,重新选位置打孔。

(4) 当发现电锤过热时应暂停使用,待冷却后再使用。

(5) 电锤用完后应及时清理干净,装入专用的工作箱,放置在干燥、清凉的地方。

(6) 对于长期停用的电锤,在重新使用前应进行电气和力学性能检查,当绝缘电阻小于 2 MΩ 时,应进行干燥处理。

3. 支架的安装方法

支架的安装方法有埋设法、抱柱式、预埋件焊接法以及膨胀螺栓和射钉法,如图4—23 所示。

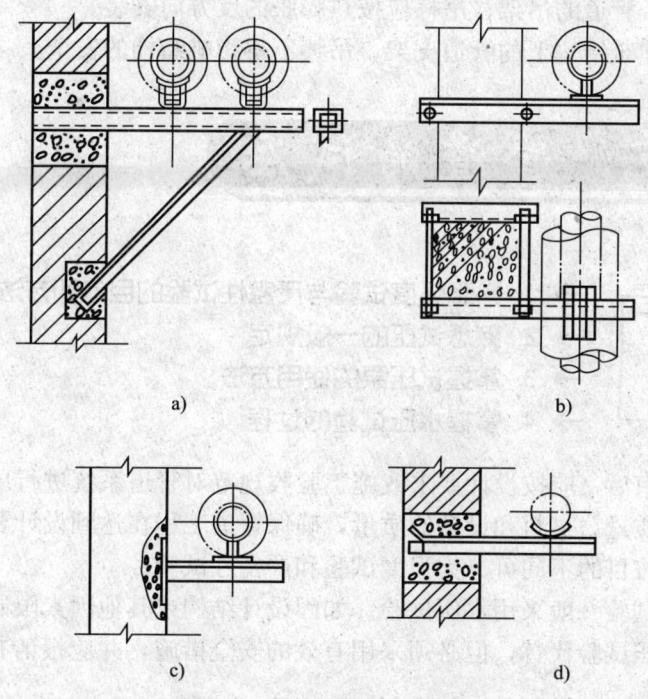

图 4—23 管道支架的安装方法
a) 埋设法　b) 抱柱式　c) 预埋件焊接法　d) 膨胀螺栓和射钉法

(1) 埋设法。埋设法适用于直型横梁在墙上的埋设固定。采用埋设法的工序为:放坡→在支架安装位置画线→打洞及浇水→挂线→插埋横梁。

(2) 抱柱式。抱柱式是指由角钢拉板、双帽双头螺栓加装在柱子上固定支架横梁的方法,此法适用于管道沿柱敷设。支架在柱子上的固定工序为:拉线→确定支架位置和标高→用拉板拉紧螺栓。

(3) 预埋件焊接法。先预埋钢板,再将支架横梁焊接在钢板上。由于此法施工配合时难度较大,目前很少采用。

(4) 膨胀螺栓和射钉法。是指使用膨胀螺栓及带螺纹的射钉固定支架横梁的方法。

4. 支架安装的一般要求

(1) 固定支架的位置。由于固定支架要考虑热力管道自然补偿、人工补偿器补偿的需要,其位置一般由设计单位给出。

(2) 活动支架的间距。根据经验,安装活动支架时宜遵从"墙不做架,托稳转角,中间等分,不超最大"的原则,并以此确定活动支架的安装位置和数量。

5. 支架安装质量标准

(1) 位置正确,埋设应平整、牢固。

(2) 固定支架与管道接触应紧密,固定应牢靠。

(3) 滑动支架应灵活,滑托与滑槽两侧间应留有 3～5 mm 的间隙,纵向移动量应符合设计要求。

(4) 无热伸长管道的吊架、吊杆应垂直安装。

(5) 有热伸长管道的吊架、吊杆应按热膨胀的反方向安装。

(6) 固定在建筑结构上的管道支架、吊架不得影响结构的安全。

第四节 管道的试压

→ 1. 熟悉强度试验与严密性试验的目的和方法
→ 2. 熟悉试压的一般规定
→ 3. 掌握试压泵的使用方法
→ 4. 掌握水压试验的过程

管道安装结束后,应按设计要求或施工验收规范对管道系统进行压力试验,以检验管道工程的安装质量、材料和设备的质量,确保管道工程在达到设计要求的情况下安全运行。压力试验按目的不同可分为强度试验和严密性试验。

管道的压力试验一般采用水压试验。如因设计结构或其他因素限制,水压试验确有困难时,可用气压试验代替,但必须采用有效的安全措施,并应报请有关部门批准。

一、强度试验与严密性试验的目的和方法

1. 强度试验的目的和方法

强度试验的目的是检查管子、管件、管路上的阀门及各连接部位的力学性能是否满足要求。

强度试验的方法是将该管道的工作压力增大一定数值,在规定时间内,试验压力表上指示压力不下降,管道及附件未发生破坏,则认为强度试验合格。

2. 严密性试验的目的和方法

严密性试验的目的是检查管道及附件连接处的渗漏情况,以保证系统的严密性。

严密性试验的方法是将试验压力保持在工作压力下,在一定时间内,观察和检查接口及附件等处的渗漏情况,并观察压力表示值下降情况。严密性试验包括全部附件、仪

表等。

二、试压的一般规定

1. 管道试压前应全面检查、核对已经安装的管子、管件、阀门、紧固件以及支架等，质量应符合设计要求及技术规范的规定。

2. 管道试压前应编制试压方案，根据工作压力分系统进行试压。一般对于通向大气的无压管线，如放空管、排液管等可不进行试压。

3. 试压前将不能与管道一起试压的设备及压力不同的管道系统用盲板隔离，应将不宜与管道系统一起试压的管道附件拆除，临时装上短管。

4. 管道系统上所有开口应封闭，系统内的阀门应开启；系统最高点应设放气阀，最低点应设排水阀。

5. 试压时，应采用两块精度等级不小于1.5级的压力表，表的满刻度应为最大被测压力的1.5~2倍，一块装在试压泵出口，另一块装在本系统压力波动较小的其他位置。

6. 试压时应将压力缓慢升至试验压力，并注意观察管道各部分的情况，如发现问题，应卸压后进行修理，禁止带压修理，缺陷消除后重新试验。

7. 水压试验宜在环境温度为5℃以上时进行。当气温低于0℃时，可在采取防冻措施后，以50℃左右的热水进行试验，试验结束后应及时将管内存水放净。

8. 管道系统试验合格后，试验介质应选择合适的地方排放，排放时应注意安全。试验完毕应核对记录，并填写"管道系统压力试验记录"。

三、试压泵和水压试验过程

1. 试压泵及其使用

试压泵有手动试压泵和电动试压泵两种，如图4—24所示。

a)   b)

图4—24 试压泵
a) 手动试压泵 b) 电动试压泵

试压泵一般由泵体、柱塞、控制阀、压力表、水箱等组成。当柱塞上提时，泵体内产生真空，进水阀开启，水经进水管进入泵体；柱塞下压时，进水阀关闭，出水阀顶开，输出压力水，并进入被测系统，如此往复进行工作，实现额定压力的试压。

（1）试压泵开始使用前应详细检查各部件连接处是否拧紧，压力表是否正常，进水管和出水管是否安装好，工作介质为5～50℃的清水，禁止使用有泥沙及其他污物、杂物的不洁净的水。

（2）在试压过程中，若发现水中有大量空气，可拧开放气阀把空气放掉。

（3）在试压过程中，若发现有任何细微的渗水现象，应立即停止工作并进行检查和修理，严禁在渗水情况下继续加大压力。

（4）试压完毕，先松开放水阀，使压力下降，以免压力表损坏。

（5）试压泵不用时，应放尽泵内的水，吸进少量机油，以防止生锈。

2．水压试验过程

水压试验过程一般为试压准备→系统充水→升压→强度试验→降压及严密性检查→泄水等。水压试验装置示意图如图4—25所示。

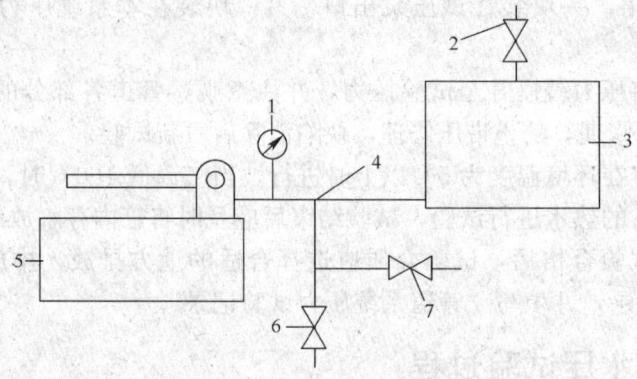

图4—25　水压试验装置示意图
1—压力表　2—放气阀　3—管道系统　4—进水管　5—试压泵　6—泄水阀　7—进水阀

（1）试压准备

1）水压试验的充水点和加压装置一般应设在系统或管段的较低处，以利于系统的进水、泄水和排气。

2）试压泵和系统的临时连接管道通常采用螺纹连接，其连接应符合质量标准；否则，临时管道渗水或漏水时会使系统的压力无法稳定。

3）室内采暖管道进行水压试验时，进水管宜从采暖回水干管接入；室内给水管道进行水压试验时，进水管宜从引入管接入。

4）压力表一般安装在进水管路上，当设计或验收规范要求系统顶点安装压力表时，应在系统最高点安装第二块压力表。

5）根据设计或验收规范要求确定系统的试验压力。

（2）系统充水。打开放气阀和进水阀，关闭泄水阀。当放气阀有水出现时，先关闭放气阀，再关闭进水阀。排气宜多次进行，以保证系统内空气全部排尽。进水阀宜在压力表不再升压时关闭。

系统充满水后，宜先全面检查有无漏水现象，以确定是否可以升压。

(3) 升压。经检查无漏水现象后，可用试压泵加压。升压应缓慢，加压至一定数值时，应停下来对系统进行检查，确认无问题后继续加压，一般分2～3次升压。

(4) 强度试验。系统升至试验压力后，停压检查，记录时间。在规定时间内管道系统无变形，且压力降不超过规定值，则强度试验合格；否则，应检查、修复后重新试压。

(5) 降压及严密性检查。强度试验合格后，将压力降至工作压力（或按规定），稳压条件下对系统进行外观检查，以不渗、不漏为合格。

(6) 泄水。水压试验合格后，打开放气阀和泄水阀，及时将系统水排尽。排水时禁止无组织流水，如果冬天试压，必须确认系统内水已排尽。

第五节 管道的吹洗

→ 1. 熟悉吹洗的介质和注意事项
→ 2. 掌握水冲洗的方法和合格标准
→ 3. 了解空气吹扫和蒸汽吹扫的方法和合格标准

为了清除管道内的污物（如焊渣、泥沙等）和有害物质，保证管道系统内部清洁，在强度试验和严密性试验合格后，管道系统投入运行前，应对管道系统进行吹扫和清洗，简称吹洗。

一、吹洗的介质和注意事项

1. 吹洗的介质

管道吹洗所用的介质有水、蒸汽、空气、氮气等。一般情况下，工作介质为液体的管道用水冲洗；蒸汽管道用蒸汽吹扫；工作介质为气体的管道用空气或氮气吹扫。

例如，水管用水冲洗；压缩空气管道、乙炔管道、煤气管道用空气或氮气吹扫；氧气管道用无油空气或氮气吹扫；忌油管道应用有机溶剂进行脱脂。

2. 吹洗注意事项

(1) 吹洗方法是根据管道的使用要求、工作介质及管道内表面的脏污程度来确定的。管道吹洗时应有足够的流量，吹洗压力不得超过设计压力，流速应不低于工作速度。

(2) 吹洗一般应按主管、支管、疏排管依次进行。

(3) 吹洗前应对管道系统内的仪表加以保护，并将孔板、喷嘴、滤网、节流阀及止回阀的阀芯等拆除，妥善保管，待吹洗后再复位。

二、水冲洗

1. 水冲洗的排管应从管道末端接出，并接入可靠的排水井或沟中，保证排泄畅通和安全。排放管的截面积应不小于被冲洗管截面积的60%。

2. 冲洗用水可根据管道工作介质及材质选用饮用水、工业用水、澄清水或蒸汽冷凝液。如用海水冲洗时，则须用洁净水再冲洗，奥氏体不锈钢管道不得使用海水或氯离子含量超过 $25×10^{-6}$ 的水进行冲洗。

3. 水冲洗应以管内可能达到的最大流量或不小于 1.5 m/s 的流速进行。

4. 水冲洗应连续进行。当设计无规定时，则以出口的水色和透明度与入口处目测一致为合格。

5. 管道冲洗后应将水排尽，需要时可用压缩空气吹干或采取其他保护措施。

三、空气吹扫

1. 空气吹扫一般采用具有一定压力的压缩空气。

2. 空气吹扫时，在排气口用白布或涂有白漆的靶板检查，如 5 min 内检查其上无铁锈、尘土、水分及其他脏物即为合格。

四、蒸汽吹扫

1. 蒸汽吹扫的方法

（1）一般情况下，蒸汽管道用蒸汽吹扫。非蒸汽管道如用空气吹扫不能满足清洁要求时，也可用蒸汽吹扫，但应考虑其结构能承受高温和热膨胀因素的影响。

（2）蒸汽吹扫前，应缓慢升温暖管，且恒温 1 h 后再进行吹扫，然后自然降温至环境温度，再升温、暖管、恒温，进行第二次吹扫，如此反复进行，一般不少于三次。

（3）蒸汽吹扫的排气管应引至室外，并加以明显标志，管口应朝上倾斜，保证安全排放。排气管应具有牢固的支撑，以承受其排空的反作用力。排气管直径不宜小于被吹扫管的管径，长度应尽量短些。

（4）绝热管道的蒸汽吹扫工作一般宜在绝热施工前进行，必要时可采取局部的人体防烫措施。

2. 蒸汽吹扫的检查方法及合格标准

对于一般蒸汽或其他管道，可用刨光木板支于排气口处检查，当板上无铁锈、污物时为合格。对于中、高压蒸汽管道，应以检查装于排气管的铝靶板为准，靶板表面应光洁，宽度为排气管内径的 5%~8%，长度等于管子内径。连续两次更换靶板检查，如靶板上肉眼可见的冲击斑痕不多于十点，每点不大于 1 mm 为合格。

第六节 管道的防腐和绝热

→ 1. 熟悉管道防腐和绝热的意义
→ 2. 掌握人工除锈的操作要点
→ 3. 掌握手工刷漆的操作要点
→ 4. 掌握管道绝热的操作要点

管道的防腐与绝热是管道安装施工中的一道重要工序。防腐的目的是防止金属管道及设备锈蚀,延长其使用寿命;绝热的目的在于减少热媒在输送过程中的热量损失以及防止冻结、结露。

一、除锈的方法和质量标准

1. 除锈的方法

管道除锈的方法有人工除锈、机械除锈、喷砂除锈和酸洗除锈四种。

(1) 人工除锈。当钢管浮锈较厚时,先用手锤轻轻敲击,使锈蚀层脱落;当锈蚀层不厚时,可用钢丝刷、钢丝布或粗砂纸擦拭外表面,待露出金属本色后再用棉纱头或破布擦净。人工除锈法适用于零星、分散的作业及野外施工,建筑设备安装现场通常采用人工除锈法。

(2) 机械除锈。是指用旋转式或冲击式除锈工具除去钢管表面的锈蚀。

除锈时,可用外圆除锈机清除钢管外壁锈蚀层,用软轴内圆除锈机清除钢管内壁浮锈,还可用离心式钢管除锈机同时清除管子内壁、外壁的锈蚀。用冲击式工具除锈时,不应将钢管表面损坏,用旋转式工具除锈时,不宜将表面磨得过亮。

对于钢管表面上动力除锈工具不能到达的地方,应用人工除锈的方法进行补充处理。机械除锈法适用于大量、集中的管子除锈。

(3) 喷砂除锈。喷砂除锈法是指用压缩空气通过喷枪形成巨大的冲击力,将粒径为 $1\sim2$ mm 的石英砂喷射在要除锈的管道上,靠砂子撞击金属表面达到除锈的目的。

喷砂除锈具有操作简单、生产效率高、除锈质量好等优点。它的缺点是操作时灰尘大,所以操作时工作人员应戴风镜、风帽和口罩等防护用品。喷砂除锈法对管材、板材都适用,适用于大量的集中除锈。

(4) 酸洗除锈。酸洗除锈法是指用化学或电解两种方法之一对钢管进行酸洗处理。酸洗除锈前,应先将管壁上的油脂除掉,因为油脂易使酸洗液接触不到管壁,影响除锈效果。

酸洗工序是:酸洗→清水冲洗→中和→再次清水冲洗→干燥,最后进行涂漆或钝化处理。钝化处理是把酸洗过的管子经中性处理,干燥后浸入钝化液,使之生成致密的氧化膜,以提高管子的耐腐蚀性能。

酸洗除锈法一般可分为槽式浸泡法、蘸液涂擦法和电解法三种。

2. 除锈的质量标准

除锈后的管子表面应露出金属光泽。

二、管道的防腐

1. 金属腐蚀的分类

金属受周围环境作用而引起的损坏叫作金属的腐蚀,按腐蚀机理的不同可分为化学腐蚀和电化学腐蚀。

(1) 化学腐蚀。金属和周围环境介质直接发生化学作用,使金属损坏的现象称为化学腐蚀。例如,金属与干燥气体(如 O_2、H_2S、SO_2、Cl_2 等)接触时,在金属表面生成相应的化合物,从而使金属腐蚀损坏。

(2) 电化学腐蚀。金属与电解质溶液相接触，形成原电池而引起的腐蚀称为电化学腐蚀。例如，金属在酸、碱、盐的溶液以及海水中发生的腐蚀，地下金属管道的土壤腐蚀，在潮湿空气中的大气腐蚀等均属于电化学腐蚀。

2. 防腐方法和防腐涂料

(1) 防腐方法。管道防腐的方法很多，如涂漆、电镀、静电保护等，这些都是有效的防腐措施。在这些措施中，管道防腐工程中使用最多、最简单的是涂漆法。

(2) 防腐涂料。根据国家规定的统一标准，油漆统一命名为涂料。当然，涂料只是泛指，对于具体的涂料名称仍称为"××漆"。

涂料主要由液体材料（如成膜物质和稀释剂等）、固体材料（如颜料和填料等）及辅助材料组成。

稀释剂是一种挥发性液体，能溶解和稀释涂料，用以调节涂料的黏度，以便于施工。常用的稀释剂有汽油、甲苯、丙酮、乙醇等，使用时应根据涂料的不同性质选择相应的稀释剂，以免选择不当影响涂料的效果和质量。

一般涂料按其所起的作用不同可分为底漆和面漆。使用中先用底漆打底，再用面漆罩面。

3. 涂漆的操作要点和质量标准

首先应调配好涂料，即在原装涂料中加入适当的稀释剂并搅拌均匀，以可刷且不流淌、不出刷纹为度。

涂漆常采用手工涂刷和压缩空气喷涂两种施工方法。

(1) 手工涂刷。手工涂刷用油刷、小桶进行；油刷蘸油要适量，以免弄到桶外；应自上而下，先里后外，先斜后直，先难后易，纵横交错进行；要求厚薄一致、均匀，无漏刷处；多遍涂刷时，应在上一层涂膜干燥后再刷下一遍。

(2) 压缩空气喷涂。采用压缩空气喷涂时，将喷枪的油罐装满油后，启动空气压缩机，扣动扳机，以适当速度移动喷嘴，调节其与喷涂物件的距离。喷枪所用空气压力一般为 $0.2 \sim 0.4$ MPa。空气喷涂的涂膜较薄，多遍喷涂要掌握厚度，须在上一层涂膜干燥后再喷下一遍。

(3) 质量标准。无论采用何种涂刷法，涂层质量应符合下列要求：涂膜附着牢固，涂层均匀，无剥落、裂纹、流挂、气泡、针孔等缺陷；涂层完整，无损坏，无漏涂。

三、管道绝热的作用、绝热材料和绝热方法

1. 绝热的作用

所谓绝热处理，就是将管路和设备的外表面用隔热材料加以覆盖、包裹，以减少热介质的散热和冷介质的吸热。其作用就是减少管道和设备的能量损失。

2. 绝热材料

用于高温管道的保温材料有石棉、矿渣棉、玻璃棉、膨胀珍珠岩、泡沫混凝土、石棉硅藻土、蛭石等；用于低温管道的保温材料有软木、泡沫塑料等。

3. 绝热方法

管道的绝热结构由绝热层、防潮层和保护层三部分组成。

根据绝热材料的不同，管道绝热施工的方法有预制管壳法、涂抹法、缠绕法和填充法四种。其中以预制管壳法应用最多，如带铝箔的岩棉保温管壳和玻璃棉保温管壳都在管道绝热工程中得到了广泛的应用。

四、管道绝热的操作要点

管道绝热施工应在试压合格，除去管子表面的污物和锈蚀，涂刷两遍防锈底漆后进行。一般按绝热层、防潮层、保护层的顺序进行。如需在试压前施工，则应留出管道连接处的焊缝、阀门等部位暂缓施工，待试压合格后再补做。

1. 绝热层施工

（1）胶泥结构保温。胶泥材料保温施工采用涂抹法，即将石棉粉、硅藻土等散装材料按一定比例用水调成胶泥状，再涂抹到已涂过防锈底漆的管道或设备上。管道胶泥保温结构如图 4—26 所示。

管径小于或等于 40 mm 时，保温层厚度较薄，可一次涂抹好；管径大于或等于 50 mm 时，可分几次涂抹好。第一层用较稀的胶泥散敷，厚度为 2～5 mm，干燥后再抹第二层，厚度为 10～15 mm，以后每层厚度均为 15～25 mm。

施工时，环境温度不得低于 0℃，为加速干燥，可在管内通入热介质，但温度应控制为 80～150℃，以防止温度过高时使保温层脱落。

图 4—26　管道胶泥保温结构
1—管道　2—防锈底漆　3—保温层
4—铁丝网　5—保护层　6—防腐体

（2）绑扎结构保温。绑扎结构保温也称包缠保温法，是指将软质矿渣棉或玻璃棉毡等材料裁成适当条状（200～300 mm），以螺旋状包缠在管道上。棉毡绑扎保温结构如图 4—27 所示。

施工操作时，应将棉毡压紧，即边缠、边压、边抽紧。若一层厚度达不到设计要求时，可包缠两层或三层。进行多层包缠时，应注意将两层接缝错开，接缝应紧密，两层应仔细压紧，表面处理应平整、封严。

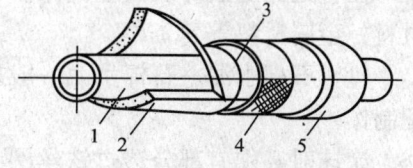

图 4—27　棉毡绑扎保温结构
1—管道　2—保温毡或布　3—镀锌铁丝
4—镀锌铁丝网　5—保护层

当保温层外径不大于 500 mm 时，保温层外面用直径为 1.0～1.2 mm 的镀锌铁丝扎紧，间距为 150～200 mm；当保温层外径大于 500 mm 时，应用镀锌铁丝网包缠，再用镀锌铁丝绑扎牢固。

（3）套管式保温。套管式保温就是将保温材料加工成保温壳直接套在管子上，如图 4—28 所示。

施工时，将保温管沿轴向切开，套在管道上，在保温管的轴向和横向接缝处用带胶铝箔粘合即可。

套管式保温施工简单，工效高，材料浪费少。

（4）预制瓦块式保温。如图 4—29 所示，预制瓦块式保温就是将保温材料制成瓦块

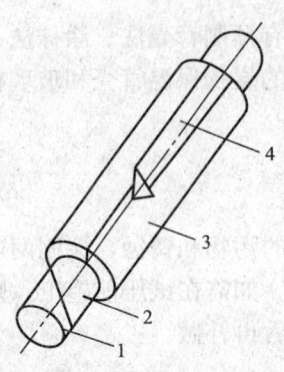
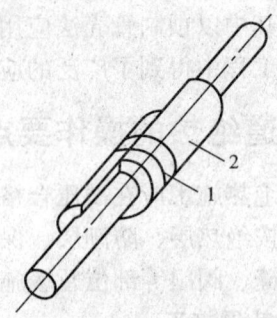

图 4—28 套管式保温　　　　　　图 4—29 预制瓦块式保温
1—管道　2—防锈底漆　3—保温管壳　4—胶带　　　1—镀锌铁丝　2—瓦块

状,如泡沫混凝土瓦、石棉硅藻土瓦等。

施工时,首先在瓦块内表面涂抹填料,常用填料有硅藻土胶泥、石棉硅藻土胶泥、熔化的 3 号沥青等;然后将两半圆形瓦块保温材料扣在管道上,用镀锌铁丝绑牢。瓦块之间的缝隙用胶泥或沥青填实。

(5) 喷涂法。仅适用于现场发泡的聚氨酯硬质泡沫塑料的施工。

2. 防潮层施工

冷介质管道或架空、地沟内的热介质管道的绝热应设防潮层。管道输送介质不同,所处环境不同,防潮层的做法是不一样的。

防潮层有两种形式:一种是石油沥青油毡内、外各涂一层防腐涂料;另一种是玻璃布内、外各涂一层防腐涂料。比较常用的是后一种形式。

3. 保护层施工

在管道保温层外表面应做保护层,常用的保护层材料有石棉水泥、沥青胶泥、缠裹材料、金属材料等。

(1) 石棉水泥。石棉水泥一般采用水泥、石棉绒、膨胀珍珠岩粉、碳酸钙在现场调配制作。

涂抹时必须有部分透过铁丝网与内层接触,表面光滑,无铁丝网露头,涂抹厚度约为 15 mm。

(2) 沥青胶泥。沥青胶泥常用于冷水管道保温(保冷或防结露)结构。

沥青胶泥采用建筑石油沥青和石棉绒按一定比例配制而成。

(3) 缠裹材料。室内管道常采用玻璃丝布、棉布、麻布等缠裹材料作为保护层。

施工时将布裁成 200~300 mm 的宽条,按螺旋方式缠在保温层上,要求应缠紧,搭接宽度为 50 mm 以上,并每隔 3 m 用镀锌铁丝扎紧,外表面应涂漆或刷沥青。

(4) 金属保护壳。可采用镀锌铁皮或铝皮,主要目的是提高保护层的强度和美观性,且防火。

施工时,应注意压边、箍紧,不能脱壳或不平,其制作与通风管类似,环缝、纵缝应咬口,缝口应朝下,若金属间用自攻螺钉加固时,不得刺破防潮层。

第七节 技能训练实例

实训1 管道刷油防腐

【实训内容】
管道刷油防腐。
【准备要求】
1. 机具和工具
(1) 空气压缩机、压缩空气管、储砂罐、喷壶、橡胶管、钢丝刷、刷子、涂料桶。
(2) 泡沫灭火器、铁锹、干沙、人梯、搅拌棒及劳动保护用品（如口罩、手套、眼镜等）。
2. 材料
(1) 防腐底漆和面漆。
(2) 汽油、松节油、丙酮苯、二甲苯、乙酯、丁醇、乙酸。
(3) 干净棉纱、棉布、砂轮片、粗砂布。
【质量标准】
1. 除锈后的管子表面应露出金属光泽。
2. 漆膜附着牢固，涂层均匀，无剥落、裂纹、流挂、气泡、针孔等缺陷。
3. 涂层完整，无损坏，无漏涂。
【操作步骤】
管道刷油防腐施工操作程序是：管道表面除锈→涂料配套与调配→防腐施工（手工涂刷或喷涂）→成膜养护。

1. 管道表面除锈
按除锈相应工艺对金属管材进行除锈、清污，使其表面露出金属光泽。
2. 涂料配套与调配
(1) 打开所选配的涂料桶盖，加入适量配套稀释剂，进行涂料稀释的调和。
(2) 用于喷涂施工时，稀释剂与涂料可按1∶1～1∶2的比例调和黏度。
(3) 用棒搅拌均匀，以不显刷纹、不流不淌为宜。
3. 防腐施工
(1) 手工涂刷
1) 将调配好的涂料注入小桶并用刷子蘸适量涂料。
2) 涂刷时应自左向右，由里而外，从上而下，纵横交错地进行。
3) 涂层应薄厚均匀，多遍涂刷时应在第一遍涂膜干燥后再涂刷第二遍。
(2) 喷涂
1) 将调和好的涂料注满喷枪的气罐后启动压缩机，将压力调至0.2～0.4MPa，根据喷涂件的形状定出喷嘴距喷涂件的距离。喷涂件表面为平面时一般距离为250～

350 mm，若为圆弧面则距离为 400 mm。

2）用手扳动扳机并移动喷嘴，速度为 10～15 m/min，目测管道表面所形成的涂层达到满意的效果为止。

3）多遍喷涂时应注意涂层厚度，只有当上一遍涂膜干燥后才能再喷涂第二遍。

4. 成膜养护

不同涂料的成膜养护的条件和规律是不同的。

（1）溶剂挥发性涂料的成膜温度为 15～25℃，如过氯乙烯漆、硝基纤维漆等。

（2）对于氧化聚合型涂料，只有在溶剂挥发和氧化聚合阶段涂膜才能达到一定强度，如酚醛漆、醇酸漆、清漆等。

（3）对于烘烤聚合型瓷漆，只有经烘烤养护方能成膜，否则长期不干。

（4）固化型涂料，成膜分为常温固化和高温固化。

【质量验收】

涂刷好的涂件质量应符合质量标准。

【注意事项】

1. 涂料的品种繁多，使用方法不尽相同，在使用前要先熟悉涂料的性能、用途、技术条件等，再根据规定正确使用。涂料的品种不同，其组成的成分也不同，混合后会发生各种不良现象，故涂料不可混合使用。

2. 存放中的色漆会产生沉淀，使用前必须搅拌才能使用。搅拌不均匀会造成被涂物件颜色不均匀，直接影响色漆的遮盖率和涂膜性能。涂料中若有漆皮或粒状物，要用 120 目钢丝网过滤后使用。不能使用失效的涂料。

3. 涂料分为单包装和多包装。多包装在使用时应按技术规定的比例进行调配，不得随意调配，以防止影响涂膜质量。调配时应采用与涂料配套的稀释剂，调配到施工黏度方可使用。

4. 涂漆的施工环境必须清洁，不得有煤烟、灰尘、水汽。不要在雨、露、潮湿、严寒、黑暗、烈日暴晒等恶劣气候条件下施工。在室内地下室施工时不应有敞口煤炉，应有良好的通风采光条件。施工条件的温度最好为 15～35℃，相对湿度在 70% 以下。

5. 涂料都具有一定的毒性。施工人员涂刷时应戴口罩、手套，操作区要确保空气流通，防止中毒现象的发生。所有涂料的稀释剂不得与其他材料混放在一起，必须存放在专用库房内。挥发性涂料应装入密闭容器内妥善保管。施工现场应设置"严禁烟火"的明显标志和二氧化碳灭火器。

实训 2　管道绝热施工

【实训内容】

管道绝热施工。

【准备要求】

1. 机具和工具

砂轮锯、钢剪、布剪、剁斧、手锤、灰桶、弯钩、铁锹、圆弧抹子、平抹子、钢针、塞尺、靠尺、钢卷尺。

2. 材料

(1) 泡沫混凝土、珍珠岩、蛭石、石棉瓦块等。

(2) 岩棉、矿渣棉、玻璃棉、硬聚氨酯泡沫塑料、聚苯乙烯泡沫塑料管壳等。

(3) 聚苯乙烯泡沫塑料板、沥青矿渣棉毡、岩棉保温毡等。

(4) 玻璃丝布、塑料布、浸油麻带布、油毡、工业棉布、铝箔纸、镀锌铁皮、镀锌铁丝、丝裂膜绑扎带、石棉灰、铅丝网。

【质量标准】

1. 棉毡、管壳等保温材料必须紧贴在管道表面，绑扎牢固，防止脱落。搭接、对接的接缝处严密、平整、连续且无间隙。

2. 保温表面平整度允许偏差为±5 mm，保温层厚度允许偏差为±10 mm。

3. 保护层与保温层紧密贴合，无空鼓，边缘及转角、接头应平整，无褶皱，无翘角，封口、接头严密、光滑。

4. 保护层表面光滑，无脱落、松动现象。

【操作步骤】

管道棉毡缠绕法、管壳法绝热施工的程序如下：裁剪→缠包→绑扎→保护层（玻璃丝布、沥青油毡）施工。

1. 棉毡缠绕法操作

(1) 裁料。根据管径大小，将成卷的棉毡用布剪裁成宽为200～300 mm 的毡条带，也可以根据管道的圆周长进行剪裁，并将剪裁好的棉毡条的厚度修剪均匀。

(2) 缠包。用棉毡条包缠管道时，要边缠、边压、边抽紧，使保温后的密度达到设计要求。当单层棉毡不能达到规定的保温层厚度时，可用两层或三层分别缠包在管道上。缠包时应注意将两层接缝错开，每层纵向接缝处必须紧密结合，纵向接缝应置于管道顶部，并用保温材料将所有缝隙填充塞实。表面要处理得平整、紧密。当多层缠包时各层应仔细压缝。

(3) 绑扎。保温层外径小于或等于500 mm 时，其外面用镀锌铁丝绑扎。绑扎间距为150～200 mm，每处绑扎两圈镀锌铁丝，禁止以螺旋状连续缠绕镀锌铁丝。

保温层外径大于500 mm 时，其外面用镀锌铁丝网绑扎，再用镀锌铁丝绑扎牢固。若使用玻璃丝布或油毡作为保护层时，不需缠包镀锌铁丝网。

(4) 玻璃丝布类保护层的施工

1) 根据保温层外径选用不同幅宽的玻璃丝布，也可将成卷材料裁成幅宽为200～300 mm 的布条。

2) 用"Π"形铁钉固定缠绕端头，然后将玻璃丝布绷紧拉直后开始缠绕，边缠边整平，不得有翻边、褶皱等现象。圈与圈之间的搭接长度为30～50 mm。末端一定要用"Π"形铁钉固定，避免接头松动、脱落。

3) 根据设计要求，在玻璃丝布外表面涂刷规定的防腐漆或色漆。

(5) 沥青油毡类保护层的施工

1) 剪裁油毡。剪裁尺寸为保温层周长加上搭接长度（50～100 mm），并将油毡剪裁成块状。

2) 包管搭接缝。沿管道长度方向，用剪裁好的油毡包住管道。其纵向搭接缝应在管道下部，横向环绕接缝应按坡度由低处向高处捆扎，使高处油毡压住低处油毡，以便于保护层外部形成顺流，防止雨水渗漏。

3) 管道弯头及三通处应先放样、裁块，然后施工。

4) 粘接搭接缝。所有搭接缝要用热沥青粘牢。每隔500～1 000 mm用镀锌铁丝捆扎牢固。

2. 管壳制品保温施工

(1) 施工时一般由两人配合，一人将管壳缝用电工刀剖开，然后对包在管道上，两手用力挤住，另一人缠玻璃丝布类保护层。缠裹时要用力均匀，压茬平整，粗细一致。若采用不封边的玻璃丝布作为保护层，要将毛边折叠，不得外露。

(2) 将保温管壳横向接缝错开，用镀锌铁丝直接绑在管道上。若一层管壳不能满足厚度要求而采用双层结构时，应将纵向接缝设置在管道两侧，绑扎时尽量减少两块之间的接缝。绑扎的间距应小于300 mm，每处绑扎不少于两圈，其接头应放在纵向接缝处，并将接头嵌入接缝内。

(3) 将塑料布缠绕包扎在管壳外，圈与圈之间的接头搭接长度为30～50 mm，最后在外面包玻璃丝布保护层，外涂调和漆。

【质量验收】

用2 m直尺、楔形塞尺、钢针对保温结构进行检查，其安装质量应符合质量标准。

【注意事项】

1. 施工中不得站在保温材料上行走或操作。在紧固镀锌铁丝时用力要均匀，不得过猛。使用人字梯及高凳作业时应确保坚固、平稳。人字梯下端应设拉钩或搭钩，不得进行交叉作业。

2. 施工操作中需传递材料和工具时，应注意上下配合，以防止物品掉下伤人。

单元测试题

一、填空题（请将正确答案填在空白横线上）

1. 检查管子是否弯曲，一般采用_____和_____。

2. 管子的调直采用冷调直和_____两种方式。冷调直适用于公称通径在_____以下且弯曲不大的钢管。

3. 管子切割的方法有锯割、_____、_____、等离子弧切割等。

4. 管道安装常用的量具有长度尺、_____、_____和线坠。

5. 常用的下料方法有_____和比量法，实际施工中多用_____。

6. 管道工常用的钻孔工具和设备有_____、_____、_____和_____等。

7. 支架按作用特点和结构形式分为固定支架和活动支架。固定支架常用的形式有U形螺栓和_____组成的固定支架、_____固定支架、_____固定支架。活动支架包括滑动支架、_____、_____和吊架。

8. 管道系统试压时，应采用_____块精度等级不小于_____级的压力表，表的满刻度应为最大被测压力的_____倍。

9. 管道吹洗所用的介质有水、蒸汽、空气、氮气等。一般情况下，工作介质为液体的管道用_____冲洗；蒸汽管道用_____吹扫；工作介质为气体的管道用_____或_____吹扫。

10. 管道除锈的方法有人工除锈、_____、_____和_____四种。建筑设备安装现场通常采用_____除锈法。

11. 管道的绝热结构由_____、_____和_____三部分组成。

12. 根据绝热材料的不同，管道绝热施工的方法有预制管壳法、_____、_____和填充法四种。其中以_____法应用最多。

13. 在管道保温层外表面应做保护层，常用的保护层材料有_____、_____、缠裹材料、金属材料等。

二、单项选择题（下列每题有4个选项，其中只有1个是正确的，请将其代号填写在横线空白处）

1. 管道工常用钢直尺的规格是_____mm。
   A. 150　　　B. 300　　　C. 500　　　D. 1 000

2. 将水平尺放在被测物体上，水平尺的气泡偏向哪边，则表示哪边偏_____。
   A. 低　　　B. 高　　　C. 平　　　D. 中

3. 两管件中心之间的长度称为管段的_____。
   A. 下料长度　B. 水平距离　C. 构造长度　D. 垂直距离

4. 焊接钢管受到 SO_2 的腐蚀，这种腐蚀属于_____。
   A. 物理腐蚀　B. 化学腐蚀　C. 电化学腐蚀　D. 大气腐蚀

5. 管道防腐的方法很多，管道防腐工程使用最多的方法是_____。
   A. 电镀　　　B. 静电保护　C. 钝化　　　D. 涂漆

三、多项选择题（下列每题有5个选项，其中有1个以上是正确的，请将其代号填写在横线空白处）

1. 常用的切割工具有_____。
   A. 钢锯　　　　　　　B. 管子割刀　　　　　C. 等离子切割机
   D. 砂轮切割机　　　　E. 割炬

2. 适合用錾切法切割的管材是_____。
   A. 铸铁管　　　　　　B. 玻璃管　　　　　　C. 塑料管
   D. 混凝土管　　　　　E. 陶土管

3. 不能采用气割的管材是_____。
   A. 无缝钢管　　　　　B. 不锈钢管　　　　　C. 铜管
   D. 焊接钢管　　　　　E. 铝管

4. 支架的安装方法有_____。
   A. 埋设法　　　　　　B. 抱柱式　　　　　　C. 插接法
   D. 预埋件焊接法　　　E. 膨胀螺栓和射钉法

5. 根据经验，确定活动支架安装位置和数量时宜遵从的原则是_____。

A. 墙不做架　　　　　B. 托稳转角　　　　　　　C. 垂直宜多
D. 中间等分　　　　　E. 不超最大

四、判断题（下列判断正确的请在括号内打"√"，错误的请在括号内打"×"）

1. 更换砂轮片时，要待设备停稳后进行，并要对砂轮片进行检查。（　　）
2. 水平尺不能测量管子的垂直度。（　　）
3. 当管段为弯管段时，下料长度经展开将小于构造长度。（　　）
4. 钻孔时严禁戴手套。操作者衣袖要扎紧，头发较长者要戴好工作帽。（　　）
5. 有热伸长管道的吊架、吊杆应按热膨胀的反方向安装。（　　）
6. 管道绝热的金属保护壳可用镀锌铁皮或铝皮制作。（　　）

五、简答题

1. 管子切口的质量标准是什么？
2. 使用钢卷尺应注意哪些事项？
3. 什么是比量法下料？
4. 怎样使用和维护手电钻？
5. 支架安装的质量标准是什么？
6. 强度试验的目的和方法各是什么？
7. 严密性试验的目的和方法各是什么？
8. 管道系统吹洗的目的是什么？
9. 怎样检验空气吹扫是否合格？
10. 管道防腐与绝热的目的是什么？

单元测试题参考答案

一、填空题

1. 目测法　滚动法　　2. 热调直　50 mm　　3. 錾切　气割　　4. 钢角尺　水平尺　　5. 计算法　比量法　　6. 台钻　手电钻　立钻　摇臂钻　　7. 弧形板　单面挡板　双面挡板　导向支架　滚动支架　　8. 两　1.5　1.5～2　　9. 水　蒸汽　空气　氮气　　10. 机械除锈　喷砂除锈　酸洗除锈　人工　　11. 绝热层　防潮层　保护层　　12. 涂抹法　缠绕法　预制管壳　　13. 石棉水泥　沥青胶泥

二、单项选择题

1. A　　2. B　　3. C　　4. B　　5. D

三、多项选择题

1. ABDE　　2. ADE　　3. BCE　　4. ABDE　　5. ABDE

四、判断题

1. √　　2. ×　　3. ×　　4. √　　5. √　　6. √

五、简答题

略

第5单元

管道施工安全技术

- 第一节　安全施工的基本要求/128
- 第二节　管道施工安全技术/129
- 第三节　技能训练实例/131

安全技术是研究生产过程中不安全因素的危害及其控制办法的一门学科。简单地说，安全技术是为了防止工伤事故、减轻劳动强度与创造良好的劳动条件而采取的技术措施与组织措施。

管道施工中必须认真贯彻执行安全技术规则，人人重视安全工作，安全第一，预防为主，防止各类事故的发生。

安全技术与生产技术有着密切的联系，只有生产技术与安全技术双管齐下，同步进行，才能保证高效率的文明生产。

第一节　安全施工的基本要求

→ 1. 熟悉安全教育的方法
→ 2. 掌握安全施工的基本要求

一、安全教育的方法

安全教育的方法多种多样，主要包括：对新施工人员的三级安全教育；特种作业人员的岗位培训；经常性的安全教育；安全意识的宣传教育；复工人员的安全教育；违章者的安全教育等。

二、安全施工的基本要求

1. 进入施工现场，必须戴好安全帽，系好鞋带，并正确使用个人劳动保护用品。
2. 施工现场应整齐、清洁，各种设备、材料和废料应按照指定地点堆放。在施工现场只准从固定进楼通道进出，人员行走或休息时不准邻近建筑物。
3. 各种电动机械设备必须有可靠、有效的安全接地和保护装置才能开动使用。
4. 非电气和机械设备的操作人员严禁使用机电设备。
5. 吊装区域非操作人员严禁入内，吊装机械必须完好。悬吊物件下方不准站人或行走。
6. 不准乘运料设施升降。
7. 夜间施工时应有足够的照明。照明灯的电压不能超过 36 V，在金属容器内或潮湿环境中不能超过 12 V。
8. 遵守现场消防保护制度。

第二节　管道施工安全技术

→ 掌握管道施工安全技术

一、机具操作安全技术

各种机械和工具在使用前应按规定项目和要求进行检查，如发现故障、破损等现象，应修复或更换后才能使用。

1. 手动工具操作的安全技术

（1）使用手锤时不准戴手套，锤柄、锤头无油污，手掌上有油污和汗液应及时擦净。大锤甩转方向不得有人。

（2）錾子头部不能有油污。錾子头部呈蘑菇状时不能继续使用。

（3）使用钢锯锯割时用力要均匀，工件快锯断时要防止工件坠落伤人。

（4）使用扳手时，扳口尺寸应与螺母相符，防止扳口尺寸过大时用力过猛打滑。扳手不得当手锤使用，也不得加套管接长手柄。

（5）锉刀必须装好木柄方能使用，锉削时切忌用力过猛。不得用嘴吹锉刀上的切屑。不得将锉刀当手锤、撬棒使用。

（6）使用管钳时，一手放在钳头上，一手对钳柄均匀用力，防止钳口滑脱而伤及手指。在高空作业时，安装 DN50 以上的管子应用链条钳，不得使用管钳。

（7）使用台虎钳时，不准用手锤敲击台虎钳的手柄或在台虎钳手柄上加套管扳动手柄。

（8）用链条葫芦起重时，不能超过其起重能力。用链条葫芦吊起阀门或组装件时，升降要平稳。如需在起吊物下作业时，应将链条打结以保证安全，并必须用道木或支架将部件垫稳。

2. 电动工具操作的安全技术

（1）电动工具和电动机械设备应有可靠的接地装置，使用前应检查是否有漏电现象，并应在空载下启动。操作人员应戴上绝缘手套。在金属部件上操作应穿绝缘鞋或铺设绝缘垫板。电动工具及设备发生故障时应及时修理。

（2）操作电动弯管机时，应注意手和衣服不要接近旋转的弯管模。在机械停止转动前，不能进行调整停机挡块的工作。

（3）砂轮切割机必须使用增强纤维砂轮片。砂轮片上必须有能遮盖 180°以上范围的保护罩。操作时应缓慢加力，切勿突然加力和使其受冲击力。

（4）使用电锤时，若发现电锤过热应暂停使用，待冷却后方可继续使用。

(5) 严禁戴手套操作钻床，钻头应夹紧。

二、高空作业安全技术

凡在坠落高度基准面 2 m 以上（含 2 m）有可能坠落的高空进行的作业，均称为高空作业。

1. 从事高空作业的人员要定期进行体检。凡患有高血压、心脏病、贫血症等的人员以及其他不适于高空作业的人员，不得从事高空作业。饮酒后禁止作业。

2. 按规定搭设、使用脚手架。为高空作业搭设的脚手架必须牢固、可靠，侧面应有栏杆扶手，脚手架铺设的跳板应结实，两端必须绑扎在脚手架上，严禁设跳头板。要注意各类洞口的防护。

3. 在没有可靠的防护措施且又必须在高空作业时，施工人员必须系好安全带。安全带必须固定在牢靠的地方。

4. 在天棚或平顶内施工时，应先搭好脚手架或跳板，不能踏在装饰板或不承重物体上，以防止发生高空坠落事故。

5. 使用梯子时，支设角度以 60°～70°为宜，不可太大或太小。梯子脚应用麻布或胶带包扎（防滑）。单梯只准一人操作。两梯之间应有安全钩挂牢，移动梯子时，人必须下梯。

6. 使用的工具、零件等应随手放在工具袋内。任何人不准从高处向下或向上抛物、投料，物料应系在绳子上放下或吊上。作业时不可将工具、零件、物料等放在脚手架上或建筑物边缘，以防止滑落伤人。

7. 遇到恶劣气候影响施工安全时，应先停止高空作业。

8. 高空作业人员距普通电线要保持 1 m 以上的距离，距普通高压线 2.5 m 以上。搬运管材等导体材料时要防止触碰电线。

三、管道试压及吹扫安全技术

管道试验压力一般都大于工作压力，所以管路、配件、支架、吊架在试压时要承受比管路工作时更大的压力，作业时应采取一定的安全防范措施。

1. 管道试压前，应检查管道与支架的紧固性和堵板的牢靠性，必要时应采取临时加固措施，确认无问题后才能进行试压。

2. 试验压力须按设计施工验收规范进行，不得随意增减。压力较高的管道试压时，应划定危险区并安排专人警戒，禁止无关人员进入。

3. 升压或降压都应缓慢进行，如有泄漏，禁止带压修理。

4. 系统试压合格后，排放点应适当，并注意安全。

5. 管道吹扫的排气点应接至室外安全地点，支撑应牢固。用氧气、煤气、天然气吹扫时，排气口应远离火源。

四、现场防火、防爆安全技术

1. 安全技术措施

(1) 在禁火区内，主要应竭力避免焊割作业，最好是将需检修的设备和管子拆至安全处加工、修理。如必须进行焊割作业时，应事先办好动火申请、审核和批准手续，并明确动火地点、范围、防火方案，落实安全措施和现场监护人，否则不准动火。

（2）焊接、气割作业人员应由经防火安全考试合格者担任，无证者不准作业。

（3）对盛过易燃气体和液体的设备、储藏室管线，在进行置换、扫线、清洗和分析确认合格之前，不准动火作业。

（4）在有爆炸危险的场所、储藏室内检修管道、设备时，使用的电气设备必须是防爆型的。

（5）在油库、煤气站、乙炔站、氧气站等有爆炸危险的车间、厂房内工作时，严禁吸烟、点火，并应严格遵守防火管理制度。

（6）在爆炸危险区作业时，严禁用铁器敲击或摩擦，以防止产生火花引燃、引爆周围物质。

（7）经常检查所用电气设备是否有过载、短路、局部接触不良等现象，防止产生电弧火花。

（8）安装燃气、乙炔、氧气、燃油等管路设备时，一定要接好静电接地装置，将静电引到地下，吸取汽油的管道和盛装汽油的容器、设备必须有可靠的接地设施。

（9）安装输送粉室，特别是输送煤粉、镁粉等的管道时，应安装静电接地设备。

2. 有效处理易燃、易爆物品

为减少或抑制易燃、易爆物品的侵害，对有火灾爆炸危险的物质，常用以下几种方法处理：

（1）密封法。将易燃、易爆物质密封在一定的容器或设备中，阻止其任意扩散。

（2）稀释法（也叫置换法）。为降低设备或建筑物中可燃物质的浓度，可加强通风换气。

（3）隔离法。为防止可燃物质扩散蔓延，可用不燃材料或惰性气体进行隔离。

（4）代用法。以不燃或难燃溶液代替易燃溶剂。

第三节 技能训练实例

【实训内容】

搭拆3 m以内简易脚手架。

【准备要求】

1. 工具和机具

手锤、钢锯弓、钢丝钳、鲤鱼钳、活扳手、与钢扣件螺母规格一致的梅花扳手、3 m钢卷尺、15 m钢卷尺、线坠等。

2. 材料

钢制或木制架凳、脚手架架管及钢扣件、架板、14号镀锌铁丝等。

【质量标准】

掌握脚手架搭拆的方法和要求，能够搭拆3 m以内简易脚手架。

【操作步骤】

脚手架搭拆操作程序：清场、打架管孔→配置管架、斜撑→清理钢扣件→搭设管架→放置架板及绞固→脚手架拆除。

步骤1　清场、打架管孔

清理即将搭拆脚手架的现场。若是靠墙架设，测量好高度和距离，在墙上打出架管孔，用于设置连墙杆，并在相应的地面画线。

步骤2　配置管架、斜撑

选择合适长度的管架，或按要求搭建的长度测量、断管，并根据搭设高度、长度、宽度配置好立管、横管、斜撑。

步骤3　清理钢扣件

选择合适的钢扣件，检查钢扣件有无裂纹以及螺栓、螺母、垫片是否齐全，清理钢扣件，应保证徒手能将螺母拧到螺杆根部。

步骤4　搭设管架

从地面开始搭设，两人分工协调操作，紧固钢扣件，目测扶正立管（也可借助线坠），也可以利用转向扣件、增加斜撑对立管进行支撑定位。立管间距要求：纵向不大于2 m，横向不大于1.5 m，操作层小横管间距不大于1 m。在安装第二层水平架管之后可卸下用于支撑立管定位的斜撑，再沿平行于墙面的方向增设加固斜撑。

步骤5　放置架板及绞固

根据脚手架搭设长度、宽度，将尺寸适宜的架板搁置在管架上，并用镀锌铁丝绞固结实，不允许有探头板，作业层上的架板应满铺，必要时应设置防护栏杆或防护网。

步骤6　脚手架拆除

应按搭设的相反顺序进行拆除，即防护网、防护栏杆→架板→斜撑→连墙杆→小横管→水平架管→立管。

【质量验收】

1. 立管应垂直。
2. 横管位置正确，架板不允许出现探头板。
3. 固定架板的铁丝绞接点应在架板的下面或侧面，绞接紧固，接头平整。
4. 插入墙内的横管要有足够的长度，连墙杆应紧固。

【注意事项】

1. 钢扣件螺栓紧固要对称、可靠。如出现滑牙现象，一定要更换，不允许用加垫片或装两个螺母的方法补救。钢扣件螺栓不能一次拧到位，而要相对分几次拧紧，调整好管子位置后才能最后拧紧。

2. 不得从高处往下扔钢扣件、螺母。拆卸钢扣件时，一定要有人扶住即将松落的钢管，脚手架下不得有人停留，以防止钢扣件、钢管突然掉落下来伤人。

3. 横管的位置要根据架板长度确定，千万不能因横管位置不对而使架板出现探头板（即架板端部悬空太长）。

4. 检测立管的垂直度，若经验不足目测误差过大时，要使用线坠测量立管的垂直度。

5. 固定架板的铁丝绞接点应在架板的下面或侧面，绞接紧固之后要把接头部位用手锤打平。

6. 插入墙内的横管要有足够的长度并应加连墙杆紧固。

7. 作业人员要注意协调，服从统一指挥。所有操作人员都应严格遵守高空作业操作规程。

单元测试题

一、填空题（请将正确答案填在空白横线上）

1. 使用手锤时不准_____，锤柄、锤头无_____，手掌上有油污和汗液应及时擦净。大锤甩转方向不得有人。

2. 使用扳手时，扳口尺寸应与螺母相符，防止扳口尺寸过大时用力过猛打滑。扳手不得当_____使用，也不得加_____接长手柄。

3. 使用管钳时，一手放在钳头上，一手对钳柄均匀用力，防止钳口滑脱而伤及手指。在高空作业时，安装DN50以上的管子应用_____，不得使用_____。

4. 使用台虎钳时，不准用_____台虎钳的手柄或在台虎钳手柄上加套管扳动手柄。

二、单项选择题（下列每题有4个选项，其中只有1个是正确的，请将其代号填写在横线空白处）

1. 进入施工现场，必须戴好_____，并正确使用个人劳动保护用品。
   A. 安全帽，系好鞋带　　　　　　　B. 手套，系好鞋带
   C. 安全帽和手套　　　　　　　　　D. 手套，系好安全带

2. 夜间施工时应有足够的照明。使用照明灯的电压不能超过_____V，在金属容器内或潮湿环境中不能超过_____V。
   A. 24　36　　　B. 24　12　　　C. 36　12　　　D. 36　48

3. 使用砂轮切割机时，砂轮片上必须有能遮盖_____以上范围的保护罩。
   A. 120°　　　B. 270°　　　C. 180°　　　D. 135°

4. 使用梯子时，支设角度以_____为宜，不可太大或太小。
   A. 45°～60°　　B. 60°～70°　　C. 60°～80°　　D. 60°～90°

5. 高空作业人员距普通电线要保持_____m以上的距离，距普通高压线_____m以上。搬运管材等导体材料时要防止触碰电线。
   A. 1　1.5　　　B. 1.5　2　　　C. 1　2.5　　　D. 1　2

三、多项选择题（下列每题有5个选项，其中有1个以上是正确的，请将其代号填写在横线空白处）

1. 用链条葫芦起重时，正确及安全的操作是_____。
   A. 起重量不能超过其起重能力　　　B. 起重量可以超过其起重能力
   C. 升降要缓慢、平稳　　　　　　　D. 升降时要快而稳
   E. 如必须在起吊物下作业，应采取安全保证措施

2. 对从事高空作业人员的要求是_____。
    A. 定期进行体检
    B. 患有高血压、心脏病的人员不得从事高空作业
    C. 饮少量酒后可以作业
    D. 患有贫血症的人员可从事高空作业
    E. 身体不适时可以从事高空作业
3. 在_____的车间、厂房工作时，严禁吸烟、点火，并应严格遵守防火管理制度。
    A. 加压水泵房　　　　　B. 煤气站　　　　　C. 氧气站
    D. 钢管预制间　　　　　E. 乙炔站

四、判断题（下列判断正确的请在括号内打"√"，错误的请在括号内打"×"）

1. 在天棚或平顶内施工时，应先搭好脚手架或跳板，不得已时可以踏在装饰板上或不承重物体上，以防止发生高空坠落事故。（　）
2. 遇到恶劣气候影响施工安全时，应先停止室内作业。（　）
3. 管道试压前，应检查管道与支架的紧固性和堵板的牢靠性，确认无问题后才能进行试压。（　）

五、简答题

1. 什么是安全技术？
2. 试述安全施工的基本要求。
3. 什么是高空作业？
4. 试述管道试压的安全技术要求。
5. 施工现场的安全技术措施是什么？

单元测试题参考答案

一、填空题
1. 戴手套　油污　2. 手锤　套管　3. 链条钳　管钳　4. 手锤敲击

二、单项选择题
1. A　2. C　3. C　4. B　5. C

三、多项选择题
1. ACE　2. AB　3. BCE

四、判断题
1. ×　2. ×　3. √

五、简答题
略

第6单元

常用阀门的安装

- 第一节　常用阀门的用途和连接方式/136
- 第二节　阀门安装/138
- 第三节　技能训练实例/144

管道工程中,阀门是对输送介质的流量、流速、压力、温度等参数实现控制的重要元件。根据其构造的不同,有些阀门可以通过本身的特殊机构实现自动控制,如安全阀、止回阀、减压阀、浮球阀等;有些阀门则要通过机械驱动的方式来实现控制,如闸阀、截止阀、蝶阀等;根据驱动方式的不同,又分为手动、气动、液压传动和电力驱动阀门等。

第一节 常用阀门的用途和连接方式

→ 1. 了解常用阀门的用途
→ 2. 熟悉常用阀门的连接方式

常用阀门有闸阀、截止阀、蝶阀、球阀、止回阀、旋塞阀和浮球阀等,如图6—1所示。

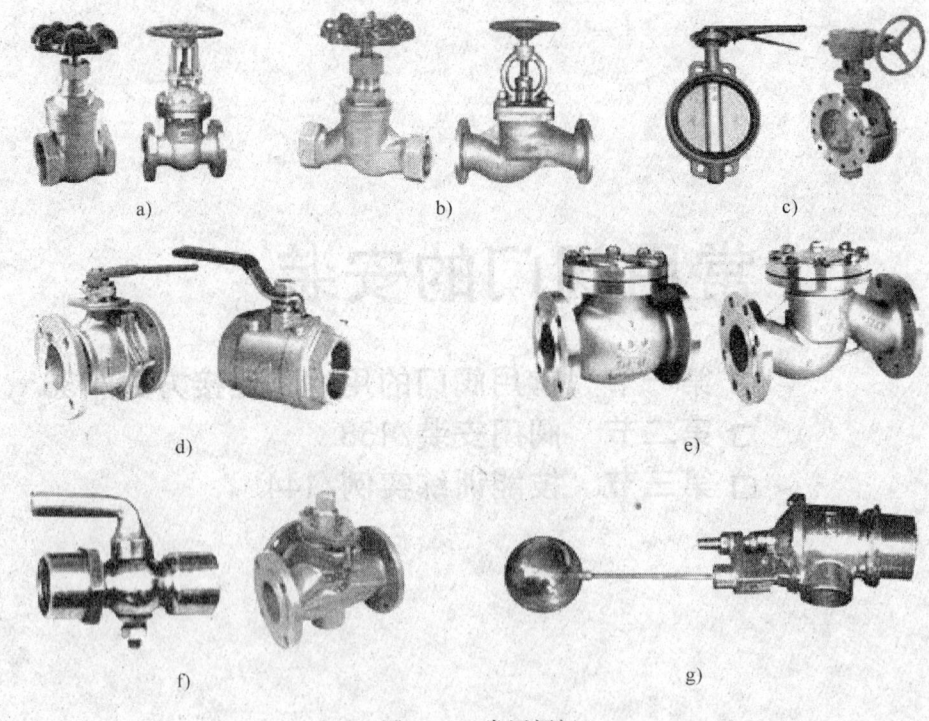

图6—1 常用阀门
a) 闸阀 b) 截止阀 c) 蝶阀 d) 球阀 e) 止回阀 f) 旋塞阀 g) 浮球阀

一、闸阀

闸阀也称闸板阀。按阀杆不同可分为明杆式和暗杆式,按阀板形式不同可分为平行式、楔式及弹簧板式，主要用于一般气、水管道管路的启闭控制。闸阀与管道连接的形式分为螺纹连接、法兰连接、焊接和卡箍连接四种，其中小规格闸阀以螺纹连接为主，大规格闸阀以法兰连接为主。

二、截止阀

按介质流向不同，截止阀可分为直通式、直流式及直角式三种。它用于一般汽、水管路的启闭及流量的调节，其中以直通式应用最为广泛。直通式截止阀又分为高压截止阀和专用截止阀。截止阀与管道连接的形式分为螺纹连接、法兰连接、焊接和卡套连接。

三、蝶阀

按传动方式不同，蝶阀可分为手动、蜗轮传动、气动及电动四种，主要用于室外大口径低压给水管道及室内消防给水主干管道。在管路中起全开、全闭及调节介质流量的作用。应用较为广泛的蝶阀有杠杆式蝶阀、对夹式蝶阀、衬胶衬塑对夹式蝶阀等。蝶阀与管道连接的方式有法兰连接和对夹连接两种。

四、球阀

球阀可分为直通式、三通式及多通式三种，主要用于低温、高压及黏度较高的介质和要求开关迅速的管道部位，不能用于温度较高的介质管路，起管路切断、分配及改向作用。球阀与管道连接的方式有内螺纹连接、法兰连接、对夹连接和焊接四种。

五、止回阀

止回阀又称单流阀、单向阀、逆止阀，用于只允许水流单向流动的管路。按阀瓣启闭方式不同分为旋启式、升降式。其中，旋启式止回阀按阀瓣数量不同分为单瓣式和多瓣式。此外，水泵底阀也属于止回阀的一种，专门安装在水泵吸入管端部，可防止杂质流入水泵，保证水泵充水时不发生倒流。止回阀与管道连接的形式有螺纹连接、法兰连接和焊接。

六、旋塞阀

旋塞阀又称考克或转芯门，由阀体和塞子两部分组成，在旋塞中有一孔道，当旋转旋塞时即可开启或关闭。它结构简单，外形尺寸小，开启和关闭迅速，阻力较小，但严密性较差。通常用于温度和压力不高的较小管路中起开闭作用，不宜作为流量调节阀。

旋塞阀根据其进口、出口通道的个数可分为直通式、三通式和四通式，其种类较多，用途广泛。与管道连接的形式主要有螺纹连接和法兰连接。

七、浮球阀

浮球阀用于控制容器液位。其动作原理是利用浮球的升降来带动阀芯的关闭。浮球阀与管道连接的形式主要有螺纹连接和法兰连接。

第二节 阀门安装

→ 1. 熟悉阀门安装的一般要求
→ 2. 掌握阀门安装的质量标准
→ 3. 掌握阀门安装的施工要点

一、阀门安装的一般要求

1. 应首先根据设计要求选用在管道施工中使用哪种阀门。阀件的用途、介质的特性、最大工作压力、介质最高温度以及介质的流量或管道的公称通径都必须满足设计要求。

2. 安装阀门前,首先应检查阀门的填料是否完好,压盖螺栓是否有足够的调节余量;其次检查阀杆是否灵活,有无卡滞和歪斜现象。

3. 法兰连接或螺纹连接的阀门应在关闭状态下安装,水平管道的阀件,其阀杆一般应安装在上半圆范围内,阀杆轴线与垂线的夹角不宜大于30°,其接头应转动灵活。

4. 焊接阀门与管道连接时,封底焊宜采用氩弧焊,以保证内部平整、光洁。焊接时阀门不宜关闭,以防止过热变形。

5. 安装铸铁等材质较脆的阀门时,应避免因强力连接或受力不均匀而引起损坏。

6. 安装法兰连接的阀门时,螺栓应对称或十字交叉地进行紧固。

7. 安装螺纹连接的阀门时,应保证螺纹完整无缺,并按介质的不同要求涂以密封填料,拧紧时要保证阀体不变形和损坏。为便于拆卸,在阀门的出口处应加装活接头。

8. 安装高压阀件前,必须复查产品合格证和试验记录,不合格的阀件不能进行安装。

9. 阀门在搬运时不允许随手抛掷,以免损坏;吊装时,绳索应拴在阀体与阀盖的连接法兰处,切勿拴在手轮或阀杆上,以免使其损坏。

二、阀门安装的质量标准

1. 型号、规格、耐压强度和严密性试验结果符合设计要求和施工规范的规定。
2. 安装位置以及进口、出口方向正确。
3. 连接牢固、严密。
4. 启闭灵活,朝向合理,表面洁净。

三、闸阀、截止阀和止回阀的安装

1. 闸阀的安装一般无方向性要求,但不应倒装。
2. 安装截止阀时必须注意介质的流向,应使管道中的流体由下而上流经阀芯,即低进高出,不许装反。

3. 安装止回阀时必须特别注意介质的流向,才能保证阀芯自动开启。

卧式升降止回阀应水平安装,要求阀芯的中心线与水平面垂直。

立式升降止回阀只能安装在介质由下而上流动的垂直管道上。

对于旋启式止回阀,只要保证旋板能自由旋转即可。旋启式止回阀既可以安装在水平管道上,也可以安装在介质由下而上流动的垂直管道上。

四、减压阀的安装

减压阀是通过节流而将压力降低并保持不变的一种直接作用的压力调节阀。减压阀的作用是自动将设备和管道内的介质压力降低到所需压力。

减压阀的种类较多,常用的减压阀有活塞式减压阀、杠杆式减压阀、波纹管式减压阀及弹簧薄膜式减压阀等。蒸汽管路通常使用活塞式减压阀和杠杆式减压阀。

新型减压阀有比例式减压阀、减压稳压阀、室内减压稳压消火栓、消防专用减压阀等。

1. 活塞式减压阀和杠杆式减压阀

活塞式减压阀由主阀和导阀两部分组成。主阀主要由阀座、主阀盘、活塞、弹簧等部件组成。导阀主要由阀座、阀瓣、膜片、弹簧、调节弹簧等部件组成。通过调整弹簧压力设定出口压力,利用膜片传感出口压力变化,通过导阀的启闭驱动活塞,从而调节主阀节流部位过流断面的面积,实现减压、稳压功能。

杠杆式减压阀主要由阀体、阀盖、阀杆、阀瓣、阀座以及杠杆等部件组成,利用杠杆和重锤达到减压的目的。减压比一般为 0.6 较合适,可配用电动执行装置,实现远程自动操作。

活塞式减压阀和杠杆式减压阀如图 6—2 所示。

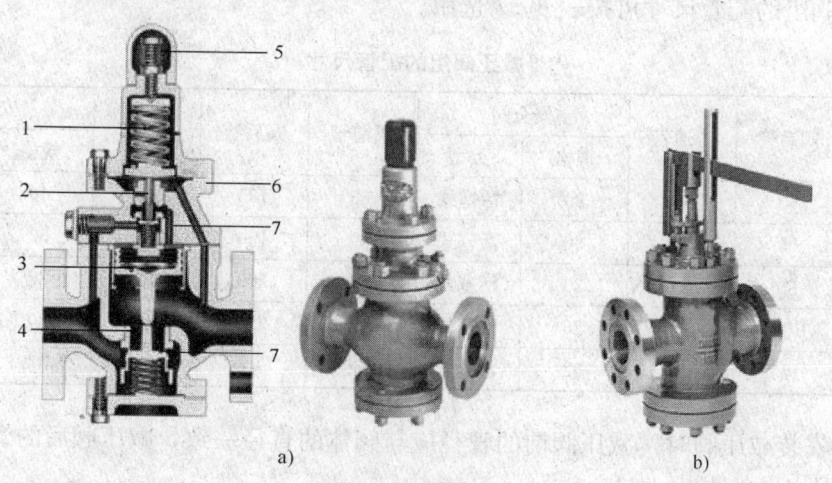

图 6—2 活塞式减压阀和杠杆式减压阀
a) 活塞式减压阀 b) 杠杆式减压阀
1—弹簧 2—导阀 3—活塞 4—立阀 5—调节螺母 6—顶盖 7—膜片

对于用汽量较小的小型采暖系统,可以采用由两个截止阀组成的减压装置。两个截止阀串联安装在管路上,一个作减压用,另一个作关闭用。

2. 减压阀的安装方法

减压阀通常设有旁通管路,故称减压阀组或减压器。减压阀组的组装形式较多,其基本组装形式如图6—3所示。

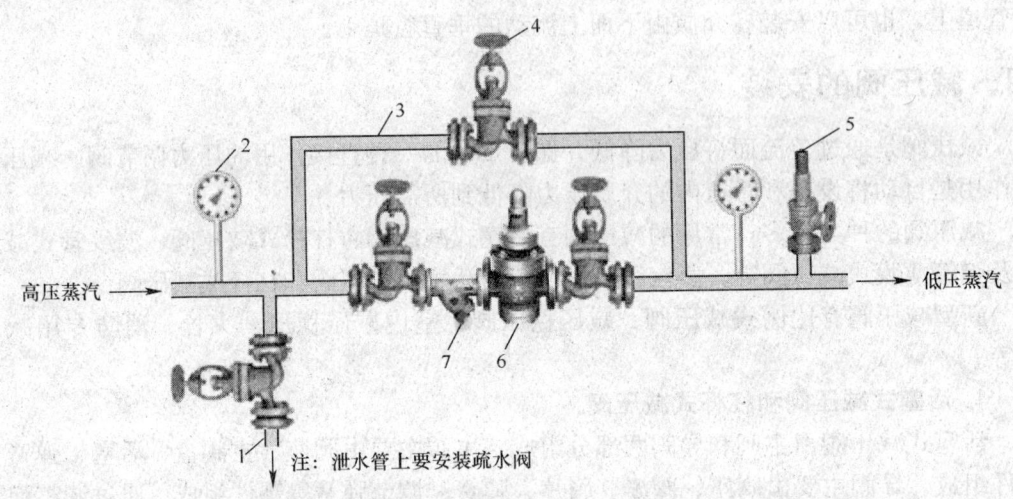

注:泄水管上要安装疏水阀

图6—3 活塞式减压阀组的基本组装形式
1—泄水管 2—压力表 3—旁道管 4—截止阀 5—安全阀 6—减压阀 7—过滤器

减压阀组的安装高度有两种:一种是沿墙设置在离地面适当高度处(距地面1.2 m左右),以便于操作、维修;另一种是安装在架空管道上,但必须设置永久性操作平台(距地面3 m左右)。

减压阀组的配管尺寸可按表6—1选用。

表6—1　　　　　　　减压阀组的配管尺寸　　　　　　　mm

阀前管	阀后管	旁通管	安全阀		阀前管	阀后管	旁通管	安全阀	
			规格	类型				规格	类型
20	50	15	20	活塞式	65	125	40	40	杠杆式
25	65	20	20	活塞式	80	150	50	50	杠杆式
32	80	25	20	活塞式	100	200	80	80	杠杆式
40	100	32	25	活塞式	125	250	80	80	杠杆式
50	125	40	32	活塞式	150	300	100	100	杠杆式

(1)安装减压阀时,减压阀前的管径应与阀体的直径一致,减压阀后的管径可比阀前的管径大1~2号。

(2)减压阀的阀体必须垂直安装在水平管路上,阀体上的箭头必须与介质流向一致,减压阀两侧应安装阀门,一般采用法兰截止阀。

(3)减压阀前应装有过滤器,对于带有均压管的薄膜式减压阀,其均压管应接在低压管道的一侧。旁通管是减压阀组的一个组成部分,当减压阀发生故障需进行检修时,可关闭减压阀两侧的截止阀,暂时通过旁通管供汽。

(4) 为了便于减压阀的调整工作,阀前的高压管道和阀后的低压管道上都应安装压力表。阀后低压管道上应安装安全阀,安全阀的排气管应接至室外。

(5) 管道试压后应对减压阀进行冲洗。操作时,应关闭减压阀的进口阀,打开冲洗阀进行冲洗。在系统送汽前,应打开旁通阀,关闭减压阀前的控制阀,对系统进行暖管的同时冲刷残余污物,待暖管正常后再关闭旁通阀,打开减压阀进口控制阀,使系统投入运行。

一切正常后,可根据工作压力进行调试,对减压阀进行定压并做出界限标记。

五、疏水阀的安装

在蒸汽管道系统中设置疏水阀(又称疏水器),可以迅速、有效地排除用汽设备和管道中的凝结水,阻止蒸汽漏损,对于防止凝结水对设备的腐蚀、水击、振动及结冻胀裂管路,保证蒸汽系统安全、正常运行具有重要的作用。

疏水阀的种类较多,有热动力型疏水阀(如热动力式疏水阀和脉冲式疏水阀)、浮力式疏水阀(如吊筒式疏水阀、浮筒式疏水阀和浮球式疏水阀)和热膨胀型疏水阀(如双金属片式疏水阀和波纹管式疏水阀)等。

蒸汽管道通常使用热动力式疏水阀。

1. 热动力式疏水阀

热动力式疏水阀有螺纹连接式和法兰连接式两种结构,其外形和结构简图如图 6—4 所示。

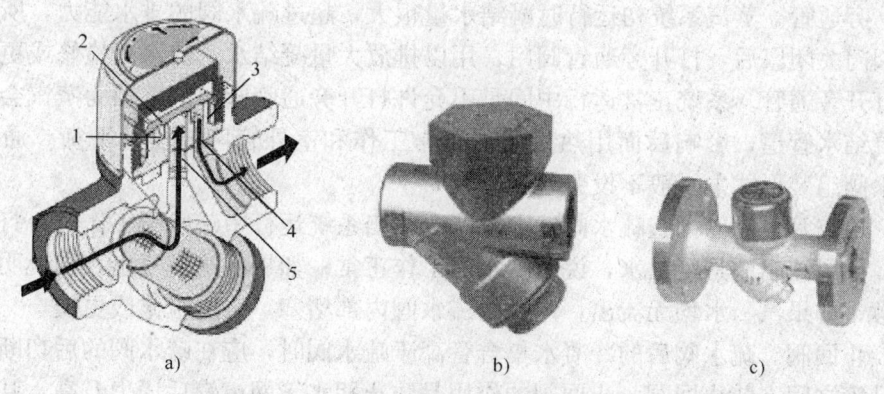

图 6—4 热动力式疏水阀的外形和结构简图
a) 结构简图 b) 螺纹连接式 c) 法兰连接式
1—环形槽 2—阀片 3—变压室 4—小孔 1 5—小孔 2

工作过程:当凝结水从小孔 2 流入时,由于变压室的蒸汽凝缩压力降低,加上水的密度大,作用在阀片下面的力大于作用在阀片上面的力,故将阀片打开;同时,又由于水的黏度高,流速低,阀片与阀座间不易形成负压,而且水不易通过阀片与阀盖间的缝隙流入变压室,这样使阀片保持开启状态,经过环形槽,从小孔 1 排出疏水阀。

当蒸汽从小孔 2 流入时，由于蒸汽的黏度低，流速快，使阀片与阀座间容易形成负压，而且蒸汽容易通过阀片与阀盖间的缝隙流入变压室，这样作用在阀片上面的力大于作用在阀片下面的力，故使阀片迅速关闭，阻止蒸汽的泄漏。

由于疏水阀的散热，变压室的蒸汽冷凝后，使变压室内的压力降低，当凝结水再次流入小孔 2 时，又进行第二个工作循环，工作是间歇进行的。

2. 疏水阀的组装

疏水阀的组装形式较多，其基本组装形式如图 6—5 所示。

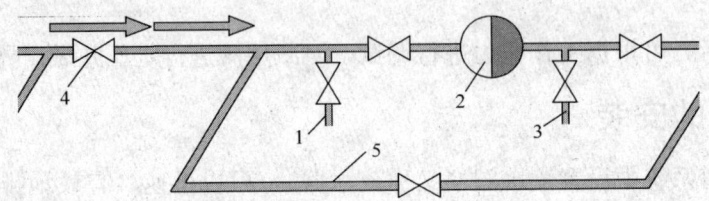

图 6—5　疏水阀的基本组装形式
1—冲洗管　2—疏水阀　3—检查管　4—止回阀　5—旁通管

疏水阀组中阀门和配管的作用：

（1）疏水阀前、后阀门。在管路冲洗、初运行、检修或更换疏水阀时用以切断介质通道。在疏水阀正常运行时常开。

（2）冲洗管。安装在疏水阀前面，管路在通汽运行之前要先用水冲洗。在系统冲洗和初运行时，打开冲洗管阀门，以排除污水。把冲洗管当作启动疏水阀时，待冷凝水由浊变清时关闭。

（3）旁通管。蒸汽系统初运行时凝结水量很大，超过疏水阀的排水能力，所以，在冲洗管阀门关闭以后，打开旁通管阀门，用以排放大量凝结水。疏水阀检修或更换时可短时间打开旁通管。系统正常运行中间是不允许打开旁通管阀门的，因为蒸汽会从旁通管窜入凝结水管道，影响后面用热设备的正常工作和室外管网的压力平衡。通常情况下，疏水阀组装形式中一般不设旁通管。

（4）检查管。用以检查疏水阀的工作状况。当系统运行中疏水阀工作时，打开检查管阀门，如果流出的是凝结水，说明疏水阀工作正常；如果有蒸汽喷出，则说明疏水阀工作异常；如果汽、水均无流出，则说明疏水阀内部堵塞，需要检修或更换。

（5）止回阀。疏水阀后的冷凝水集合管高于疏水阀时，应在疏水阀的后切断阀与冷凝水上升管之间安装止回阀。止回阀的作用是防止回水管网窜汽后压力升高，甚至超过供热系统的使用压力。有的疏水阀本身能起止逆作用（如热动力式疏水阀），对于这类疏水阀，可以不安装止回阀。如凝结水排至大气或单独排至集水箱，由于没有反压作用，所以也不必安装止回阀。

（6）过滤器。由于采暖系统管路中有渣垢和杂质，故疏水阀前端必须设置过滤器，热动力式疏水阀因自身具有过滤作用，一般不需要另装过滤器。过滤器或疏水阀带有的滤网需要经常清洗，以免堵塞。

3. 疏水阀的安装要求

(1) 疏水阀应安装在便于检修的地方，并尽量靠近用热设备凝结水排水口。蒸汽管道疏水时，疏水阀应安装在低于管道的位置。

(2) 安装时应按要求设置好旁通管、检查管、止回阀、除污器、前后阀门等的位置。各用汽设备应分别安装疏水阀，多组用汽设备不能合用一个疏水阀。

(3) 疏水阀的进口和出口位置应保持水平，不可倾斜安装。疏水阀阀体上的箭头应与凝结水的流向一致。

4. 疏水阀的维护与管理

保证疏水阀正常工作的重要环节之一是对疏水阀进行维护与管理。疏水阀的组装工作中动作频繁，极易发生磨损和杂质卡住等故障。因此，经常性检查和管理是十分必要的。

检查疏水阀工作情况的方法如下：

(1) 打开疏水阀的检查管、阀门进行检查。

(2) 用手触摸疏水阀外壳及前、后接管的温度，以判断故障发生的地点和原因。当发现疏水阀工作不正常时，必须立即采取措施，进行冲洗、更换或修复，以保证其正常工作。

六、散热器温控阀的安装

散热器温控阀（又称恒温阀）是一种自动控制进入散热器的热媒流量、控制室内温度的阀门，它由阀体和温控元件组成，如图6—6所示。

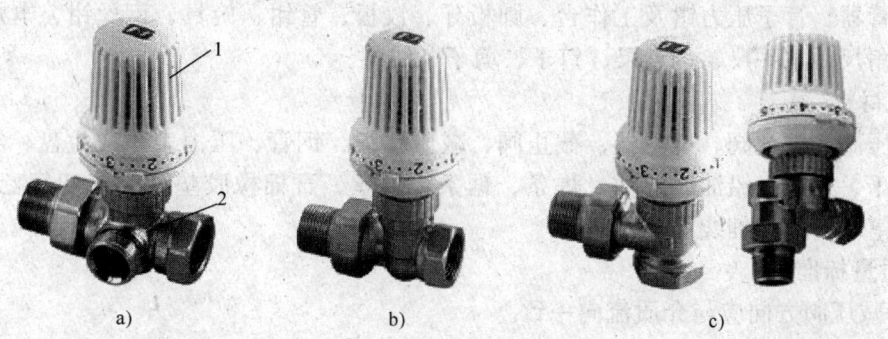

图6—6 散热器温控阀
a) 三通式 b) 直通式 c) 直角式
1—温控元件 2—阀体

散热器温控阀是利用阀的温控元件来控制阀门开度的，当室内温度升高时，感温材料膨胀后压缩阀杆使阀口关小；反之，阀杆弹回，阀口开大。因此，当房间有其他辅助热源时（如白天的太阳光及其他发热体等），阀门自动关小，使散热器的进水量减少，最终达到节约能源的目的。

散热器温控阀阀体的材料一般为黄铜镀镍，公称压力不大于1 MPa，介质温度不高于100℃，0.1 MPa调节刻度（0～5挡），温度调节范围为8～28℃，有直通式

（DN15、DN20、DN25）、直角式（DN15、DN20）、三通式（DN20）三种结构。

散热器温控阀的安装要点如下：

1. 温控阀在安装前，应对管道和散热器进行彻底的清洗，避免由焊渣及其他杂物引起的功能故障。

2. 阀体安装在散热器的入口处，安装时请注意箭头所指方向。

3. 为了方便安装温控元件，在安装前应将手柄设置在最大开启位置上，将温控元件的锁紧螺母旋到阀体上。

4. 安装时，应使温控阀的温控元件为水平位置。

5. 若对旧的采暖系统进行改装时，应在散热器温控阀前端安装过滤器。

第三节 技能训练实例

实训1 安装减压阀

【实训内容】

安装减压阀。

【准备要求】

1. 机具和工具

割管器、管子压力钳及工作台、圆板牙、铰板、管钳、旋具、钢丝钳、电焊工具、法兰盘角尺、水平尺、钢卷尺、钉子、剪子、线坠。

2. 材料

减压阀、安全阀、过滤器、截止阀、减压孔板、钢管、压力表、法兰盘、异径管、管件若干、机油、铅油、清油、焊条、锯条、麻丝、石棉橡胶垫片、聚四氟乙烯生料带、石笔、粉笔、细线绳。

【质量标准】

1. 减压阀方向应与介质流向一致。

2. 组装尺寸误差为±10 mm。

【操作步骤】

减压阀安装操作工序是：量尺定位→配管及预制→减压阀组合及安装→预制及栽支托架→调试定压。

1. 量尺定位

根据管道入口甩头位置及标高，用水平尺及钢卷尺量出支架、托架、支撑的安装标高，确定减压阀与组件的安装位置，在管子上做记号。

2. 配管及预制

根据减压阀的组装图，按相应工艺对减压阀组件直接配管，并下料、切断、开坡口、装配管端法兰、焊接管端法兰。对于旁通管，应按组装图煨制两个90°弯管。

3. 减压阀组合及安装

（1）按表6—1所列的尺寸进行组装。对各组件尺寸量尺定位并做记号，逐个按图安装，减压阀、截止阀用法兰连接，旁通管应采用焊接。连接时均应按相应尺寸及工艺标准操作。

（2）减压阀距墙面距离不大于200 mm时，应垂直安装在水平管路上。安装时应注意减压阀的方向性，不得装反。减压阀前、后均应安装法兰截止阀，安装在减压阀后的管径比减压阀前的管径大1～2号，异径管采用管底平连接。

（3）薄膜式减压阀的均压管应安装在管道低压侧。

4. 预制及栽支托架

（1）按支架形式用型钢下料预制，在减压阀两端的截止阀外侧及旁通管上，按量尺定位的标记打墙洞栽支架，并用水平尺、线坠找平、找正。

（2）支架固定后，将减压阀组固定在支架上。

5. 调试定压

（1）减压阀安装完后，应根据工作压力进行调试，并做出调试后的标志。

弹簧式减压阀的调试工序如下：

先将减压阀两侧的阀门关闭（此时旁通管也处于关闭状态），再将减压阀的上手轮旋紧，下手轮旋开，使弹簧处于完全松弛状态。从注水小孔把水注满，以防止蒸汽将活塞的胶皮环损坏。打开前面的阀门（按蒸汽流动的方向顺序打开），旋松上手轮，缓缓地旋紧下手轮，在旋紧下手轮的同时注意观察阀后压力表，当达到要求的读数时，打开阀后的阀门再做进一步校准。

（2）对于带有均压管的减压阀，其均压管用于在管道压力波动时自动调节减压阀的启动大小。调试过程中，应注意均压管仅在小范围内压力波动时起作用，不能用均压管代替调压工序。

（3）安全阀应预先调整好，当减压阀失灵时，安全阀可自动开启，保护设备。

【质量验收】

1. 减压阀方向与介质流向一致。
2. 实际组装尺寸误差小于10 mm。

【注意事项】

1. 对于陈旧的减压阀和搁置较久的减压阀在安装前应先清洗。管路中的灰尘、沙粒等杂物必须用水清洗干净。
2. 注意方向性，阀体与介质流通方向切勿相反。
3. 应直立装在水平管道上，阀盖与水平管垂直。
4. 为了防止安全阀的阀芯和阀座粘住，应定期对安全阀进行手动或自动排气。
5. 减压阀两侧应装控制阀门，减压阀后的管径应放大1～2号并装上旁通管，以便于检修。
6. 减压阀的低压侧应装安全阀，以保证减压阀运行的可靠性。
7. 使用减压阀时，减压阀进口和出口处压差不小于0.15 MPa。

实训2　安装疏水阀

【实训内容】

安装疏水阀。

【准备要求】

1. 机具和工具

割管器、管子压力钳及工作台、圆板牙、铰板、管钳、旋具、钢丝钳、电焊工具、法兰盘角尺、水平尺、钢卷尺、钉子、剪子、线坠。

2. 材料

疏水阀、截止阀、钢管、法兰盘、异径管、管件若干、机油、铅油、清油、焊条、锯条、麻丝、石棉橡胶垫片、聚四氟乙烯生料带、石笔、粉笔、细线绳。

【质量标准】

1. 疏水阀、截止阀方向应与介质流向一致。
2. 组装尺寸误差为±10 mm。

【操作步骤】

疏水器安装操作程序是：量尺定位→组对预装→托架预制及安装→安装疏水阀。

1. 量尺定位

根据蒸汽管道甩头位置及设计标高，用钢卷尺量出托架标高，确定其安装位置并做出记号。

2. 组对预装

根据设计选定的型号，先进行疏水阀装置的定位，并按疏水阀的安装尺寸和组件相对位置画线、下料、锯断、套螺纹或焊接，然后进行组对预装。

3. 托架预制及安装

按托架形式，根据相应的工艺标准进行型钢托架的预制。托架栽入墙内的长度不小于150 mm。

4. 安装疏水阀

(1) 疏水阀的安装位置应接近用热设备，且要安装在用热设备及管道凝结水排出口之下。同时，安装中要充分考虑到旁通管、冲洗管、排气管、检查管及过滤器之间的位置关系。

(2) 旁通管的安装。设置旁通管便于排出初期凝结水，但旁通管容易造成漏水，一般不宜安装此管，对连续生产的用热设备才应安装，其安装形式分为水平安装和垂直安装。

(3) 冲洗管的安装。冲洗管一般向下安装，冲洗管上的阀门是闸阀。

(4) 检查管的安装。在疏水阀和后切断阀之间应设检查管，以检查疏水阀的运行情况。当打开检查管上的闸阀，排水口大量冒汽或汽、水均无流出时，则说明疏水阀已坏，需要及时检查。当冷凝水不回收直接排入大气时，可不装此管。

(5) 过滤器的安装。对脉冲式疏水阀系统必须安装过滤器，而热动力式疏水阀本身带有过滤装置，可以不设过滤器。

(6) 前、后切断阀的安装。在疏水阀前、后应设置切断阀（冷凝水直接排至大气的疏水阀后不设）。切断阀先选用闸阀，后选用截止阀。

（7）止回阀的安装。疏水阀应装在管道和设备的排水口以下。如果凝结水管高于蒸汽管道和设备室外排水口，应安装止回阀。热动力式疏水阀本身能起逆止作用，可不装止回阀。

（8）螺纹连接的疏水阀应安装活接头，以便于拆卸。输水管道水平敷设时，管道坡向应朝疏水阀，以防止产生水击现象。

（9）装在蒸汽管道翻高处的疏水阀与蒸汽管道连接的一端应高于蒸汽管排污阀150 mm，排污阀应定期打开排污，以防止蒸汽管中沉积污物。

【质量验收】
1. 疏水阀、截止阀方向与介质流向一致。
2. 实际组装尺寸误差小于 10 mm。

【注意事项】
1. 疏水阀安装位置应合理，否则，容易造成系统中存有空气及疏水不当，而导致系统凝结水过多，使蒸汽无法顶出凝结水。
2. 严格按疏水阀阀体上的指示箭头安装，切不可弄错安装方向。
3. 若在运行中发现疏水阀不通畅，可打开疏水阀后面的放水阀。

单元测试题

一、填空题（请将正确答案填在空白横线上）

1. 管道工程中，阀门是对输送介质的流量、_____、_____、_____等参数实现控制的重要元件。
2. 闸阀也称_____。按阀杆不同可分为_____和_____，按阀板形式不同可分为_____、_____及弹簧板式。
3. 按介质流向不同，截止阀可分为直通式、_____及_____三种。它用于一般汽、水管路的启闭及流量的调节，其中以_____应用最为广泛。
4. 蝶阀与管道连接的方式有_____连接、_____连接两种。
5. 球阀可分为_____、_____及多通式三种，主要用于低温、高压及黏度较高的介质和要求开关迅速的管道部位，不能用于_____较高的介质管路。
6. 止回阀又称单流阀、_____、_____。按阀瓣启闭方式不同分为旋启式、_____，旋启式止回阀按阀瓣数量不同分为_____和_____。
7. 旋塞阀根据其进口、出口通道的个数可分为直通式、_____和_____，其种类较多，用途广泛。
8. 减压阀的种类较多，常用的减压阀有_____、_____、_____及_____等。

二、单项选择题（下列每题有 4 个选项，其中只有 1 个是正确的，请将其代号填写在横线空白处）

1. 杠杆式减压阀的减压比一般为_____。

  A. 0.4   B. 0.5   C. 0.6   D. 0.7

  2. 安装减压阀时，减压阀前的管径应与阀体的直径一致，减压阀后的管径可比阀前的管径大_____号。

  A. 1~2   B. 1~3   C. 2~3   D. 3

  3. 减压阀沿墙设置时，其离地面的高度为_____m左右。

  A. 0.8   B. 1.0   C. 1.2   D. 1.4

  4. 安装时要求"低进高出"的阀门是_____。

  A. 闸阀   B. 截止阀   C. 止回阀   D. 球阀

  5. 在蒸汽管道系统中，用热设备出口必须安装的阀门是_____。

  A. 安全阀   B. 截止阀   C. 疏水阀   D. 球阀

  三、多项选择题（下列每题有5个选项，其中有1个以上是正确的，请将其代号填写在横线空白处）

  1. 安装阀门前应检查的内容包括_____。

  A. 阀件的填料是否完好   B. 阀杆是否灵活
  C. 铭牌是否正确   D. 阀杆有无卡滞和歪斜现象
  E. 压盖螺栓是否有足够的调节余量

  2. 新型减压阀的类型有_____。

  A. 弹簧式减压阀   B. 比例式减压阀
  C. 减压稳压阀   D. 室内减压稳压消火栓
  E. 消防专用减压阀

  3. 蒸汽管路通常使用的减压阀是_____。

  A. 活塞式减压阀   B. 比例式减压阀
  C. 水平式减压阀   D. 杠杆式减压阀
  E. 升降式减压阀

  4. 安装时具有方向的阀门是_____。

  A. 闸阀   B. 截止阀
  C. 止回阀   D. 球阀
  E. 减压阀

  5. 疏水阀的种类较多，有热动力型疏水阀、浮力式疏水阀和热膨胀型疏水阀等。属于热动力型疏水阀的是_____。

  A. 浮球式疏水阀   B. 脉冲式疏水阀
  C. 双金属片式疏水阀   D. 热动力式疏水阀
  E. 吊筒式疏水阀

  四、判断题（下列判断正确的请在括号内打"√"，错误的请在括号内打"×"）

  1. 安装法兰连接的阀门时，螺栓应对称或十字交叉地进行紧固。（ ）
  2. 吊装阀门时，绳索应拴在手轮或阀杆上。（ ）
  3. 为便于拆卸螺纹连接的阀门，在阀门的出口处应加装活接头。（ ）
  4. 散热器温控阀的公称压力不小于1 MPa，介质温度不低于100℃。（ ）

5. 减压阀定压结束,应做出界限标记。 （　　）

五、简答题

1. 试述阀门安装的质量标准。
2. 安装止回阀有哪些要求?
3. 疏水阀的作用是什么?

单元测试题参考答案

一、填空题

1. 流速　压力　温度　 2. 闸板阀　明杆式　暗杆式　平行式　楔式　 3. 直流式　直角式　直通式　 4. 法兰　对夹　 5. 直通式　三通式　温度　 6. 单向阀　逆止阀　升降式　单瓣式　多瓣式　 7. 三通式　四通式　 8. 活塞式　杠杆式　波纹管式　弹簧薄膜式

二、单项选择题

1. C　 2. A　 3. C　 4. B　 5. C

三、多项选择题

1. ABDE　 2. BCDE　 3. AD　 4. BCE　 5. BD

四、判断题

1. √　 2. ×　 3. √　 4. ×　 5. √

五、简答题

略

第7单元

管道的连接

- 第一节 螺纹连接/151
- 第二节 承插连接/156
- 第三节 熔接连接/158
- 第四节 技能训练实例/160

管道连接是指将管子与管子或管子与管件、阀门、设备等管路附件连接起来，使之形成一个严密的管路系统的过程。

管道连接的方法很多，基本的连接方法有螺纹连接、焊接、法兰连接和承插连接。近年来随着管材多样化的呈现，与之配套的管材连接方式相继出现，其主要连接方式有熔接连接、卡套连接、卡压连接、卡凸连接、卡箍连接等方式。

管道连接方式一般根据管子的材质、管径、壁厚、设计与工艺要求等不同情况进行选用。施工时，应根据设计图样、施工规范和连接方式的工艺标准等要求进行管子的连接，以确保管道系统安全、有效地运行。

第一节　螺纹连接

→ 1. 掌握加工管螺纹的方法
→ 2. 熟悉管螺纹加工工具和机具的正确使用方法
→ 3. 了解管螺纹的质量标准
→ 4. 熟悉初步分析管螺纹的质量缺陷和产生原因

管道的螺纹连接也称丝扣连接，是指通过内、外管螺纹把管子与管子或管子与管件、阀门、设备连接起来的一种方式。

一、管螺纹的规格和适用范围

1. 管螺纹的规格

按螺纹牙型角的不同，管螺纹分为55°管螺纹和60°管螺纹两大类。我国主要使用55°管螺纹。55°管螺纹分为圆锥管螺纹和圆柱管螺纹两种。这两种管螺纹的螺旋线方向均分为左旋（俗称反丝或反扣）和右旋（俗称正丝或正扣），一般介质均选用右旋管螺纹。只有易燃、易爆特殊介质或特殊设备（如铸铁散热器补芯、堵头等）才选用左旋管螺纹。

需要说明的是：从国外引进的装置或购买的产品中有使用60°管螺纹的情况，应引起注意，以免发生技术上的错误。

2. 管螺纹连接的适用范围

（1）公称通径不大于DN100的低压流体输送用镀锌钢管，为了不损坏镀锌层，保证工艺要求，必须采用螺纹连接。

（2）管子的公称通径不大于DN100，介质工作压力在1.0 MPa以下，温度在100℃以内，且需便于检查和维修的各种管道，应采用螺纹连接。

（3）建筑给排水、室内热水、燃气供应以及采暖管道中，DN100以下的管道一般均采用螺纹连接。

（4）钢管与带螺纹的设备、附件连接时采用螺纹连接。

（5）需要经常拆卸，又不允许动火的生产场合，应采用螺纹连接。

(6) 外径、壁厚与低压流体输送用焊接钢管相当的无缝钢管也可采用螺纹连接。

二、螺纹连接的工具和机具

管道螺纹连接的工具和机具主要有管子台虎钳、管子钳和链条钳、管子铰板和电动套螺纹机等。

1. 管子台虎钳

管子台虎钳又称龙门钳、龙门轧头，如图7—1a所示。它是夹紧管材以便于进行各类切削加工的主要夹具，它的规格是以所夹持管子的最大外径来表示的，习惯上称为号数，常见的有1号（70 mm）、2号（90 mm）、3号（110 mm）、4号（150 mm）、5号（200 mm）和6号（250 mm）等。

实际安装工程中，可将管子台虎钳安装在自制的工作台上，也可使用成品支腿管子台虎钳（见图7—1b）。

2. 管子钳和管子链条钳

管子钳和管子链条钳是专用于拆装螺纹管子和管件的工具，如图7—2所示。管子钳适用于直径较小的管子和管件，管子链条钳适用于直径较大的管子和管件，在操作空间狭窄的施工场地，管子链条钳更加显示其优越性。

管子钳和管子链条钳的钳口牙齿要保持锋利，使用时不能沾油，以防止打滑。

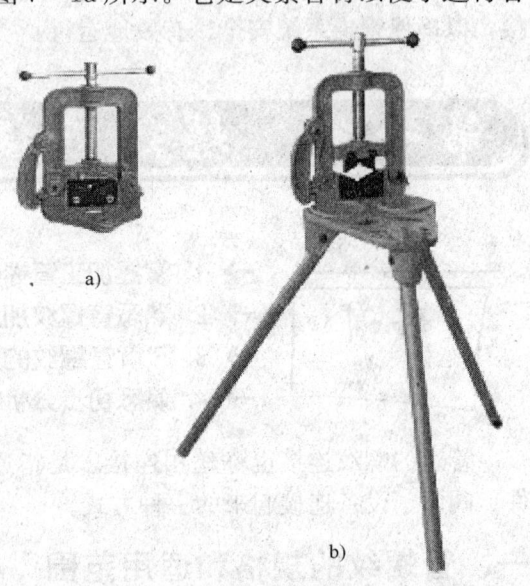

图7—1 管子台虎钳
a) 管子台虎钳 b) 支腿管子台虎钳

管子钳和管子链条钳的规格以其长度划分，使用时，根据管子的直径合理选用。

3. 管子铰板

管子铰板是加工管子外螺纹的工具，它由铰板主体、扳杆、板牙三个主要部分组成，如图7—3所示。管子铰板分为两种规格，一种用于DN15、DN20、DN25、DN32、DN40、DN50六种不同规格的管螺纹的加工；另一种用于DN65、DN80、DN100三种不同规格的管螺纹的加工。

管子铰板附有几副相应的板牙，每副板牙可以套制两种尺寸不同的管螺纹。每副板牙为四块，每块都分别刻有1、2、3、4的号码。在铰板主体的每个板牙槽口处也刻有1、2、3、4的号码。安装时，先把活动盘的刻线对准固定盘"0"位置，此时，按板牙上的号码与铰板主体上板牙槽口的号码一一对号装入，转动活动盘，板牙就固定在管子铰板内了。

4. 电动套螺纹机

电动套螺纹机又称电动套螺纹切管机，可以完成对管子的切割、倒角和套螺纹等工作。电动套螺纹机品种较多，但其结构基本相同，一般都具备套螺纹板牙、倒角器和割

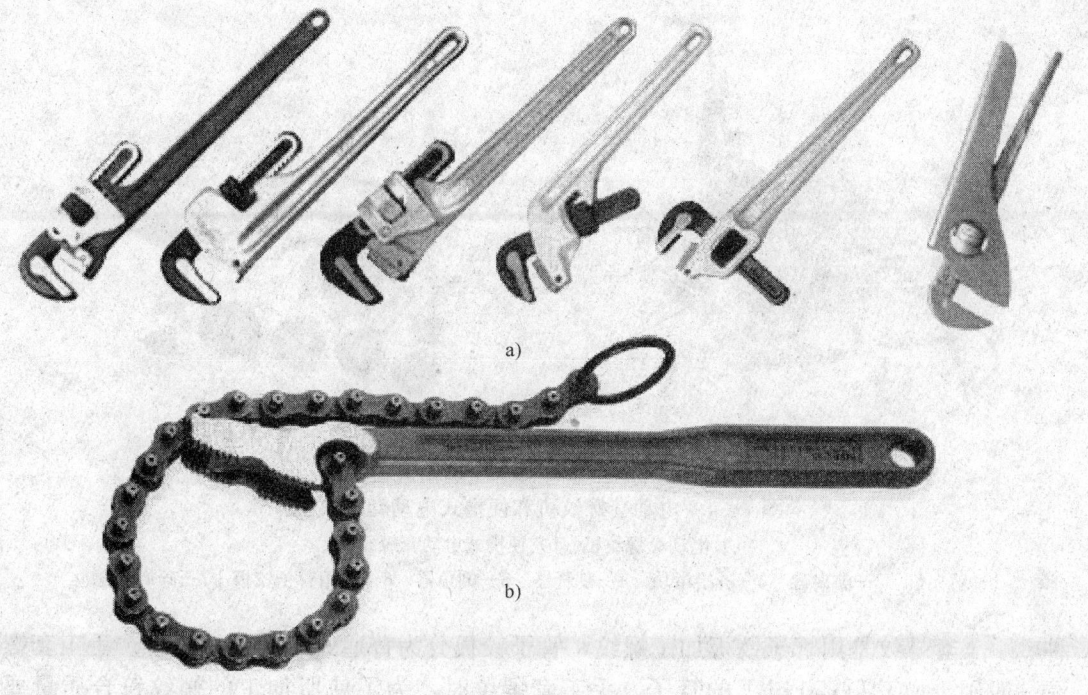

图7—2 管子钳和管子链条钳
a) 管子钳 b) 管子链条钳

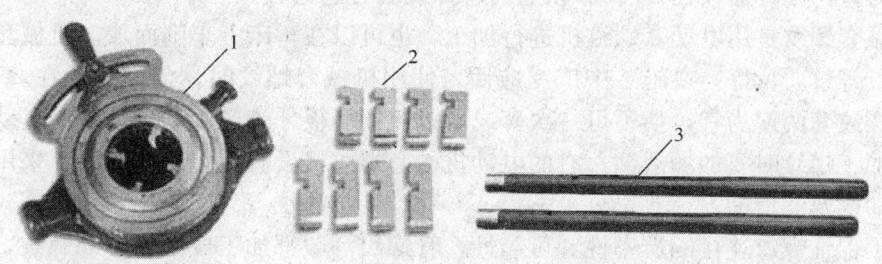

图7—3 管子铰板
1—铰板主体 2—板牙 3—扳杆

管器等，如图7—4a所示。另外一种便携式电动套螺纹机也已在实际工程中使用，这种小型便携式电动套螺纹机在无台虎钳或工作区域狭小的情况下使用十分理想，如图7—4b所示。

为了确保操作安全，在使用电动套螺纹机前应先阅读产品说明书，了解产品特点，不可凭经验进行操作。在实训教室，一定要由实训教师现场讲解并示范后才可进行螺纹加工的操作。

三、管螺纹的加工、质量标准和密封填料

1. 管螺纹的加工方法、质量缺陷和保护方法

（1）管螺纹的加工方法。管螺纹的加工也称套螺纹，有手工套螺纹和机械套螺纹两

 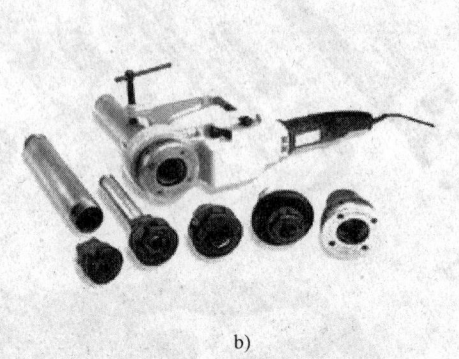

图7—4 电动套螺纹机和便携式电动套螺纹机
a) 电动套螺纹机 b) 便携式电动套螺纹机
1—后夹盘 2—前夹盘 3—进给滑块 4—割管器 5—倒角器 6—通用管子铰板 7—碎屑过滤盘

种。手工套螺纹是用管子铰板加工螺纹，管子铰板分为普通式和轻便式两种。手工套螺纹一般用于加工DN50以下的管子。手工套螺纹时，为了使所加工的螺纹符合质量要求，避免断牙、龟裂，保证螺纹标准、光滑，公称通径在25 mm以下的小口径管螺纹套两遍为宜，公称通径在25 mm以上的管螺纹套三遍为宜。

机械套螺纹是用电动套螺纹机进行加工，也可以在车床上车削而成。机械套螺纹的效率高，螺纹质量好，在施工中广泛应用。使用机械套螺纹时，公称通径在25 mm以上的管螺纹套两遍为宜，切不可一次套成，以免损坏板牙或产生烂牙。使用电动机械套螺纹机加工螺纹时要加润滑油。有的电动机械套螺纹机设有乳化液加压泵，采用乳化液作为冷却剂及润滑剂。

为了保证螺纹连接的严密性和可靠性，管螺纹一般都加工成圆锥形外螺纹，管螺纹的锥度是利用在套螺纹的过程中逐渐松开管子铰板或套螺纹机的板牙松紧装置（扳手）来形成的。

加工管螺纹时，管端螺纹的加工尺寸应符合表7—1的要求。

表7—1　　　　　　　　　管端螺纹的加工尺寸

公称通径DN		连接管件时螺纹的长度		连接阀门时螺纹的长度	
(mm)	(in)	长度（mm）	螺纹数（牙）	长度（mm）	螺纹数（牙）
15	$\frac{1}{2}$	14	8	12	6.5
20	$\frac{3}{4}$	16	9	13.5	7.5
32	1	18	8	15	6.5
40	$1\frac{1}{4}$	20	9	17	7.5

续表

公称通径 DN		连接管件时螺纹的长度		连接阀门时螺纹的长度	
(mm)	(in)	长度（mm）	螺纹数（牙）	长度（mm）	螺纹数（牙）
40	$1\frac{1}{2}$	22	10	19	8
50	2	24	11	21	9
70	$2\frac{1}{2}$	27	12	23.5	10
80	3	30	13	26	11
100	4	36	15	—	—

（2）手工套螺纹常见缺陷及产生的原因。采用管子铰板加工管螺纹时，常见缺陷及产生的原因有以下几种：

1）螺纹不正。原因是铰板中心线与管子中心线不重合或手工套螺纹时两臂用力不均匀而使铰板被推歪。管子端面锯割不平也会引起螺纹不正。

2）偏牙螺纹。由于管壁厚薄不均匀或卡爪未锁紧所造成。

3）细牙螺纹。由于板牙顺序弄错或板牙活动间隙太大所造成。

4）螺纹不光或断牙缺口。由于套螺纹时板牙进刀量太大、板牙不锋利或损坏、套螺纹时用力过猛或用力不均匀以及管端上的铁渣积存等原因所引起。

5）管螺纹有裂缝。若出现竖向裂缝，是焊接钢管的焊缝未焊透或焊缝不牢所致；如果出现横向裂缝，则是由于板牙进刀量太大或管壁较薄而产生的。

（3）管螺纹的保护方法。加工好的管螺纹要注意保护，管螺纹的保护通常采用下列方法：

1）将管螺纹临时拧上一个管箍（也可采用塑料管箍），如果没有管箍可用水泥袋纸临时包扎一下。

2）现套现用的螺纹也要精心保护，避免磕碰。

3）需放置的管螺纹，要在管螺纹上涂些废机油，然后加以保护，以防止生锈。

2. 管螺纹的质量标准

管螺纹的加工长度为工作长度加上尾螺纹的长度。尾螺纹一般为1～2牙。无论由手工加工还是机械加工出的管螺纹，都必须清楚、完整、光滑，不得有毛刺和乱牙。断牙和缺牙的总长度不得超过螺纹全长的10%，并在纵向上不得有断缺处相靠的现象。

3. 管螺纹连接的密封填料

对于管螺纹连接，无论用哪种连接方式，均需在管子外螺纹与管件阀门的内螺纹之间加入适当的填料，以增强接口的密封性能。常用的密封填料有麻丝、铅油、石棉绳、聚四氟乙烯生料带等，填料根据管道输送介质的温度和性质确定。介质不同，管螺纹连接的密封填料也不同。

四、螺纹连接工艺要点和质量标准

1. 螺纹连接工艺要点

（1）先用管件试扣，以用手拧入2～3牙为宜，在管端螺纹上均匀涂抹黏性填料，从端头顺着管螺纹方向缠麻丝或生料带，用管钳一次拧紧时要注意管件、阀件的安装位置和方向，不允许因拧过头再用倒扣的方法进行调整和找正。

（2）拧紧管螺纹应选用合适的管钳，不得采用在管钳手柄上加套管增长力臂的方法来拧紧管件。

（3）一氧化铅与甘油调和后需在 10 min 内用完，否则会硬化，不能使用。

（4）各种填料在螺纹里只能使用一次，螺纹拆卸后重新安装时，应更换填料。填料的用量要适当，挤入管内太多会堵塞管道。外漏填料应及时清理干净。

2. 螺纹连接质量标准

螺纹连接管道安装后的管螺纹根部应有 2～3 牙的外露螺纹，多余的麻丝应清理干净并做防腐处理。

第二节 承插连接

→ 1. 熟悉承插连接方式
→ 2. 掌握塑料管粘接的方法

一、承插连接方式和承插接口的命名

1. 承插连接方式

用于承插连接的管子（或管件）一端为承口，另一端为插口。管道的承插连接是指把管子（或管件）的插口插入另一根管子（或管件）的承口内，并在承口之间填入适当的填料或涂抹有机溶剂等，从而实现管道的严密连接，如图 7—5 所示。

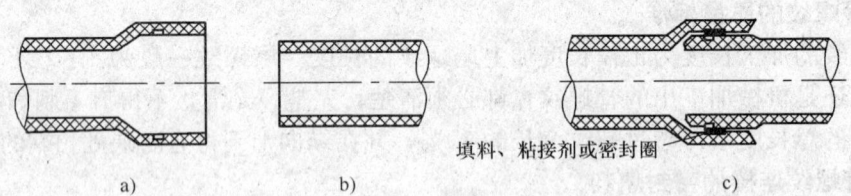

图 7—5 承插连接
a) 承口端 b) 插口端 c) 承插连接

承插连接的填料应使之密实或粘接紧密，并且应达到一定的强度或密封性，使之具有一定的严密性和承压能力。承插连接常用的填料有石棉水泥、自应力水泥、石膏氯化钙、青铅、麻丝或橡胶圈、粘接剂等。

2. 承插接口的命名

管道的承插接口常以填料种类命名，有橡胶圈接口、粘接剂接口、石棉水泥接口、青铅接口、自应力水泥接口、石膏氯化钙接口等。橡胶圈接口称为柔性接口，其他几种填料的接口均称为刚性接口。

由于石棉水泥接口、青铅接口、自应力水泥（膨胀水泥）接口、石膏氯化钙接口等刚性接口操作工艺要求较复杂，劳动强度大，工期长，接口密封性能不稳定，尤其在高层建筑中凸显出一些缺陷，故现在逐渐被一些新材料和新接口工艺所取代。柔性接口具有优良的抗振性能、便捷的施工工艺，故在工程中被广泛采用。

二、粘接剂起始固化时间和管道接头固化时间

塑料管的粘接属于承插粘接连接，这种连接方式适用于管子外径小于 160 mm 的塑料管道。粘接时必须根据管子、管件的材料以及管道的用途选用相应的粘接剂，一般情况下，宜选用生产厂家配套的专用粘接剂。

排水塑料（PVCU）管的连接通常采用粘接连接的方法。

1. 粘接剂起始固化时间

起始固化时间是指粘接后的接头能移动和进行其他处理等操作所必需的最少固化时间。

起始固化后，粘接接头即可承受一定压力，但在起始固化时间内不允许受力；否则，可能导致承插粘接接头应力集中，从而导致连接不当。粘接剂起始固化时间与操作时的环境温度、管道公称通径有关，见表 7—2。

表 7—2　　　　　　　　　　粘接剂起始固化时间

环境温度（℃）	管道公称通径（mm）				
	DN15~32	DN40~50	DN65~200	DN200~400	>DN400
15~40	2 min	3 min	30 min	2 h	4 h
5~15	5 min	8 min	2 h	8 h	16 h
0~5	10 min	15 min	12 h	24 h	48 h

2. 管道接头固化时间

管道接头固化时间是指管道连接后能够承受压力而不至于渗漏所需要的最少时间。管道接头固化时间与安装环境温度、管道公称通径以及所承受压力有关，见表 7—3。

表 7—3　　　　　　　　　　管道接头固化时间

安装环境温度（℃）	管道公称通径（mm）							
	DN15~32		DN40~50	DN65~200	DN200~400		>DN400	
	所承受压力（MPa）							
	≤1.1	1.1~1.6	≤1.1	1.1~1.2	≤1.1	1.1~1.2	>0.7	0.7
16~38	15 min	6 h	25 min	12 h	1.5 h	24 h	48 h	72 h
15~16	20 min	12 h	30 min	24 h	4 h	48 h	96 h	6 h
0~5	30 min	48 h	45 min	96 h	72 h	8 h	8 h	14 h

注：上述固化时间对应的空气相对湿度不大于 60%，在潮湿环境下固化时间还需增加 50%。

三、塑料管承插粘接操作工序和注意事项

1. 塑料管承插粘接操作工序

塑料管承插粘接的一般操作工序为：检查管材和管件→切断→清理→做标记→涂胶→插接→静置固化。

安装前，应先检查管材和管件的外观及与接口配合的公差，要求承口与插口的配合间隙为 0.005~0.010 mm（单边）。

2. 塑料管承插粘接操作注意事项

（1）管道粘接不宜在湿度很大、环境温度为-10℃以下的环境下进行。

（2）操作场所应通风良好并远离火源，操作者应戴好口罩、手套等必要的防护用品。

（3）当施工现场与材料的存放处温差较大时，应于安装前将管材和管件在现场放置一定时间，使其温度接近施工现场的环境温度。

（4）不同型号的粘接剂不得混用（有些厂家给水粘接剂和排水粘接剂的配方不同），粘接剂内不得含有团块、不溶颗粒和其他杂质，并不得呈胶凝状态或有分层现象。

第三节 熔接连接

→ 1. 熟悉熔接连接方式
→ 2. 掌握塑料管熔接连接的方法

一、熔接连接、熔接连接前的准备工作和熔接连接的质量要求

1. 熔接连接

熔接连接是指相同材质的热塑性塑料管材与管件相互连接时，采用专用熔接工具将连接部位表面加热，直接对其进行热熔和承插，使其冷却后熔为一体的连接方式。

能够进行熔接连接的塑料一般为热塑性塑料，常见的聚乙烯（PE）管、聚丙烯（PP）管、聚丁烯（PB）管等塑料管材均可采用熔接连接。这种接口形式安全可靠，广泛应用于建筑给水工程、热水（≤80℃）供应工程和城市燃气工程等。

熔接连接按接口形式和加热方式不同可分为热熔承插连接、热熔对接连接和电熔承插连接。

2. 熔接连接前的准备工作

管道采用熔接连接安装时，应做好安装前的准备工作。

（1）管道连接前，应对管材和管件及附属设备按设计要求进行核对，并应在施工现场进行外观检查，符合要求方可使用。主要检查项目包括耐压等级、外表面质量、配合质量、材质的一致性等。

（2）应根据不同的接口形式采用相应的专用加热工具，不得使用明火加热管材和管件。

（3）采用熔接方式相连接的管道宜采用同种材质牌号的管材和管件，对于性能相似的管材和管件必须先经过试验，合格后方可进行连接。

3. 熔接连接的质量要求

熔接连接应保证管道的连接质量，管道连接的接合面应有一均匀的熔接圈，不得出现局部熔瘤或熔接圈凸凹不均匀现象。

二、热熔承插连接的工序、热熔机和热熔承插连接注意事项

1. 热熔承插连接的工序

热熔承插连接是指将管材外表面和管件内表面同时无旋转地插入熔接器的芯模（加热套和加热头）中加热数秒，然后迅速撤去熔接器，把已加热的管子快速插入管件，保压、冷却的连接过程，如图7—6所示。一般适用于D20～63 mm的管道。

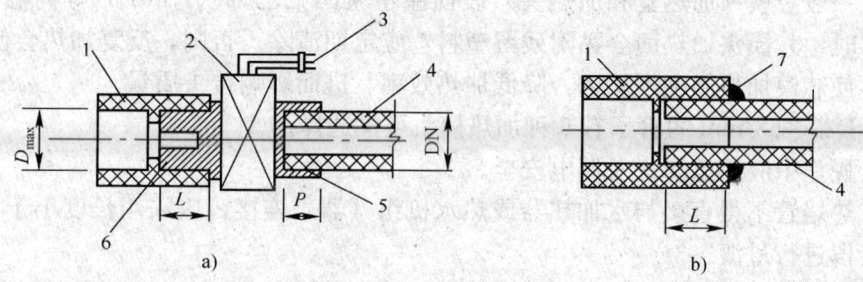

图7—6 热熔承插连接
a）承口和插口的加热 b）熔接连接剖视图
1—管件 2—电热板 3—～200 V电源 4—管材 5—加热套 6—加热头 7—挤出凸缘

热熔承插连接的主要操作工序为：安装前的检查→切管→清理接头部位及画线→加热→找正→将管件套入管子并校正→保压、冷却。

2. 热熔机

热熔承插连接的主要机具是热熔机（热熔器），热熔机和热熔承插连接操作如图7—7所示。

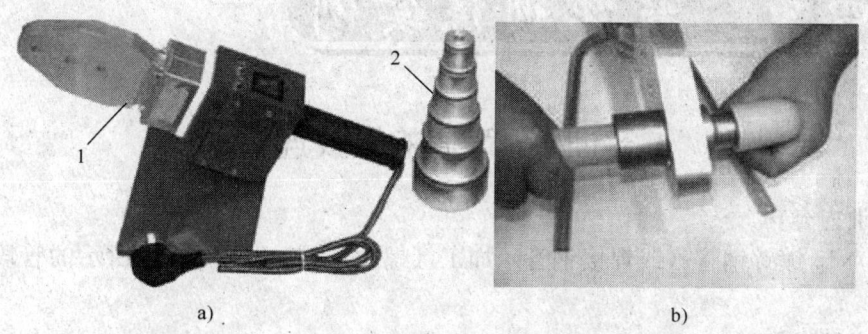

图7—7 热熔机（热熔器）和热熔承插连接操作
a）热熔机 b）热熔承插连接操作
1—加热板 2—芯模

热熔承插连接操作技术要求见表7—4。

表7—4　　　　　　　　热熔承插连接操作技术要求

DN（mm）	20	25	32	40	50	63	75	90	110
热熔深度（mm）	\multicolumn{9}{c}{$L-3.5 \leqslant P \leqslant L$　（L为承口长度）}
加热时间（s）	5	7	8	12	18	24	30	40	50
加工时间（s）	4	4	4	6	6	6	10	10	15
冷却时间（s）	3	3	4	4	5	6	8	8	10

注：1. 若环境温度低于5℃，加热时间应延长50%。
　　2. DN65以下的管子可人工操作，DN65以上（含DN65）的管子应采用专用进管工具。

3. 热熔承插连接注意事项

（1）管子插入管件的深度应在规定的范围内。插入过深，充溢在管件内部形成过大的凸缘，增大管道局部阻力；插入过浅，接头不牢固，耐压强度达不到要求。

（2）一般芯模（加热套和加热头）表面涂覆聚四氟乙烯（PTFE）等高温防黏层，长期使用时，其模头加热面会黏附残留塑料，应定期清除；否则，反复加热会使这些塑料碳化，使芯模加热温度不均匀，降低加热效率，进而影响接头质量。

（3）D20~63 mm的管子有6种加热模头可供选择。

（4）操作中应注意防火及用电安全。

（5）热熔管不得直接与水加热器或热水机组（器）连接，应采用长度小于400 mm的金属管段进行过渡。

（6）由于塑料管线膨胀系数比金属管大，根据设计要求，应有管道伸缩补偿和支撑的技术措施。

（7）连接完毕，应对热熔承插接头进行检查。具体内容如下：

1）检查管材与管件是否正确对正。

2）管材与管件之间挤出的熔融材料在整个外圆周是否均匀一致。

3）焊接区域是否有杂质、缩孔、裂纹和其他损伤。

4）检查是否有焊接温度过高或焊接压力过大造成的管壁塌陷、卷边过大等缺陷。

第四节　技能训练实例

实训1　管道的螺纹连接

【实训内容】

用DN15镀锌钢管（或焊接钢管）加工（螺纹连接）如图7—8所示的管段（尺寸自定）。

【准备要求】

1. 工具和机具

工作台、管子压力钳、台虎钳、手动试压泵、电动套螺纹机、砂轮切割机、手

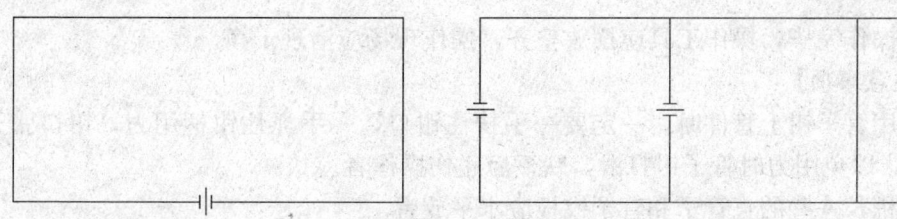

图 7—8 螺纹连接草图

锤、钢锯弓、管子钳、管子割刀、管子铰板、圆锉、管子板牙、钢卷尺、皮尺、钢直尺等。

2. 材料

(1) DN15 镀锌钢管或 DN15 焊接钢管。

(2) 管件（镀锌或非镀锌）：管接头（管箍）、异径管接头、弯头、异径弯头、三通、异径三通、四通、异径四通、补芯（内外接头）、活接头等各种规格的管配件。

(3) 钢锯条、割刀片、机油、麻丝、铅油、生料带、液体密封剂等。

【质量标准】

1. 螺纹要有一定的锥度。

2. 管螺纹必须清楚、完整、光滑，不得有毛刺和乱牙。断牙和缺牙的总长度不得超过螺纹全长的 10%，并在纵向上不得有断缺处相靠现象。

3. 连接后的管螺纹根部应有 2~3 牙的外露螺纹，多余的麻丝应清理干净。

【操作步骤】

1. 实际观看螺纹连接、砂轮切割机切管和电动套螺纹机的操作工序。

2. 分析确定管道连接（见图 7—8）的施工过程，确定管道螺纹连接的工序。

3. 按给定图样尺寸要求下料。管子下料时，应注意下料长度与图示尺寸之间的关系，保证下料准确，节约用料。尤其是安装活接头、短螺纹等，管件下料长度的计算和螺纹连接的装配技术难度较大，要特别注意。

4. 先将管子一头螺纹套好，螺纹大小要适当，以能用手拧进管件 2~3 牙为宜。

5. 在管端螺纹上涂抹或缠上密封填料（注意密封填料的缠绕方向，其缠绕方向应与螺纹方向一致），并套上所需管件，然后将另一头所需的管件用比量法下料割断，套螺纹后再连接。

6. 管件上紧后，外面要留有 2~3 牙的螺纹（规范要求）。外露螺纹主要是为了多次拆装后仍能保证密封和便于维修。

7. 管道连接完成后，将螺纹连接处的密封填料清理干净。

8. 操作结束后，将工具摆放到实训教师指定的位置，把操作场地清理干净。

【质量验收】

1. 管子切口应平直。

2. 管端螺纹应标准。

3. 螺纹连接应标准。

4. 螺纹连接处的密封填料应清理干净。

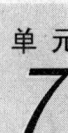

5. 操作完毕，操作工具应摆放整齐，操作现场应清理干净。

【注意事项】

1. 用管子钳上管件时，一定要一手扶住钳口，一手抓住钳柄用力，钳口张开大小要适当，以免用力时管子钳打滑，跌下后碰伤操作者。

2. 稍长一些的直管子和管子铰板应水平放置。

3. 螺纹连接时，开始先进行直线段训练，用管箍、弯头、三通、四通、活接头连接管段。对螺纹连接操作熟练后，再进行各类其他形状的管道螺纹连接。

4. 螺纹连接宜先长管后短管，先小规格后大规格。

5. 必要时，可在加工草图上添加螺纹阀门，初步训练阀门的安装。

6. 螺纹连接达到一定熟练程度后，可进行水压试验。其目的是让学员检验自己的操作水平，同时也对水压试验有一个初步的感性认识。

实训 2　塑料管的粘接

【实训内容】

塑料管的粘接。

【准备要求】

1. 工具和机具

鬃刷、尼龙刷、锉刀、割刀、割管机。

2. 材料

排水塑料管、清洁剂、粘接剂、砂纸、丙酮。

【质量标准】

1. 直管连接后不能有过大的弯曲。
2. 弯管连接后不能有过大的扭曲。
3. 连接后管口的粘接剂应清理干净。

【操作步骤】

塑料管承插粘接的操作要点和技术要求见表 7—5。

表 7—5　　　　　　　塑料管承插粘接的操作要点和技术要求

操作示意图	操作要点和技术要求
	用粗齿锯、割刀或专用塑料管切管工具按需要的长度切下管子，切割时应使断面与管子中心线垂直
	现场切断的给水塑料管的插口应加工倒角，坡口为 15°～30°，长度不小于 3 mm，厚度为 1/3～1/2 管壁厚度（大口径的排水管也应开坡口）

续表

操作示意图	操作要点和技术要求
	用干布、清洁剂和砂纸等清除待粘接表面的水、尘埃、油脂、增塑剂、脱模剂等影响粘接质量的物质,并适当使表面粗糙些
	在管子外表面按规定的插入深度做好标记,插入深度应符合规范规定
	用鬃刷、尼龙刷涂抹粘接剂,鬃刷的宽度为承口内径的1/3~1/2,必须先涂承口再涂插口,涂抹承口时应由里向外,粘接剂应涂抹均匀、适量,不得漏涂
	找正管件方向,将插口快速插入承口至所做的标记处,插接过程中应稍做旋转(不超过90°)
	粘接完毕立即用干布将接合处多余的粘接剂擦拭干净。粘接好的接头应避免受力,须静置固化一定时间,待接头固化后方可继续安装

注:承插粘接的塑料管道须在安装完毕48 h后,且管顶以上回填土厚度至少为0.5 m时(以防止试压时管道系统产生推移)才能进行试压。

【质量验收】
管子与管件应平直,弯头应成直角。
【注意事项】
1. 管道、管件表面潮湿时,禁止进行安装操作。
2. 使用粘接剂时,首先用干净的木棒搅拌均匀,避免粘接面黏度不均匀等现象的发生。
3. 进行管道粘接时,操作人员应戴口罩、防护手套和防护眼镜,并尽量站在操作现场的上风处。
4. 粘接剂属于易燃品,应存放在干燥阴凉处,安全可靠,通风良好,远离明火。

实训3 热熔连接

【实训内容】
PPR(或PE)管的热熔连接。
【准备要求】
1. 工具和机具
热熔机、专用修整剪刀、游标卡尺、钢直尺、细齿锯、割刀。

2. 材料

PPR（或 PE）管材及管件。

【质量标准】

管子的连接面应有一均匀的熔接圈。

【操作步骤】

塑料管热熔承插连接的操作要点和技术要求见表 7—6。

表 7—6　　　　塑料管热熔承插连接的操作要点和技术要求

操作示意图	操作要点和技术要求
	1. 检查、切管、清理接头部位及画线的要求和操作方法与实训 2 类似，但要求管材外径大于管件内径，以保证熔接后形成合适的凸缘 2. 切割管材时，必须使断面垂直于管子的轴线。管材的切割一般使用管剪或管道切割机，也可使用钢锯，但切割后应去除管材的毛边和毛刺 3. 管材与管件的连接端面必须清洁、干燥、无油
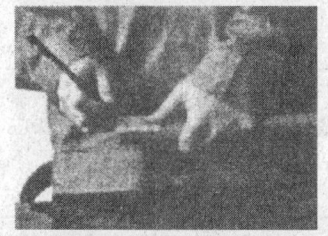	用游标卡尺和合适的笔在管端面测量并标绘出热熔深度，热熔深度应符合表 7—4 的要求
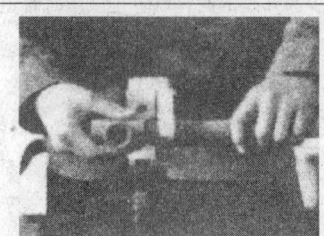	1. 将热熔工具接通电源，到达工作温度（250～270℃）指示灯亮（一般为绿灯）后方能开始操作 2. 熔接有方向要求的管件时，按设计图样要求，应注意其方向性 3. 无旋转地把管端插入加热套内，插入到所标志的深度，同时无旋转地把管件推到加热头上，达到规定标志处。加热时间应按热熔工具生产厂家的规定执行，若无规定，可按表 7—4 的要求执行
	1. 管材、管件加热到规定的时间后，迅速从熔接器的芯模中拔出，快速找正方向，迅速无旋转地将管材插入管件至画线位置，使接头处形成均匀的凸缘，插入过程中若发现歪斜应及时校正。找正和校正时可利用管材上所印的线条和管件两端面上十字形的 4 条刻线作为参考 2. 在表 7—4 规定的时间内，刚熔接好的接头还可校正，但不得旋转
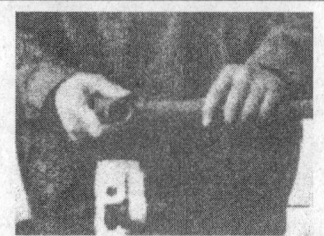	冷却过程中不得移动管材或管件，完全冷却后才可进行下一个接头的连接操作

【质量验收】

管子的连接面应有一均匀的熔接圈，不得出现局部熔瘤或熔接圈凸凹不均匀的现象。

【注意事项】

1. 操作人员须经安全和技术培训，仔细阅读产品说明书及施工规范后方可进行操作。

2. 为了确保安装质量，不宜对不同生产厂家的管材或同厂家不同出厂日期的管材进行热熔连接。

3. 热熔接口操作过程中有关熔接时间、冷却固化时间均有严格的要求，应根据管径规格选择相应的参数。在加热、插接、冷却的全过程中，管接口不得转动、移动和受力，以防止形成"假熔"现象。

4. 管道连接使用热熔工具时，应遵守电气工具安全操作规程，并注意防潮和防污染。

5. 严禁用明火烘烤管材，不得将已熔接管道作为拉攀、吊架使用，对已熔接的管道严禁重压、敲击。

单元测试题

一、填空题（请将正确答案填在空白横线上）

1. 管道连接方式一般根据管子的材质、_____、壁厚、设计与_____要求等不同情况进行选用。

2. 电动套螺纹机又称电动套螺纹切管机，可以完成对管子的_____、倒角和_____等工序。

3. 承插连接常用的填料有_____、自应力水泥、石膏氯化钙、_____、麻丝或橡胶圈、粘接剂等。

4. 熔接连接按接口形式和加热方式不同可分为热熔承插连接、热熔_____连接和电熔_____连接。

5. 热熔承插连接时，若管子插入过深，充溢在管件内部形成过大的凸缘，增大管道局部阻力；插入过浅，接头_____，耐压强度达不到要求。

6. 各种填料在螺纹里只能使用_____次，螺纹拆卸后重新安装时，应_____填料。

二、单项选择题（下列每题有4个选项，其中只有1个是正确的，请将其代号填写在横线空白处）

1. 建筑给排水、室内热水、燃气供应以及采暖管道中，DN_____以下的管道一般均采用螺纹连接。
   A. 40　　　　B. 50　　　　C. 80　　　　D. 100

2. 管端螺纹加工好后，先用管件试扣，以用手拧入_____牙为宜。
   A. 1～2　　　B. 2～3　　　C. 3～4　　　D. 4～5

3. 管道粘接不宜在湿度很大、环境温度为_____℃以下的环境下进行。
   A. -5   B. -10   C. 5   D. 10

4. 管子铰板都附有几副相应的板牙，每副板牙可以套制_____种尺寸不同的管螺纹。
   A. 1   B. 2   C. 3   D. 4

5. 使用机械套螺纹时，公称通径在 25 mm 以上的管螺纹套_____遍为宜，切不可一次套成，以免损坏板牙或产生烂牙。
   A. 2   B. 3   C. 4   D. 5

6. 热熔管不得直接与水加热器或热水机组（器）连接，应采用长度小于_____ mm 的金属管段进行过渡。
   A. 100   B. 200   C. 300   D. 400

7. 塑料管承插粘接前，应先检查管材和管件的外观及与接口配合的公差，要求承口与插口的配合间隙为_____ mm（单边）。
   A. 0.001～0.002   B. 0.002～0.003
   C. 0.004～0.005   D. 0.005～0.010

三、多项选择题（下列每题有 5 个选项，其中有 1 个以上是正确的，请将其代号填写在横线空白处）

1. 采用手工铰板加工管螺纹时，常出现_____等缺陷。
   A. 螺纹不正   B. 偏牙螺纹
   C. 细牙螺纹   D. 管径不符
   E. 螺纹不光或断牙缺口

2. 热熔承插连接一般用于 D_____的管道。
   A. 20   B. 32   C. 50   D. 63   E. 110

3. 管螺纹连接时常用的密封填料有_____。
   A. 麻丝   B. 油麻
   C. 铅油   D. 石棉绳
   E. 聚四氟乙烯生料带

4. 随着管材多样化的呈现，与之配套的管材连接方式主要有_____。
   A. 承插连接   B. 卡套连接
   C. 卡压连接   D. 焊接
   E. 熔接连接

5. 能够进行熔接连接的塑料一般为热塑性塑料，常见的_____等塑料管材均可采用熔接连接。
   A. 硬聚氯乙烯（PVCU）管   B. 聚丙烯（PP）管
   C. 聚丁烯（PB）管   D. 聚乙烯（PE）管
   E. 铝塑复合管

四、判断题（下列判断正确的请在括号内打"√"，错误的请在括号内打"×"）

1. 螺纹连接管道安装后的管螺纹根部应有 3～5 牙的外露螺纹，多余的麻丝应清理

干净并做防腐处理。　　　　　　　　　　　　　　　　　　　　　（　）

2. 熔接连接应保证管道的连接质量，管道连接的接合面应有一均匀的熔接圈，不得出现局部熔瘤或熔接圈凸凹不均匀现象。　　　　　　　　　　　（　）

3. 塑料管的粘接属于承插粘接连接，这种连接方式适用于管子外径小于 160 mm 的塑料管道。　　　　　　　　　　　　　　　　　　　　　　　　（　）

4. 管子钳和管子链条钳是专用于拆装螺纹管材和管件的工具。　　　（　）

5. 手工套螺纹一般用于加工 DN80 以下的管子。　　　　　　　　（　）

五、简答题

1. 加工管螺纹常用的工具有哪些？
2. 试述塑料管承插粘接的操作工序。
3. 试述热熔承插连接的主要操作工序。

单元测试题参考答案

一、填空题

1. 管径　工艺　　2. 切割　套螺纹　　3. 石棉水泥　青铅　　4. 对接　承插

5. 不牢固　　6. 一　更换

二、单项选择题

1. D　2. B　3. B　4. B　5. A　6. D　7. D

三、多项选择题

1. ABCE　2. ABCD　3. ACDE　4. BCE　5. BCD

四、判断题

1. ×　2. √　3. √　4. √　5. ×

五、简答题

略

第8单元

室内采暖管道安装

- 第一节　自然循环热水采暖系统/170
- 第二节　机械循环热水采暖系统/173
- 第三节　散热器/177
- 第四节　散热器的组对与安装/181
- 第五节　热水采暖系统主要附属设备和附件的安装/187
- 第六节　室内热水采暖管道的安装/191
- 第七节　采暖系统水压试验及试运行/196
- 第八节　技能训练实例/199

采暖是指根据热平衡的原理，在冬季以一定方式向建筑物供应热量，以维持人们日常生活、工作和生产活动所需的环境温度。

采暖系统是指将从热源来的热水或蒸汽经输送管路系统送往用户，直至到达每一个以采暖为目的的热用户，其组成如图 8—1 所示。

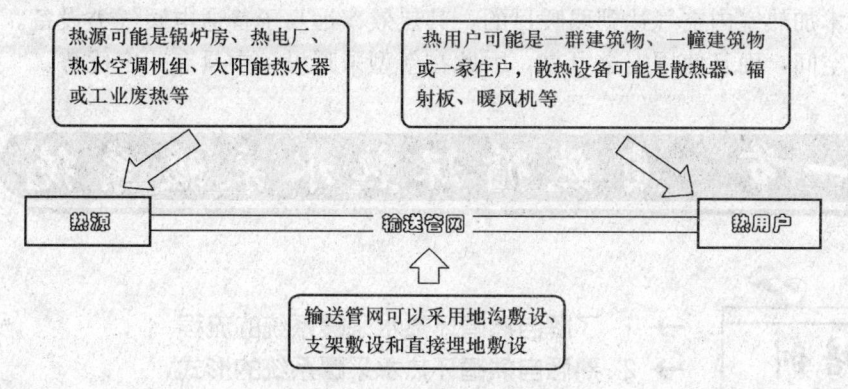

图 8—1　采暖系统组成示意图

对一个具体的采暖系统而言，输送管网将热源的热水或蒸汽输送到散热设备，在散热设备内降温（对热水而言）或冷凝（对蒸汽而言）成低温水或凝结水，再由管路系统送回热源加热，这样反复循环。在上述闭路循环管网系统中，必须建筑、安装由一系列构筑物、设备、管道及其配件所组成的综合体。根据闭路管网系统的规模和集中程度，热用户可能是一群建筑物、一幢建筑物或一家住户等。

对于每一幢建筑物或一家住户，即室内采暖管网系统而言，热用户是每一个房间的散热器。对于室外采暖管网系统而言，可能是一群建筑物、一幢建筑物或通风、空调、热水供应的设备，这种室外采暖系统称为集中采暖系统，或称为区域采暖系统。

集中采暖系统是指由区域锅炉房或热电厂提供热媒（热水或蒸汽称为热媒，是指传递热量的中间媒介物），将热媒经集中性采暖管网输送给一个或几个区域，以至整个城市的工业及民用热用户的热能供应方式。

集中采暖具有燃料利用率高，节约能源；减少对环境的污染，保护和改善城市环境卫生；机械化、自动化程度高，改善劳动条件，节省人力；减少占地面积等诸多优点。

常用的采暖系统如下：

1. 以热媒的性质不同，分为热水采暖系统、蒸汽采暖系统和热风采暖系统。

其中，热水采暖系统按热媒参数的温度不同，又分为低温热水采暖系统（供水温度为 95℃，回水温度为 70℃）和高温热水采暖系统（供水温度为 110～150℃，回水温度为 70℃）；按循环动力不同，又分为自然循环热水采暖系统和机械循环热水采暖系统。

2. 以热媒的压力和温度不同，分为低温低压热水采暖系统、高温高压热水采暖系统、低压蒸汽采暖系统和高压蒸汽采暖系统。

3. 低温热水地板辐射采暖系统。目前广泛应用的低温热水地板辐射采暖，简称地热采暖。地热采暖是以低于 60℃的热水作为热媒，将加热管道（简称地热管）直接埋设在地板中进行供暖的系统。地热采暖的地板结构一般由楼板结构层、保温层、豆石混凝土层、砂浆找平层和地面层等组成。按地热管布置的位置可分为天棚式、地板式及墙壁式三种形式。

另外，近几年在我国兴起了一种发热电缆与电热膜采暖系统。发热电缆的供热原理类似于地板辐射采暖，而电热膜则通常结合房间的吊顶布置，由于采用了较先进的电热膜发热技术加热室内空气达到取暖目的，其热效率远高于普通电暖气类设备。电热膜不占用室内空间，而且使用安全可靠，因此在新型采暖设备中具有一定优势。

第一节　自然循环热水采暖系统

→ 1. 了解自然循环热水采暖系统的流程
→ 2. 熟悉自然循环热水采暖系统的形式
→ 3. 掌握简易自然循环热水采暖系统的安装要点

一、自然循环热水采暖系统的流程和形式

1. 自然循环热水采暖系统的流程

对于热水采暖系统，驱使热水在系统中流动的力称为作用压力或循环动力。依靠供水与回水的密度差引起的压力差为循环动力进行循环的系统称为自然循环系统，又称重力循环系统。自然循环热水采暖系统的工作流程如图8—2所示。

在图8—2所示的自然循环热水采暖系统中，假如忽略水在管道中的冷却，认为水温只在系统中的锅炉（加热中心）和散热器（冷却中心）内升高和降低，而在管道中热水没有温降，经过对系统的水力分析和计算可知，系统的作用压力为

$$\Delta p = (\rho_2 - \rho_1)gh$$

式中　Δp——自然循环系统的作用压力，Pa；
　　　h——加热中心至冷却中心的垂直距离，m；
　　　ρ_1、ρ_2——供水及回水的密度，kg/m³；
　　　g——重力加速度，$g=9.81$ m/s²。

图8—2　自然循环热水采暖系统的工作流程
1—膨胀水箱　2—供水干管　3—供水立管
4—供水支管　5—散热器　6—回水支管
7—回水立管　8—回水干管
9—锅炉　10—总立管

以上就是驱使热水在系统中流动的作用压力的计算公式。这个公式说明：当供水、回水密度一定，即ρ_1和ρ_2一定时，作用压力Δp的大小仅与加热中心至冷却中心的垂直距离

h 有关。h 越大，作用压力 Δp 越大，意味着热水流动越快，流得越多，热交换越充分，散发的热量就越多。如果 h 为零，那么作用压力为零，热水就流动不起来，系统就不能供暖。

系统工作前先从膨胀水箱往系统内充满水，使系统内的空气排尽。水在锅炉内被加热升高温度，水温由 t_2（回水温度）升高到 t_1（供水温度），由于水受热膨胀，密度由 ρ_2 降到 ρ_1。热水由供水总立管上升，经干管、立管、支管进入散热器，水在散热器中放出热量，温度降低，密度增大，回水经回水支管、立管、干管流回锅炉，再次被加热，形成自动的顺时针方向的循环流动。

2. 自然循环热水采暖系统的形式

自然循环热水采暖系统的形式包括双管系统和单管系统，如图 8—3 所示。

（1）双管系统。双管系统就是供水管同时给各层散热器提供相同温度的热水，放热后同时流出。这种系统供水立管和回水立管分别设置，见图 8—3 左侧部分。

在双管系统中，热水通过每层散热器组成单独的循环通路，由于各层散热器中心与锅炉加热中心距离不同，因此，通过上层散热器环路的作用压力大于通过下层散热器环路的作用压力，这就意味着上层散热器要比下层散热器通过的热水流量多，放出的热量也多，这种上热下不热的现象叫作垂直失调现象。产生垂直失调现象是双管系统的缺点，为了减小垂直失调带来的影响，可通过各层散热器支管上设置的阀门调节热水流量。

（2）单管系统。单管系统是热水逐次通过各层散热器，热水经供水管先进入上层散热器，放出部分热量，温度降低一些后再进入下一层散热器，继续放热，水温又降低一些后由回水管流回锅炉。因此，进入各层散热器的水温是不同的。这种系统供水立管与回水立管合用，见图 8—3 右侧部分。

单管系统只有一个环路，作用压力也只有一个，其散热中心理解为位于上下两层散热器之间，因此不产生垂直失调现象，这是单管系统的优点。

在单管系统中，由于热水按顺序自上而下流过各层散热器，故又称为单管顺流系统。单管系统形式简单，施工方便，造价低，运行时不发生垂直失调现象，是国内目前一般建筑广泛应用的一种形式。它最严重的缺点是散热器不能单独调节，原因是供水支管上不能设置调节阀门。

3. 自然循环热水采暖系统的基本运行过程

图 8—3 所示的两种系统都是上供下回式系统，水平供水干管位于系统上部，安装坡度 $i=0.005$，标高不断降低，习惯上称为沿水流方向低头走。膨胀水箱的膨胀管接在系统管道的最高点（供水总立管的顶端），这是自然循环与机械循环在管道安装方面的不同之处。这样做一方面有利于干管内的热水顺坡向前流动，另一方面有利于干管内的空气逆水流向上，走到膨胀水箱后排入大气。

回水干管位于系统下部，也要按 $i=0.005$ 的坡度安装，坡向朝锅炉。为使回水能自流回到锅炉。自然循环系统的锅炉一般要建在建筑物的地下室或半地下室内。

自然循环热水采暖系统基本运行过程是：先打开补水管和系统的所有阀门，让给水充进系统中，随着系统内水位的升高，其中空气也向上浮升，最后通过膨胀水箱排出。水在锅炉内被加热，温度升高，在自然循环作用压力推动下热水循环，室内温度逐渐上

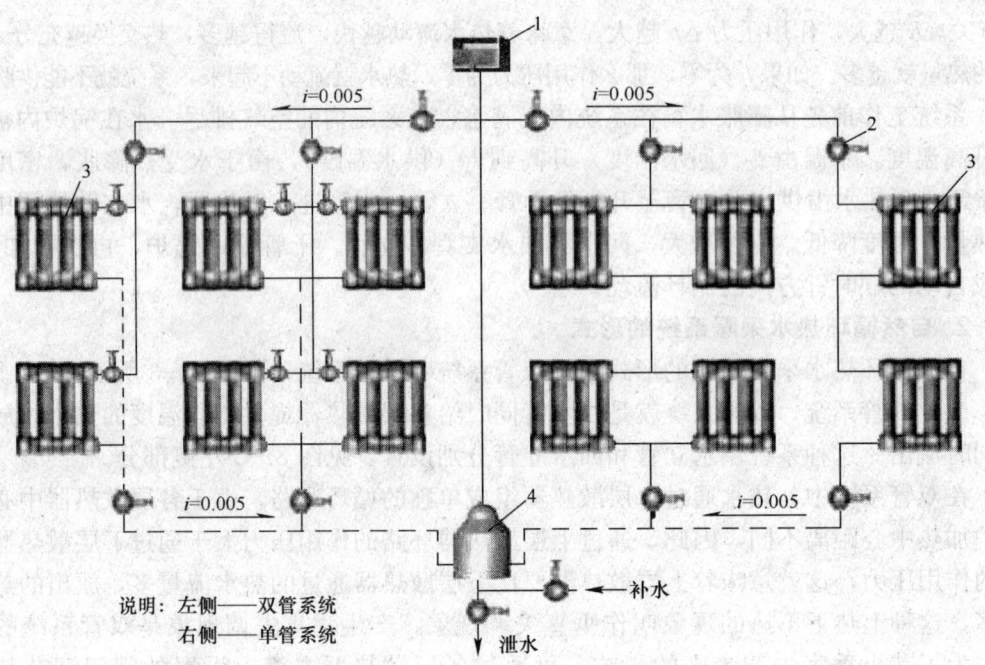

图 8—3 自然循环热水采暖系统的形式
1—膨胀水箱 2—阀门 3—散热器 4—锅炉

升,实现采暖的目的。

自然循环热水采暖系统是最早采用的一种热水采暖系统,已有很多年的历史,至今仍在应用。它装置简单,运行时无噪声且不消耗电能。但由于其作用压力小,管径大,作用范围受到限制,仅在一些没有热源的建筑物内采用。

二、简易自然循环热水采暖系统的组成、配管和安装要点

1. 简易自然循环热水采暖系统的组成

简易自然循环热水采暖系统的热源是一种具有加热水套的煤炉,这种煤炉称为家用采暖炉。家用采暖炉具有做饭、供应淋浴热水和供暖的功能,在没有供暖热源的住户家庭里得到了一定的应用。

简易自然循环热水采暖系统的组成如图 8—4 所示。

2. 简易自然循环热水采暖系统的配管和安装要点

(1) 在条件允许的情况下,应尽可能使散热器与采暖炉加热水套中心的高度差增大。工程经验证明,散热器与采暖炉加热水套中心的高度差应不小于 100 mm。

(2) 应选用内壁光滑且不易生锈的管材,如质量优良的热镀锌焊接钢管、铝塑复合管等。管材规格不宜小于 DN20。

(3) 采暖炉的进口、出口上宜分别安装一个活接头。

(4) 每组散热器宜安装一个手动跑风,连接散热器的水平支管不宜过长。

(5) 若只连接一组散热器,在系统中不宜安装任何阀门(泄水阀除外);若连接多组散热器,阀门宜安装在散热器的立支管上,且一组散热器宜安装一个阀门,阀门宜选

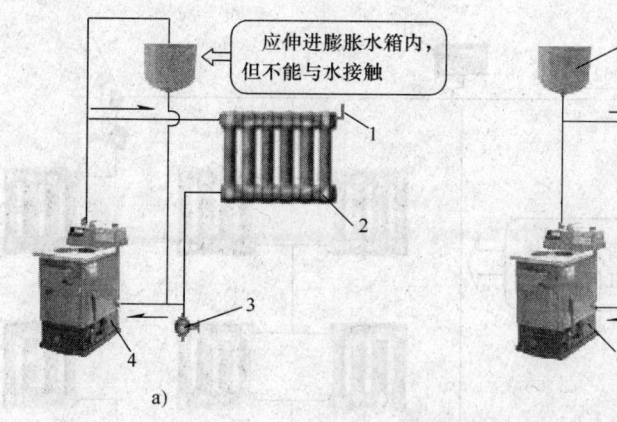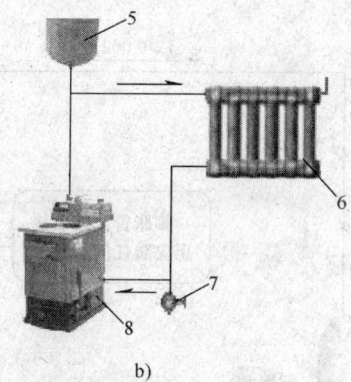

图 8—4 简易自然循环热水采暖系统的组成
a) 膨胀水箱与回水干管连接　b) 膨胀水箱与供水干管连接
1—手动跑风　2、6—散热器　3、7—泄水阀　4、8—采暖炉　5—膨胀水箱

用流动阻力较小的闸阀或球阀。

（6）配管时，以系统流动阻力最小为原则，如管路的距离最短、弯曲较少等。

（7）膨胀水箱宜选用透明的塑料水箱，这样便于观察水位。

（8）在条件允许的情况下，系统中宜充注软化水。

（9）供水管、回水管的坡度宜大一些。

（10）在非采暖季节，系统宜充满水进行湿保养。

家用简易自然循环热水采暖系统工作前，从膨胀水箱向系统内慢慢充水，要设法让系统内的空气排尽，建议先对系统进行冲洗，然后再充水排气。系统内水充满后，采暖炉开始生火，水套中的水被加热，系统就开始产生循环，散热器向房间散热。

第二节　机械循环热水采暖系统

→ 1. 熟悉机械循环热水采暖系统的流程
→ 2. 掌握机械循环热水采暖系统的形式

一、机械循环热水采暖系统的流程和采暖干管的坡度

1. 机械循环热水采暖系统的流程

在自然循环热水采暖系统中，热水是靠供水与回水的密度差形成的作用压力来流动循环的，它适用于小型建筑物的采暖系统和家用简易采暖系统。当建筑物供暖半径大、需要较大的作用压力时，必须采用机械循环热水采暖系统，其流程如图 8—5 所示。

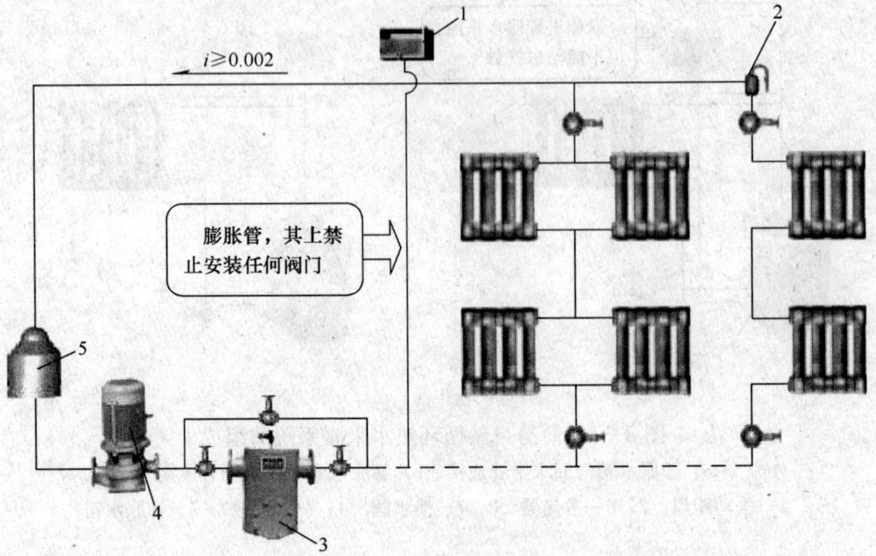

图 8—5 机械循环热水采暖系统的流程
1—膨胀水箱 2—自动排气阀 3—除污器 4—循环水泵 5—锅炉

机械循环热水采暖系统是由锅炉、采暖管道、散热设备、循环水泵、除污器、集气罐或自动排气阀和膨胀水箱等设备组成的密闭系统。该系统的作用压力主要由循环水泵提供，强制热水在系统中循环流动，从而克服系统沿程能量损失和局部能量损失，使系统安全、正常地运行。

2. 采暖干管的坡度

机械循环上供下回式热水采暖系统（见图8—5）中水平敷设的供水干管应沿水流方向设上升坡度，坡度值应不小于0.002，一般为0.003。其系统末端最高点设集气罐或自动排气阀，以便使空气能顺利地和水流同方向流动，集中到自动排气阀处排出。回水干管也应沿水流方向设下降坡度，坡度值应不小于0.002，一般为0.003，以便于集中泄水。

二、机械循环热水采暖系统的形式

按管道敷设方式的不同，机械循环热水采暖系统可分为垂直式系统和水平式系统。

1. 垂直式系统

垂直式系统的形式有上供下回式、双管下供下回式、中供式、下供上回（倒流）式、混合式等，其中上供下回式应用广泛。

（1）上供下回式。上供下回式机械循环热水采暖系统有单管式和双管式两种形式。单管式又可分为单管顺流式和单管跨越式两种。

单管跨越式是在楼层多的单管系统中，上部几层装设跨越管，在跨越管上或散热器支管上装设阀门，使立管中的热水一部分流入本层散热器，另一部分直接通过跨越管与散热器出水混合，进入下一层散热器。该形式可调节进入散热器的流量，弥补了单管顺流式不能调节的缺点。单管跨越式系统如图8—6所示。目前，单管跨越式系统的支管常安装三通调节阀进行流量的调节，以达到建筑节能的需要。

(2) 双管下供下回式。双管下供下回式系统的供水干管和回水干管均敷设在所有散热器之下，热水由下而上流向各层散热器。系统中的空气依靠设在顶层散热器上的排气阀或空气管与自动排气阀排出。

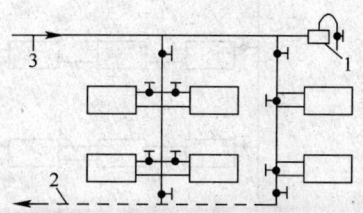

图 8—6　单管跨越式系统
1—集气罐　2—回水管　3—供水管

(3) 中供式。中供式系统将供水干管设在建筑物中间某层顶棚之下。该采暖系统上部为下供下回式系统，下部为上供下回式系统。

(4) 下供上回（倒流）式。下供上回（倒流）式系统是将供水干管设在所有散热器之下，回水干管设在所有散热器之上，膨胀水箱连接在回水干管上，回水经膨胀水箱流回锅炉房，经循环水泵送入锅炉。其特点是有利于通过膨胀水箱排气，不需设排气设备；供水总立管较短，无效热损失少；底层散热器温度高，可减小其散热面积，有利于布置散热器。机械循环下供上回（倒流）式热水采暖系统多采用单管顺流式，如图8—7所示。

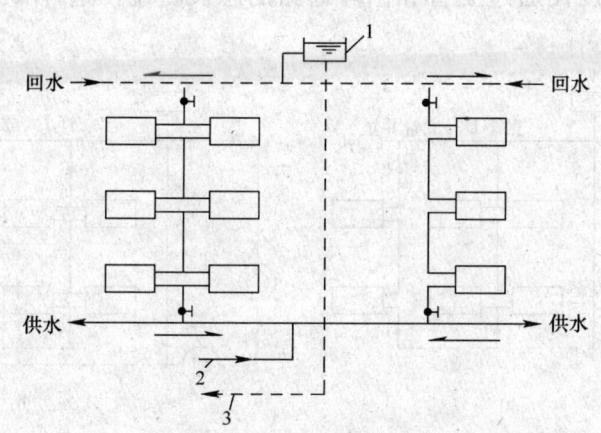

图 8—7　机械循环下供上回（倒流）式热水采暖系统
1—膨胀水箱　2—供水管　3—回水管

(5) 混合式。混合式系统是由下供上回（倒流）式和上供下回式两组串联组成的系统。该种形式多用于高温热水采暖系统中。

2. 水平式系统

水平式系统按供水管与散热器的连接方式的不同，可分为水平单管顺流式和水平单管跨越式两类。这些连接方式在机械循环和自然循环系统中都可以应用。

水平单管顺流式系统是将同一楼层的各组散热器串联起来，热水水平顺序流过各组散热器，不能对散热器进行个体调节，如图8—8a所示。水平单管跨越式系统是在散热器支管间连接一段跨越管，热水一部分流入散热器，另一部分经跨越管直接流入下一组散热器。这种形式允许在散热器支管上安装阀门，以便于进行流量的调节，如图8—8b所示。

水平式系统结构简单，立管少，施工安装方便，顶层不必设膨胀水箱，可利用楼梯

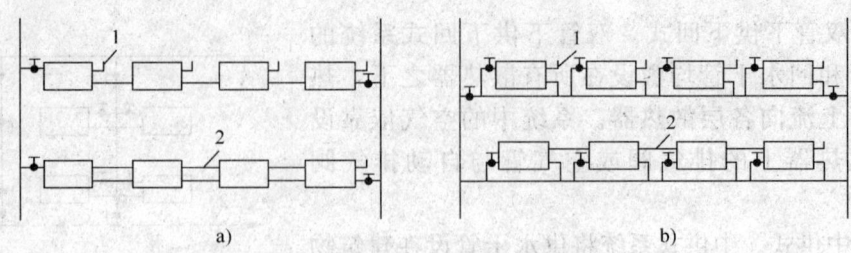

图 8—8 机械循环水平式热水采暖系统
a) 水平单管顺流式 b) 水平单管跨越式
1—手动跑风 2—空气管

间、厕所等位置设膨胀水箱,造价比垂直式系统低,对用户可进行分户计量管理和调节。目前,常用于需对热媒进行分户计量管理和调节的小区建筑采暖系统中。

3. 异程式系统与同程式系统

异程式系统和同程式系统如图 8—9 所示。从图 8—9a 中可以看出,通过立管 Ⅰ 循环通路的总长度比通过立管 Ⅱ 循环通路的总长度短,这种布置形式称为异程式系统。

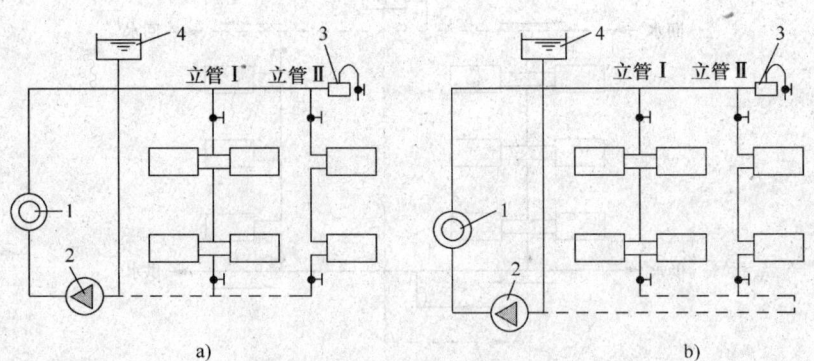

图 8—9 异程式系统和同程式系统
a) 异程式系统 b) 同程式系统
1—锅炉 2—循环水泵 3—集气罐 4—膨胀水箱

异程式系统供水、回水干管的总长度短,但在机械循环系统中,由于作用半径较大,连接立管较多,因而通过各个立管环路的压力损失较难平衡。有时靠近总立管最近的立管即使选用了最小的管径 DN15,仍有很多的剩余压力。初调节不当时,就会出现近处立管流量超过要求,而远处立管流量不足,在远、近立管处出现流量失调而引起水平方向冷热不均匀的现象,称为系统的水平失调。

为消除或减轻系统的水平失调,在供水、回水干管走向布置方面可采用同程式系统。同程式系统的特点是通过各个立管的循环通路的总长度相等,如图 8—9b 所示。通过最近立管 Ⅰ 的循环通路与通过远处立管 Ⅱ 的循环通路的总长度相等,因而压力损失易于平衡。由于同程式系统具有上述优点,当系统采暖范围大、立管多时,常采用同程式系统,但同程式系统管道的材料消耗量通常要多于异程式系统。

第三节 散热器

→ 1. 熟悉散热器的类型及性能特点
→ 2. 了解散热器的选用方法

散热器是通过热媒将热源产生的热量传递给室内空气的一种散热设备。散热器的内表面一侧是热媒（热水或蒸汽），外表面一侧是室内空气。当热媒温度高于室内空气温度时，散热器的金属壁面就将热媒携带的热量传递给室内空气。

一、散热器的类型

散热器按制造材质的不同，分为铸铁散热器、钢制散热器、铝合金散热器及其他材质的散热器。按结构形式的不同，分为柱型散热器、翼型散热器、管型散热器和板型散热器。按传热方式的不同，分为对流型散热器、辐射型散热器和对流辐射型散热器。

1. 铸铁散热器

铸铁散热器是目前应用最广泛的散热器，它结构简单，耐腐蚀，使用寿命长，造价低。但其金属耗量大，承压能力低，制造、安装和运输劳动繁重。常用的铸铁散热器有翼型和柱型两种形式。

（1）翼型散热器。翼型散热器以其表面铸有翼片而得名。翼片可增加散热面积，并且有利于对流散热。翼型散热器分为长翼型和圆翼型两种，如图 8—10 所示。

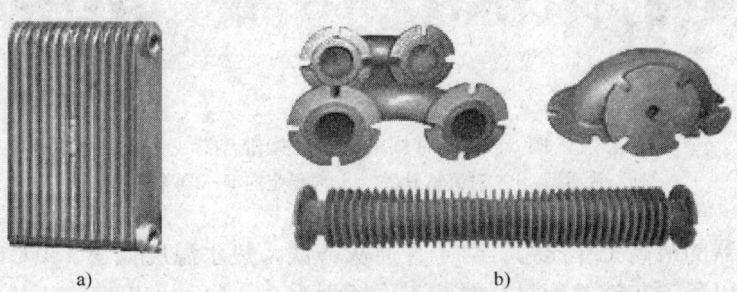

图 8—10　铸铁翼型散热器
a）长翼型（两片组装）　b）圆翼型及其组装配件

长翼型散热器如图 8—10a 所示，其外表上有许多竖向肋片，内部为扁盒状空间，高度通常为 60 mm，也称 60 型散热器。

圆翼型散热器是一根内径为 DN75（或 DN50）的管子，如图 8—10b 所示，其外表面带有许多圆形肋片（也有带方形肋片的）。圆翼型散热器的两端带有法兰盘，可将数根并列连成散热器组，与管道采用法兰连接。

翼型散热器制造工艺简单，造价较低，耐腐蚀，但金属耗量大，承压能力低，传热性能不如柱型散热器，且易积灰，难清理，外形不美观，不易恰好组成所需面积。一般用于工业厂房或蔬菜温室等空间的采暖。

（2）柱型散热器。柱型散热器是单片的柱状连通体，每片各有几个中空的立柱相互连通，可根据散热面积的需要把各个单片组对成一组。柱型散热器种类较多，图8—11所示为常用的铸铁柱型散热器。

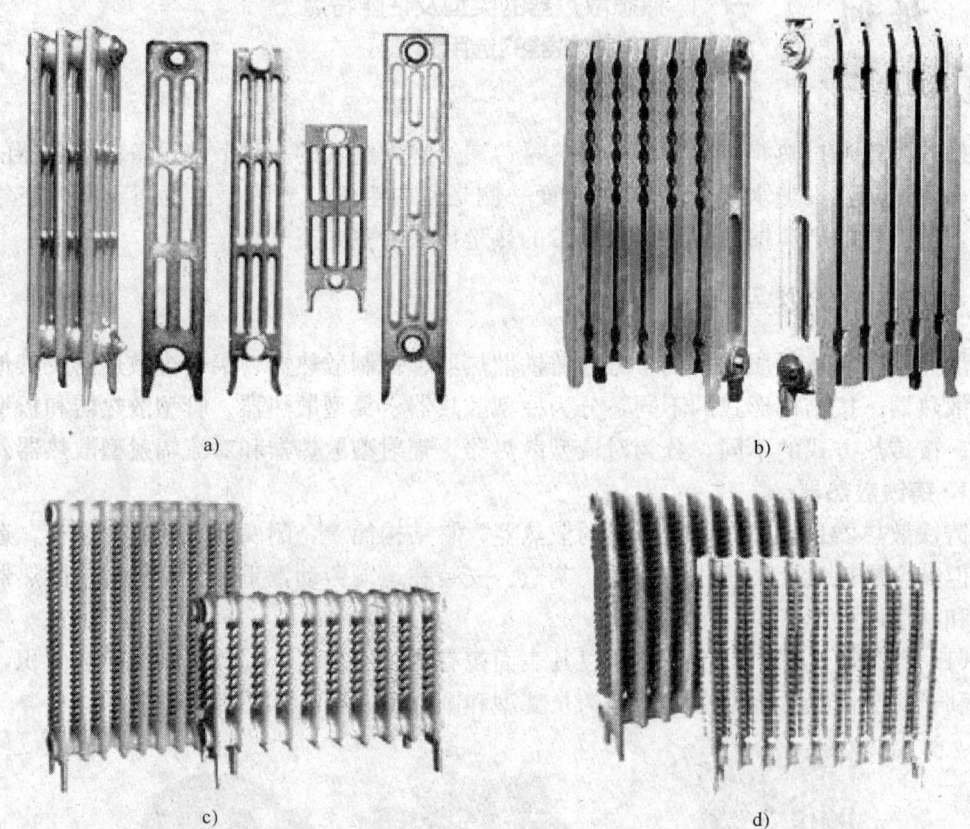

图8—11 常用的铸铁柱型散热器
a）普通型 b）对流辐射型 c）曲翼定向型 d）柱翼型

柱型散热器的最高工作压力：对于普通灰铸铁，热水温度低于130℃时，工作压力为0.5 MPa；以稀土灰铸铁为材质时，工作压力为0.8 MPa；以蒸汽为热媒时，工作压力为0.2 MPa。

铸铁柱型散热器的种类较多，按其水柱分，有两柱（常称M132）、三柱、四柱、五柱等；按其外形分，有普通型和对流辐射型等；按内腔有无砂型分，有内腔有砂型和内腔无砂型两种。通常，两柱M132型、四柱760型、四柱813型和对流辐射型散热器应用较多。

M132型散热器的宽度为132 mm，两边为柱状，中间有波浪形的纵向肋片。而四柱散热器的规格以高度表示，有带足片和不带足片两种，可将带足片的作为端片，不带足片作为中间片，组对成一组，直接落地安装。

柱型散热器与翼型散热器相比，前者传热系数高，散出相等热量时金属耗量少，可以消除积灰，外形较美观，每片散热面积小，易组成所需的散热面积。

2. 钢制散热器

（1）闭式钢串片对流散热器。闭式钢串片对流散热器由钢管、钢片、联箱及管接头组成，如图8—12所示。钢片串在钢管外面，两端折边90°形成封闭的竖直空气通道，具有较强的对流散热能力，但使用时间较长时会出现串片与钢管连接松动的现象，影响传热效果。

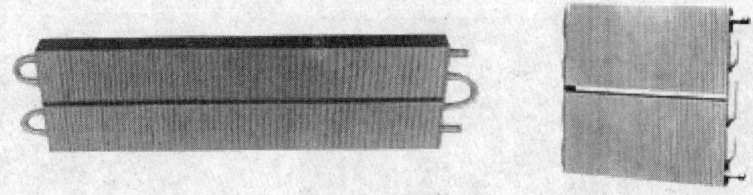

图8—12 闭式钢串片对流散热器

（2）板型散热器。板型散热器由面板、背板、进口和出口接头、放水门固定套以及上、下支架组成，如图8—13所示。面板、背板多用1.2～1.5 mm厚的冷轧钢板冲压成形，其流通断面呈圆弧形或梯形。背板有带对流片和不带对流片两种规格。

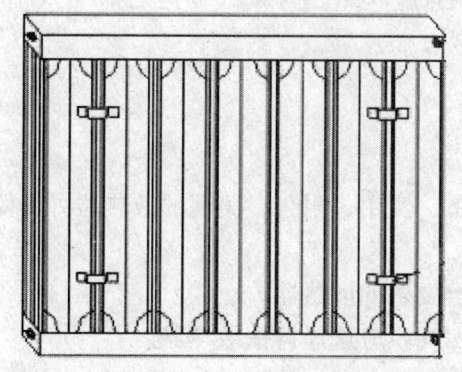 

图8—13 板型散热器

（3）钢管制散热器。钢管（圆管或扁管）便于加工，因此这类散热器的形状较多，颜色多样，钢管内部采用特殊的防腐材料，使其具有一定的防腐功能。图8—14所示为钢管制散热器。

另外，还有用1.25～1.5 mm厚的冷轧钢板经冲压加工焊接而成的钢板柱型散热器，其形状和结构与铸铁柱型散热器相似。

3. 铝合金散热器

铝制散热器的材质为耐腐蚀的铝合金，经过特殊的内防腐处理，通过焊接加工而成。铝制散热器质量轻，热工性能好，使用寿命长，可根据用户要求任意改变宽度和长度。其外形美观大方，造型多变，可做到供暖、装饰合二为一。图8—15所示为铝合金散热器。

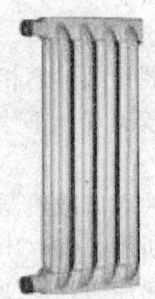

图 8—14　钢管制散热器

图 8—15　铝合金散热器

二、散热器的选择及要求

1. 散热器的选择

在选择散热器时,应根据实际情况,选择经济、实用、耐久、美观的散热器。具体内容如下:

(1) 考虑系统的工作压力,选择承压能力符合要求的散热器。

(2) 有腐蚀气体的生产厂房或相对湿度大的房间,应选择铸铁散热器。

(3) 选择钢制散热器时应采取防腐措施。

(4) 蒸汽采暖系统不得选用钢制柱型、板型、管型散热器。

(5) 散发粉尘或防尘要求较高的生产厂房,应选用表面光滑、易清理积灰的散热器。

(6) 散热器尺寸应符合要求,且外表面光滑、美观、不易积灰。

2. 散热器的要求

(1) 热工性能好,要求散热器的传热系数要大。

(2) 金属热强度高。

(3) 具有一定的强度,承压能力高,价格低廉,经久耐用,使用寿命长。

(4) 规格尺寸多样化,结构尺寸小,少占有效空间和使用面积。

(5) 外表面光滑,不易积灰,积灰易清理,外形美观,易于与室内装饰相协调。

第四节 散热器的组对与安装

培训目标
→ 1. 掌握散热器组对配件用量的计算方法
→ 2. 熟悉散热器的组对工具和固定构件
→ 3. 掌握散热器组对的操作要点
→ 4. 掌握散热器的安装工序和施工要点
→ 5. 熟悉散热器安装的质量标准

散热器的安装包括散热器就位安装和管道连接两项内容。由于散热器的种类较多，类型不同，其就位安装、管道连接方法也不同。

成型类散热器直接进行散热器就位安装和管道连接即可，例如，钢制板式散热器和钢串片散热器用钢管焊接而成，直接与散热器支管连接；铸铁圆翼型散热器采用法兰连接。

散装类散热器（主要是铸铁柱型散热器）在安装前，先在施工现场按图样要求组对成整体，然后再进行就位安装和管道连接。

现以铸铁柱型散热器为例介绍散热器的组对过程。

一、散热器组对配件及用量计算

1. 散热器的组对配件

散热器的组对配件有对丝、补芯、丝堵和垫片，如图 8—16 所示。

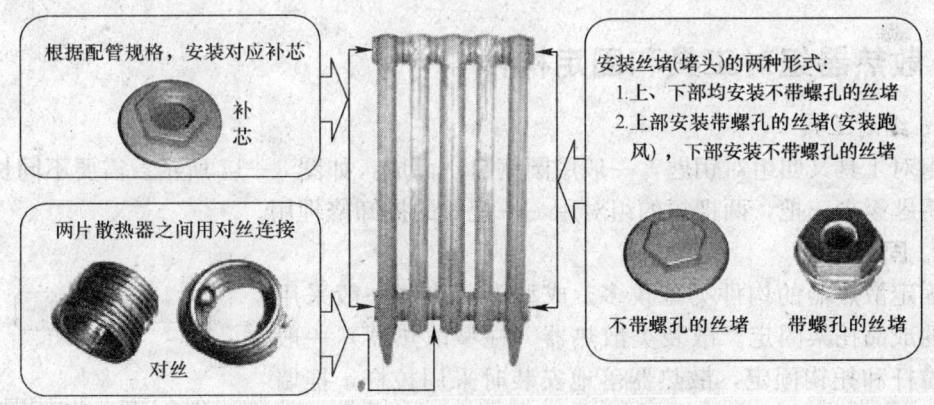

图 8—16 散热器的组对配件

（1）对丝。散热器片与片之间的连接配件叫作对丝。对丝一端为正丝扣，另一端为反丝扣，常用的规格为 DN40。

（2）补芯。散热器与管道的连接配件叫作补芯。补芯的规格通常有 DN15、DN20 和 DN25 三种，补芯有正丝扣和反丝扣两种，通常采用正丝扣。

（3）丝堵。用于封堵散热器不接管道的出口的配件称为丝堵，又称堵头。丝堵有带螺孔（安装手动跑风）和不带螺孔两种。同样，丝堵也有正丝扣和反丝扣两种，通常采用反丝扣（与补芯相反）。

对丝、补芯和丝堵通常的材质为铸铁，个别高档的散热器采用铜、不锈钢等材质。

（4）垫片。垫片通常为成品，根据采暖介质选用。垫片常采用橡胶石棉板、耐热橡胶板及石棉板，温度超过100℃时只能用石棉板。另外，在较高档的散热器中采用橡胶内衬金属的垫片。每个对丝、补芯和丝堵均需配装一个垫片。

2. 散热器配件用量的计算

（1）单组散热器组对配件的计算

$$对丝数 = (单组片数 - 1) \times 2$$
$$垫片数 = (单组片数 + 1) \times 2$$
$$补芯数 = 每组2个$$
$$堵头数 = 每组2个$$

（2）多组散热器组对配件的计算

$$对丝数 = (总片数 - 总组数) \times 2$$
$$垫片数 = (总片数 + 总组数) \times 2$$
$$补芯数 = 总组数 \times 2$$
$$堵头数 = 总组数 \times 2$$

> **特别提示**
>
> 提供材料计划时，可按具体情况增加消耗数量。

二、散热器组对工具和固定构件

1. 组对工具

组对工具又叫组对钥匙，一般用圆钢自制而成，如图8—17所示。需要不同长度的组对钥匙至少三把，两把短的组对用，一把长的拆卸修理用。

2. 固定构件

固定散热器的构件类型较多，成型类散热器一般采用配套的成品托架固定。散装类散热器（柱型散热器）一般采用拉杆和托钩固定，散热器落地安装时采用拉杆，挂墙安装时采用托钩（有时落地安装也采用托钩）。拉杆和托钩有成品的，也有自制的。托钩有带膨胀螺栓的（又称膨胀托钩）和不带膨胀螺栓的两种。拉杆和托钩均有不同的规格，使用时根据散热器的宽度选择。散热器的拉杆和托钩如图8—18所示。

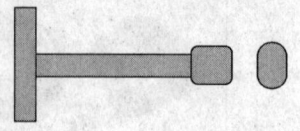

图8—17 组对钥匙

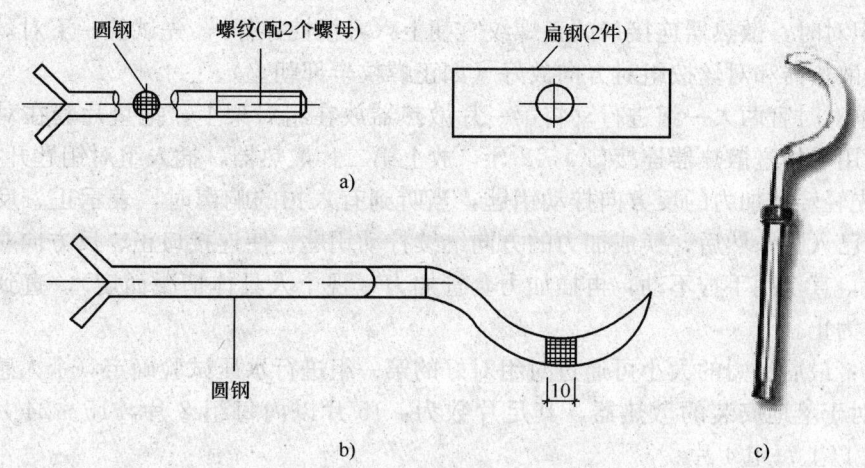

图8—18 散热器的拉杆和托构
a) 拉杆组件 b) 托钩（不带膨胀螺栓） c) 膨胀托钩

三、散热器的组对

散热器的组对工序是：组对准备→组对→水压试验。

1. 组对准备

（1）按施工图样列出用量表，确定所需散热器、对丝、丝堵、补芯和垫片等组对材料和长度合适的组对钥匙。

（2）按用量表对进入现场的材料进行清点。清点材料时，一定要注意材料规格必须与设计要求一致。

（3）检查散热片是否有裂纹、砂眼，体腔内是否有沙土等杂物；散热器连接口螺纹是否良好，连接口密封面是否平整，同侧两端连接口的密封面是否在同一平面内。

检查时将一片连接口密封面平整的散热片放在工作台上作为标准，用粉笔在连接口密封面上涂一层粉笔灰，然后将要检查的散热片放在上面，使其两端相对，并用手轻轻摇动，若有晃动，就表明被检查的散热片密封面不平整，其面上有白粉笔的地方就是凸起处。修整时可用细锉将凸起处锉平，锉时应交错进行，不能朝一个方向锉，以免影响密封。

（4）垫片通常选用石棉橡胶垫，其厚度为 1.0～1.5 mm，不能用双垫。橡胶石棉板分为高压、中压、低压三种规格，常用的是用中压板和低压板冲制的垫片。中压板垫片在使用前应在机油里浸泡几分钟，低压板垫片应在机油里蘸一下后捞出来控干。

（5）按设计要求对散热器涂漆，涂料完全干后方可组对。

2. 组对

（1）组对过程

1）准备好散热器组对架。组对架是一个用方木、槽钢或角钢制成的内框为方形的框架，内框的大小宜比散热器稍大一些。组对架通常自制。

2）清除干净散热器的连接口，使其露出金属光泽。若用废钢锯条清除时，注意不要破坏散热器连接口的密封面。

3）组对时，散热器连接口的正螺纹宜朝上（习惯性操作），先试验一下对丝的灵活程度。把散热器和对丝按组对方向放好（如正螺纹全部朝上）。

4）组对时宜两人一组进行。将第一片散热器放在组对架上，把垫片套在对丝的中间部位，用手拧进散热器连接口1~2牙，放上第二片散热器，插入组对钥匙开始组对。

5）先轻轻按加力的反方向拧动钥匙，当听到有入扣的响声时，表示正、反两方向的对丝均已入扣；然后，换成加力的方向继续拧动钥匙，使连接口正、反方向对丝同时进扣锁紧，直至用手拧不动，再插加力套管加力（视个人具体情况而定），直到垫片压紧挤出油为止。

注意：最后加力的大小可通过对组对好的第一组进行水压试验确定（个人感觉）。

6）对于落地安装的散热器，其足片数为：15片以内每组2片，15~24片每组3片，25片以上每组4片。

(2) 组对质量标准

1）散热器组对应平直、紧密，组对后的平直度允许偏差应符合表8—1的规定。

表8—1　　　　　　　组对后的散热器平直度允许偏差

散热器类型	片数	允许偏差（mm）
长翼型	2~4	4
	5~7	6
铸铁片式	3~15	4
钢制片式	16~25	6

2）组对散热器垫片的相关规定。组对散热器垫片应使用成品，组对后垫片外露应不大于1 mm。当散热器垫片材质无设计要求时，应采用耐热橡胶。

3. 水压试验

(1) 单组散热器进行水压试验时，其接管方式如图8—19所示。

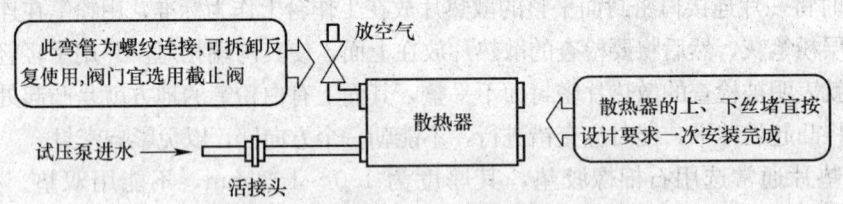

图8—19　单组散热器水压试验接管方式

(2) 散热器水压试验质量标准。散热器组对后，以及整组出厂的散热器在安装之前应做水压试验。当试验压力无设计要求时应为工作压力的1.5倍，但不小于0.6 MPa。

检验方法：试验时间为2~3 min，压力不下降且不渗、不漏为合格。

四、散热器布置的一般要求和安装形式

1. 散热器布置的一般要求

一般设计中根据对流换热的原理，多把散热器布置在房间的外窗口下，垂直安装在墙

上。这样，经散热器加热的空气沿窗口上升，阻挡由窗缝渗透进来的冷空气直接进入室内工作区。在有些情况下，散热器也可以布置在内墙或内部柱子上，在浴室则宜采取高挂式。

散热器垂直中心线与窗口中心线基本一致，同一房间的散热器安装高度应一致。散热器上表面距窗台面大于 100 mm 为宜，不得小于 50 mm；下底面离地面 150 mm 以上为宜，不得小于 60 mm；当散热器底部有管道通过时，其底部离地面净距一般不小于 250 mm。

2. 散热器的安装形式

以是否敞开来分，散热器的安装有明装、半暗装和暗装三种形式。一般情况下散热器敞开明装；美观要求高时用装饰罩或格栅遮挡，叫作暗装；装在窗台下壁龛内不加遮挡的叫作半暗装。依据固定方式不同，散热器的安装分为挂墙安装和落地安装两种形式，如图 8—20 所示。

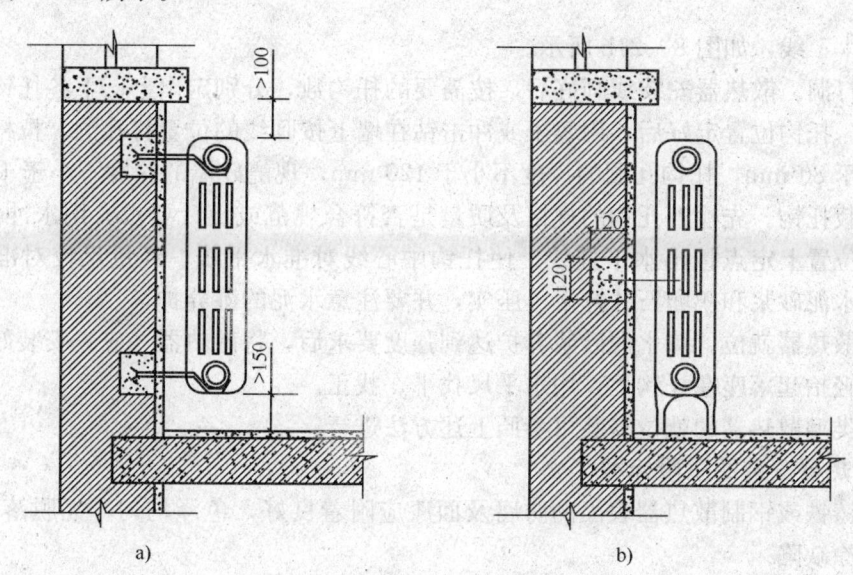

图 8—20 散热器基本安装形式
a) 挂墙安装 b) 落地安装

五、散热器的安装要点和质量标准

1. 散热器的安装要点

散热器安装的关键工序是固定件的埋设或固定，其中托钩的埋设（俗称栽托钩，用于散热器的挂装）工作尤为重要。托钩埋设的过程是画线、打洞、栽托钩。

（1）画线。利用定位画线尺（见图 8—21a），根据安装位置及高度，在外窗下墙上画出散热器安装位置的中心线，从而确定散热器托钩或拉杆的位置。

画线尺由上横尺、下横尺、竖尺和线坠组成。上、下横尺上等距离刻画好散热片的长度（包括密封垫片的厚度）标记。竖尺上画线坠中心线，两边画好尺寸刻度线。上、下横尺的上边线为散热器上、下托钩的高度线。

画线时，首先把画线尺靠在安装散热器的墙上，使线坠的线与中心线重合，也与窗口中心线重合，留够离窗台面的距离，这时上、下横尺水平。然后按散热器中心线在墙

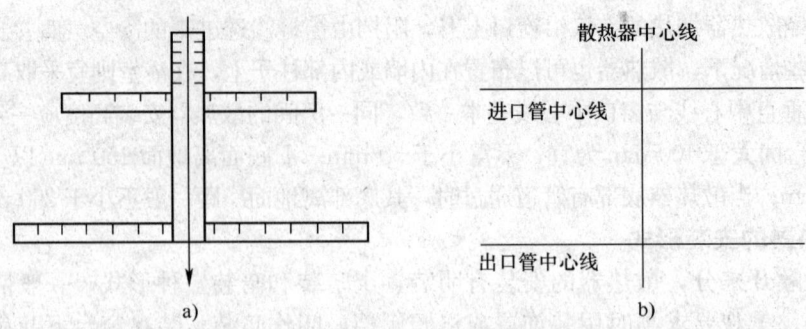

图 8—21 定位画线尺和画线示意图
a) 定位画线尺 b) 画线示意图

上画出"十"线,如图 8—21b 所示。

(2) 打洞。散热器安装线画好后,按需要的托钩数,分别定出上、下各托钩的位置并做标记。托钩位置定好后,用錾子或冲击钻在墙上按画线的位置打孔洞,拉杆孔洞的深度不小于 80 mm,托钩孔洞的深度不小于 120 mm,现浇砼墙的深度不小于 100 mm。

(3) 栽托钩。先检查托钩的规格及质量是否符合规范或设计要求。用水冲洗孔洞,在托钩的位置上定点挂出水平挂线,使托钩中心线对准水平线,经量尺校对准确无误后,填塞水泥砂浆和鹅卵石并抹平、压实,并要注意水泥的湿养护。

(4) 散热器就位。待水泥砂浆养护达到强度要求后,将散热器(应先安装好补芯和丝堵)轻轻抬起落座在托钩上,用水平尺找平、找正。

其他类型散热器的就位安装可参照上述方法进行。

2. 散热器安装的质量标准

(1) 铸铁或钢制散热器表面的防腐及面漆应附着良好,色泽均匀,无脱落、起泡、流淌和漏涂缺陷。

(2) 散热器拉杆、托钩的安装位置应准确,埋设应牢固。散热器托钩、拉杆的数量应符合设计或产品说明书要求,如设计未注明时,则应符合表 8—2 的规定。

表 8—2　　　　　　　散热器托钩、拉杆的数量

散热器类型	安装方式	每组片数	上部托钩或拉杆数	下部托钩或拉杆数	合计
长翼型	挂墙	2～4	1	2	3
		5	2	2	4
		6	2	3	5
		7	2	4	6
柱型、柱翼型	挂墙	3～8	1	2	3
		9～12	1	3	4
		13～16	2	4	6
		17～20	2	5	7
		21～25	2	6	8

续表

散热器类型	安装方式	每组片数	上部托钩或拉杆数	下部托钩或拉杆数	合计
柱型、柱翼型	带足落地	3～8	1	—	1
		8～12	1	—	1
		13～16	2	—	2
		17～20	2	—	2
		21～25	2	—	2

（3）散热器背面与装饰后的墙内表面安装距离应符合设计或产品说明书要求。如设计未注明，则应为 30 mm。

（4）散热器安装允许偏差和检验方法见表 8—3。

表 8—3　　　　　散热器安装允许偏差和检验方法

项次	项目	允许偏差（mm）	检验方法
1	散热器背面与墙内表面的距离	3	量尺
2	与窗中心线或设计定位尺寸的距离	20	量尺
3	散热器垂直度	3	吊线和量尺

第五节　热水采暖系统主要附属设备和附件的安装

→ 1. 熟悉热水采暖系统主要附属设备和附件的基本作用
→ 2. 掌握热水采暖系统主要附属设备和附件的安装要点

热水采暖系统主要附属设备和附件有膨胀水箱、排气装置、除污器等。

一、膨胀水箱的作用、配管和安装

1. 膨胀水箱的作用

在热水采暖系统中，水的温度随着管道系统的充水、运行和停运而有所变化。水具有热胀冷缩的性质，如果管道系统的结构不能适应这种变化，必将在系统内部产生较大的压力，甚至造成泄漏。

热水采暖系统中设置的膨胀水箱具有以下作用：

（1）在采暖系统水温升高或降低时，用来吸收或补偿水量。

（2）在自然循环上供下回式热水采暖系统中，膨胀水箱连接在供水总立管的最高处，具有排除系统内空气和稳定水压的作用。

(3) 在机械循环热水采暖系统中,膨胀水箱连接在回水干管循环水泵入口前,具有恒定循环水泵入口压力、保证采暖系统压力稳定的作用。

膨胀水箱设在管道系统的最高位置。每个独立的采暖系统都必须设一个膨胀水箱;当几个建筑物属于一个采暖系统时,可以在其中最高的建筑物上设一个膨胀水箱。

膨胀水箱有圆形和方形两种形式,一般由薄钢板、角钢等材料焊接而成。水箱的容积应满足管道系统水容量的变化,热水采暖系统膨胀水箱的容积约为整个采暖系统容积的5%。

2. 膨胀水箱的配管

膨胀水箱的配管有膨胀管、循环管、信号管、溢流管、泄水管和补水管,如图8—22a所示。膨胀水箱与热水采暖系统的连接如图8—22b所示。

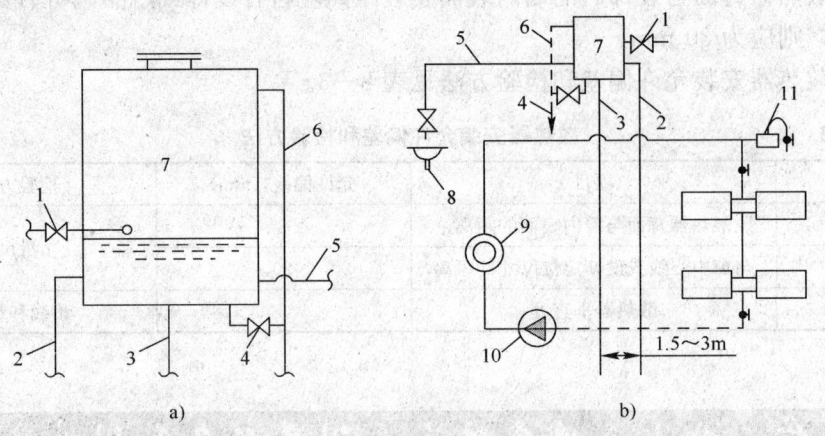

图8—22 膨胀水箱的配管及其与热水采暖系统的连接
a) 膨胀水箱的配管 b) 膨胀水箱与热水采暖系统的连接
1—补水管 2—循环管 3—膨胀管 4—泄水管 5—信号管 6—溢流管
7—膨胀水箱 8—洗涤盆 9—锅炉 10—循环水泵 11—集气罐

(1) 膨胀管。膨胀管从膨胀水箱底部接出,是采暖系统与膨胀水箱的连接管。膨胀管上不允许安装阀门。

(2) 循环管。循环管从水箱下部侧面接出,机械循环采暖系统的循环管接至定压点前的水平回水干管上,在膨胀管的连接点向前1.5~3 m处。其作用是让热水有一部分通过膨胀管和循环管缓慢流动不冻结。循环管上不允许设阀门。

(3) 信号管(检查管)。信号管从水箱侧面距水箱底部150 mm处接出,用于检查膨胀水箱的水位,决定系统是否需补水,控制系统的最低水位。信号管接至锅炉房内洗涤盆上方,末端设阀门。

(4) 溢流管。溢流管控制系统的最高水位,从膨胀水箱上部距顶板100 mm处接出至排水设施。溢流管上不允许设阀门。

(5) 泄水管。泄水管用于在清洗、检修时放空水箱。可与溢流管一起接入排水设施,管上设阀门。

(6) 补水管。补水管上设置浮球阀,向膨胀水箱自动补水。补水管上要安装止回阀,以防止水倒流。

膨胀水箱的接管管径见表8—4。

表8—4　　　　　　　　膨胀水箱的接管管径　　　　　　　　　　　mm

容积（m³）	膨胀管	循环管	信号管	溢流管	泄水管	补水管
≤1.5	25	20	20	40	32	20
>1.5	32	25	20	50	32	25

3. 膨胀水箱的安装

水箱按图样加工后，应做除锈、涂漆处理，箱内壁涂两遍红丹防锈漆，箱外涂一遍红丹防锈漆，两遍银粉漆。安装在非采暖房间时应保温，常采用石棉灰铁丝网，再抹10 mm厚的麻刀白灰保护壳。水箱底部应设支座，其长度应超出底板100～200 mm，高度大于300 mm。材料选用方木、砖和混凝土。水箱间的高度为2.2～2.6 m，应有良好的采光和通风。水箱与墙面的最小距离：有配管时为0.7～1.0 m，无配管时为0.3 m。

二、排气装置和除污器的安装

1. 排气装置的安装

热水采暖系统的排气装置有手动集气罐、自动排气阀和手动排气阀。

（1）手动集气罐。手动集气罐一般用直径为100～250 mm、长为300～430 mm的钢管焊接而成，分立式和卧式两种。手动集气罐顶部接DN15的排气管，排气管应引至室外，排气管上装阀门。集气罐常设在系统供水干管末端的最高点处。

（2）自动排气阀。自动排气阀依靠水对浮体的浮力，通过自动阻气和排水机构使排气孔自动打开或关闭，达到排气的目的。自动排气阀可分为立式和卧式两种形式，如图8—23所示。

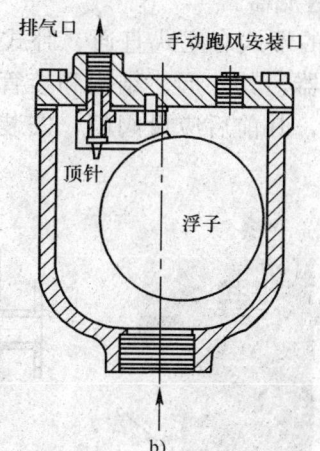

图8—23　自动排气阀
a) 卧式　b) 立式

当排气阀内无空气时，阀体中的水将浮子浮起，通过杠杆机构将排气口关闭，阻止水流通过。当系统内的空气经管道汇集到阀体上部空间时，空气将水面压下去，浮子随之下落，排气口打开，自动排除系统内的空气。空气排出后，水又将浮子浮起，排气口重新关闭。

为便于检修和更换自动排气阀，在连接管处宜设截止阀，系统运行时常开。排气口常接塑料管引向室外，排气管上不装阀门。

(3) 手动排气阀。手动排气阀又称手动跑风，它适用于工作压力 $P \leqslant 600$ kPa，工作温度 $t \leqslant 100$℃的热水或蒸汽采暖系统的散热器上。手动排气阀多用于水平式和下供下回式系统中，安装在散热器上部丝堵头的螺孔上，以手动方式排除空气。手动排气阀的种类较多，如图8—24所示。

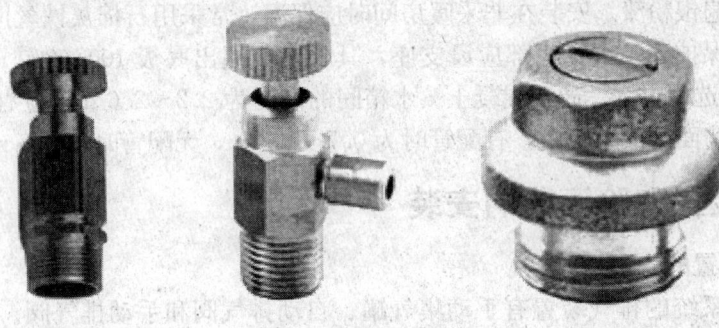

图8—24 手动排气阀

2. 除污器的安装

除污器用来截流及过滤管路中的杂质和污物，从而保证系统内水质洁净，减小阻力，防止堵塞调压板及管路。除污器一般应设置于采暖系统入口调压装置前、锅炉房循环水泵的吸入口前和热交换设备前，另外，在一些小孔口的阀前（如自动排气阀）也应设除污器或过滤器。

除污器的形式有立式直通、卧式直通和卧式角通三种。热水采暖系统常采用立式直通除污器，其外形、结构和接管方式如图8—25所示。除污器的型号可根据接管直径选择，其前后应设阀门，安装时不允许装反，可设旁通管供定期排污和检修时使用。

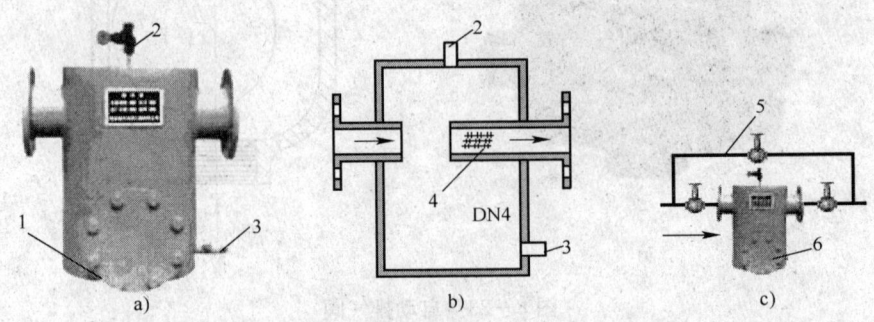

图8—25 立式直通除污器的外形、结构和接管方式
a) 外形　b) 结构　c) 接管方式
1—检查口　2—排气口　3—丝堵　4—出水花管　5—旁通管　6—除污器

第六节 室内热水采暖管道的安装

→ 1. 掌握室内热水采暖管道安装的工艺流程
→ 2. 掌握室内热水采暖管道安装的操作要点

室内热水采暖系统在土建主体结构完成、墙面抹灰后开始安装，但其中预留孔洞、预埋件可配合土建施工进行。

室内热水采暖管道主要是指入口装置、供水与回水干管、立管和散热器支管。

室内热水采暖管道的安装工序是：安装准备→管道支架的安装→供水、回水干管的安装→立管的安装→散热器就位及支管的安装→系统试压→系统冲洗→防腐和保温→系统调试。

对于焊接钢管，管径小于或等于32 mm时，应采用螺纹连接；管径大于32 mm时，应采用焊接。

管道穿过墙壁和楼板时应设置金属或塑料套管。安装在楼板内的套管，其顶部应高出装饰地面20 mm；安装在卫生间及厨房内的套管，其顶部应高出装饰地面50 mm，底部应与楼板底面相平；安装在墙壁内的套管，其两端应与饰面相平。穿过楼板的套管与管道之间的缝隙宜用阻燃密实材料填实，且端面应光滑。管道的接口不得设在套管内。

施工时，应在每一施工部位的管道安装中或安装后，用施工规范规定的支架使其保持相对稳定，以保证后一部位安装时量尺下料的准确及连续施工。

一、安装前的准备工作

1. 识读施工图

施工前，应仔细阅读和熟悉图样，配合土建施工做好预留孔洞和预埋件工作。

2. 材料和工具的准备

按照施工图和有关施工规范要求，提出采暖工程所需的管材、散热器、阀门及其他设备和材料的种类、规格和数量，准备好施工所需的工具和机具。

3. 预制加工

对于一些可以预制的管件和支架等，按照施工图进行管件、支架、吊架、管段预制等项目的加工、预制。

二、入口装置的安装

热水采暖系统入口装置一般设有进行系统调节、检测及统计供应热量的仪表和设备。装设的主要仪表和设备有温度计、压力计、调节阀及除污器等。供水管和回水管之间设连通管，并设有阀门，如图8—26所示。

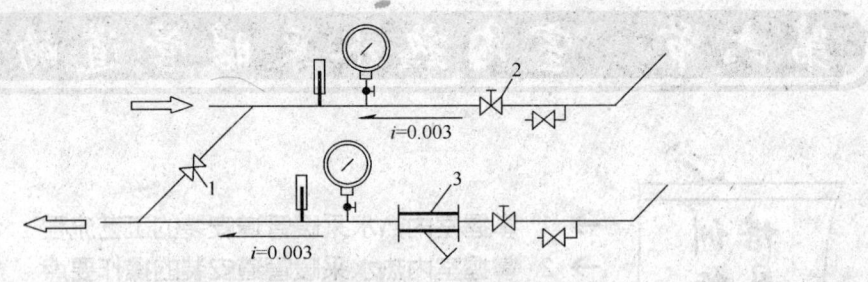

图8—26 热水采暖系统入口装置
1—闸阀 2—调节阀 3—除污器

热水采暖系统入口装置装设旁通阀的作用是在用户停止供暖时，将入口处供水、回水管上的阀门关闭后，打开旁通阀，使室外热网入户支管中的水能循环流动，以避免水冻结。在用户采暖时，须将旁通阀关闭严密，否则会造成水流短路，从而导致室内系统不热。

在用户入口装置的最低点设泄水阀，必要时可泄空室内热水采暖系统中的水。

当室外热网的压力高于室内热水采暖系统的工作压力时，在热水采暖系统入口处还应装设调压板。

三、供水、回水干管的安装

供水、回水干管是连接数根采暖立管的水平供暖管道。对于地沟内保温的干管，保温管外表面与地沟壁净距为100 mm。供水干管距墙150 mm，回水干管距墙250 mm（地沟敷设）。

干管的安装程序是：干管的定位、画线→支架和套管的安装→干管上架及对口焊接→干管分支与变径→干管的过门安装→干管装设排气阀和泄水装置→干管水压试验、防腐与保温。

1. 干管的定位、画线

按图样设计要求确定管道的走向和轴线位置，在墙或柱上弹出管道安装的定位坡度线。热水采暖干管的坡度一般为0.003，不得小于0.002。

在地沟内或高层建筑设备层内，当多种管道平行敷设时，应采用打钢钎、拉钢丝的方法确定各平行管道的位置、标高，以此作为各管道安装的中心线和坡度线。管道坡度的基准应取管底标高，以方便管道支架的制作与安装。

2. 支架和套管的安装

采暖干管沿墙、柱安装时，应根据施工规范和设计要求确定管中心线与墙、柱的距离，并根据管道坡度线确定干管安装的基准线。干管支架应设置固定支架和活动支架。支架的安装方式宜采用埋设法。采用埋设法安装支架的步骤是放线、支架安装位置画线、打洞及浇水、挂线、插埋支架、校验支架并养护。

钢管水平安装的支架、吊架间距应不大于施工规范规定的距离。套管的管径比干管大两号即可。

3. 干管上架及对口焊接

干管上架前，应检查各管段的直线度和圆度，以保证干管对口间隙均匀。

对于小管径的采暖干管，可采用人力扛抬上架；对于较大管径的采暖干管，可采用手动葫芦工具上架。当使用单梯时，应安排专人扶梯；当使用合梯时，应用铁丝或绳子绑拉合梯，防止滑梯，注意安全。干管上架后，应找平、找正，避免错口，然后再进行焊接。

4. 干管分支与变径

当干管与分支干管处于同一平面上水平连接时，其水平分支干管应从采暖总立管上开孔焊接乙字弯后成为羊角弯，形成的方形补偿器具有热补偿能力，不能采用T形连接。干管分支如图8—27a所示。

热水采暖系统供水、回水干管变径时，应采用偏心大小头且管顶平连接，以利于系统内空气的排出，如图8—27b所示。

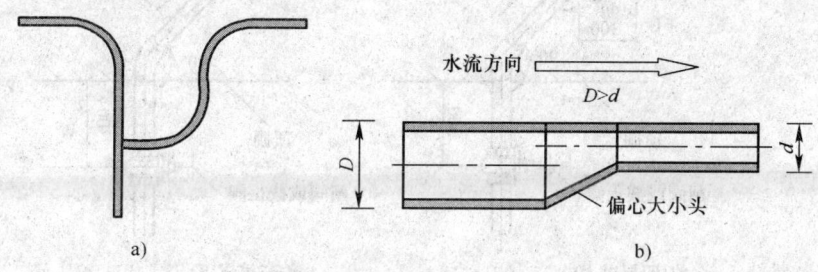

图8—27 热水采暖系统干管分支与变径的做法
a) 干管分支 b) 干管变径

5. 干管的过门安装

回水干管采用明装敷设过门时一般有两种方式：一种是在门下做一个小地沟绕过，另一种是从门上绕过，如图8—28所示。

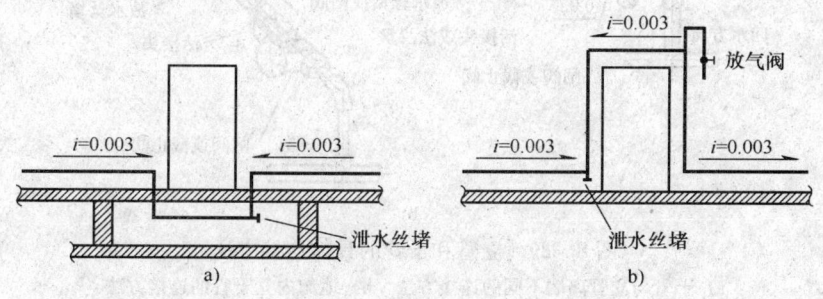

图8—28 回水干管过门的安装
a) 在门下做小地沟 b) 从门上绕过

6. 干管装设排气阀和泄水装置

供水干管最高点应安装手动集气罐或自动排气阀，用于排除系统中的空气，以利于热水循环，其排气管应接至室外。

7. 干管水压试验、防腐与保温

供水、回水干管和供水总立管安装完毕，以及采暖立管口（干管上焊接螺纹管接头）安装后，可进行水压试验，检查其焊口、法兰接口的承压能力和严密性。地沟内的回水干管可进行保温，将回水立管螺纹管接头按要求连接至地面上后盖沟盖板。

四、立管安装

立管一般明装，当美观要求高时才采用暗装。立管明装时，一般布置在外墙墙角、柱角及窗间墙处；暗装时，一般敷设在预留的墙槽内。

立管和干管的具体连接方法如图 8—29 所示。采用在干管上焊接螺纹管接头，以便于立管的螺纹连接。立管的布置如图 8—30 所示。

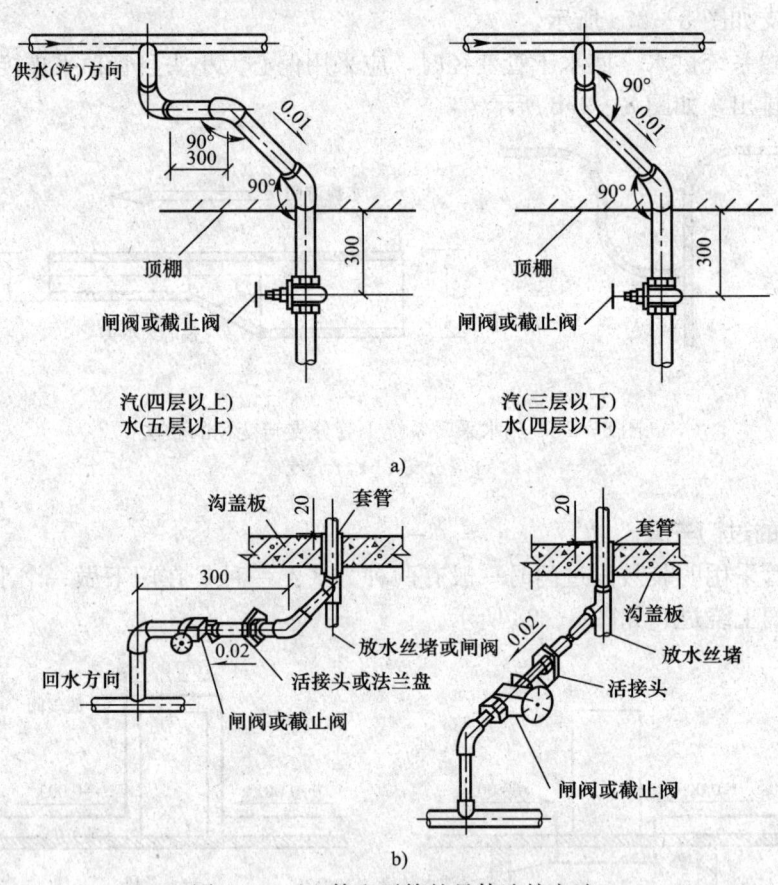

图 8—29 立管和干管的具体连接方法
a) 干管与立管离墙不同的连接方法 b) 地沟内立干管的连接方法

立管的安装程序是：检查各层预留孔洞的位置→立管的画线→立管的编号、预制→套管制作→管卡的安装→立管的安装及校正。

1. 检查各层预留孔洞的位置

首先在采暖干管开出的立管短管阀门处挂线绑一个线坠，吊线校正预留孔洞的位置是否在立管的基准线上，若偏离基准线应修整孔洞。

2. 立管的画线

首先在各层散热器上下补芯中心处用水平尺量出带坡度的水平线，再与立管的垂直

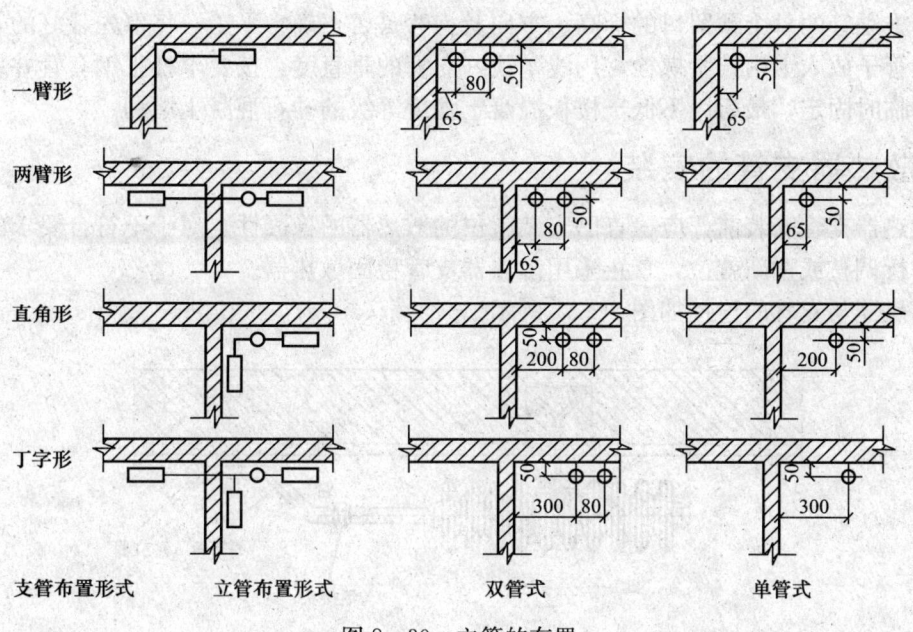

图 8—30 立管的布置

基准线相交成十字线,以确定立管的长度。

3. 立管的编号、预制

采暖立管预制前应按施工图画出每一副立管的草图,并自上而下进行编号。根据十字线,顶层从活接头中心量至第一个十字线处,量出立管的安装尺寸(减去配件的结构尺寸后,即为立管的净尺寸);从第二个十字线量至第三个十字线处,量出下一层立管的安装尺寸,以此类推,自上而下分别量出各层立管的尺寸并进行编号、预制。

4. 套管制作

立管的套管应采用大于立管管径两号的钢套管,其长度应根据楼板的厚度、饰面厚度及高出地面长度来确定。首先对选定的钢管除锈、刷油漆,再量尺寸、画线,最后用砂轮切割机切割成所需长度,即为钢套管。

5. 管卡的安装

采暖立管安装前,应根据立管垂直基准线和管卡安装高度(距地坪 1.5～1.8 m)画线确定管卡安装位置,用冲击钻打孔洞栽卡子或安装膨胀螺栓管卡。管卡分单立管卡和双立管卡,管卡中心距墙 50 mm。当层高小于 5 m 时,每层在立管上安装一个管卡;当层高大于 5 m 时,每层在立管上安装两个管卡,均匀安装。

6. 立管的安装及校正

根据立管的编号和施工图样,先将钢套管穿在管子上,按编号从第一节立管开始安装。上行下给式立管由顶层往下逐层安装,下行上给式立管由首层往上逐层安装。安装时,把上层的立管螺纹抹上铅油、缠麻,对准下层立管的接口旋转入扣,用一把管钳咬住管件,另一把管钳拧管子,当拧至螺纹外露 2～3 牙,预留口平整为止,并清理麻丝。按上述方法依次安装完整条立管,然后打开立管卡子,将立管装入卡子内并紧好卡子。

检查立管的每个预留口的标高、方向及抱弯是否正确、平正,将事先栽好的管卡松开,把管子放入卡内拧紧螺栓,用线坠找好立管的垂直度,按要求扶正钢套管并用木楔子等物临时固定,最后用不低于楼板混凝土强度等级的砂石混凝土堵洞。

五、散热器支管的安装

散热器支管安装前,应检查已安装就位的散热器的稳固性。对于不符合要求的散热器应进行调整或重新就位,禁止采用散热器支管稳固散热器。

散热器与支管的连接如图8—31所示。

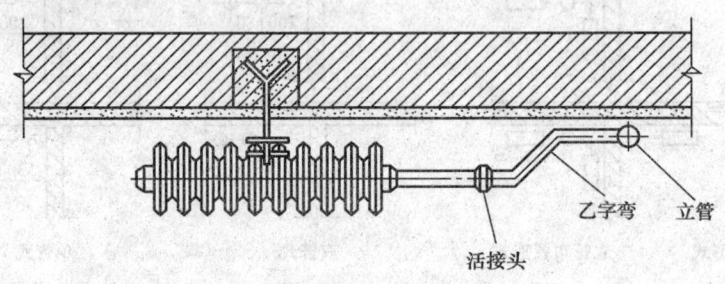

图8—31 散热器与立管的连接

安装时,应先把预制好的乙字弯两端螺纹均匀地涂抹铅油、缠麻,一端上活接头,另一端与散热器补芯相连,若不合适可用气焊炬烘烤调整。然后将石棉橡胶垫片或麻垫装入活接头内并旋紧活接头锁母,此时,活接头处不应塌腰和弓腰,由立管至散热器补芯的支管坡度必须均匀。

供、回水支管的坡度应基本一致。供水支管的坡度为0.01,坡向朝散热器;回水支管坡向应朝供水立管。当支管长度小于或等于500 mm时,坡降为5 mm;支管长度大于500 mm时,坡降为10 mm。散热器双侧连接时,应按较长支管的长度确定坡度。

支管穿越墙体时,应选用大于支管管径2号的钢套管。安装时,套管口应与墙体饰面平齐。当散热器支管长度超过1.5m时,应在支管上安装管卡。

六、采暖系统的试压和试运行

安装安毕,进行采暖系统的试压和试运行。

第七节 采暖系统水压试验及试运行

→ 1. 掌握采暖系统水压试验的工作流程
→ 2. 掌握采暖系统冲洗的工作流程
→ 3. 掌握采暖系统试运行的工作流程

采暖系统管道及设备全部安装完毕,应进行管道系统的试压,以检验管材及设备的强度和管道接口的严密性。管道系统在使用前，应对系统进行清洗，以清除管道内所存积的污物。为了保证供暖系统正常运行，使供暖系统运行达到设计要求，应对管道系统进行通热调试。

一、水压试验的工作流程

根据设计要求和施工规范计算试验压力，如果试验压力不大于采暖系统最底层散热器的最大试验压力，水压试验可全系统同时进行；否则，应分层进行水压试验。对于较大的采暖系统，可分区、分段进行水压试验。

1. 根据水源的位置和采暖系统情况，制定出试压程序和技术措施，再测量出各连接管的尺寸，然后下料、加工管段，连接临时试压管路。
2. 检查全系统管路、设备、阀件、固定支架、套管等，必须安装无误。各连接处均无遗漏；根据全系统试压或分系统试压的实际情况，检查系统上各类阀门的开、关状态，不得漏检。试压管段阀门全部打开，试压管段与非试压管段连接处应予以隔断。
3. 确认系统可以进行水压试验后，开始向系统充水。系统水充满后，试压开始。
4. 升压应缓慢进行，一般分 2～3 次升至试验压力。在此过程中，每加压至一定数值时，应停下来对管道系统进行全面检查，无异常现象方可再继续加压。
5. 试压检查过程中，应对漏水或渗水的接口做记号，便于返修。
6. 系统试压达到合格验收标准后，放掉管道内的全部存水。不合格时应待补修后重新试压，直至合格。

二、系统冲洗的工作流程

1. 制定管道冲洗的技术措施

检查全系统内各类阀件的启闭状态，对不允许冲洗的附件应予以拆除，并用临时短管接通管路。对于减压阀、疏水器，可关闭其进出口阀门，打开旁通管上的阀门，以保证其不参与冲洗。对于暂不冲洗或已冲洗的管道，可通过阀门的启闭达到控制目的。

2. 供水水平干管及总供水管的冲洗

先将自来水管接进供水水平干管的末端，再将供水总立管进户处接至排水管道的入口处。打开排水口控制阀，再开启自来水进口控制阀，进行反复冲洗。依次对系统的各个分路供水水平干管分别进行冲洗。冲洗结束后，先关闭自来水进口控制阀，后关闭排水口控制阀。

3. 系统立管及回水水平干管的冲洗

自来水连通进口可不动，将排水出口连通管改接至回水管总出口外。关上供水总立管上各个分环路的阀门。先打来排水口上的总阀门，再打开靠近供水总立管第一个立支管上的全部阀门，最后打开自来水入口处的阀门进行第一个立支管的冲洗。冲洗结束后，先关闭进水口处的阀门，再关闭第一个立支管上的阀门。按此顺序分别对第二、第三……各环路上各根立支管及水平回路的导管进行冲洗。若为同程式系统，则从最远的立支管开始冲洗为宜。

4. 合格认定

冲洗中，当系统排水口的冲洗水为洁净水时可认为合格。全部冲洗后，再以 1~1.5m/s 的流速进行全系统循环冲洗，延续 20 h 以上，循环水色透明为合格。

三、系统试运行（通热与调试）

1. 先联系（或准备）好热源，制定出通热调试方案、人员分工和处理紧急情况的各项措施，准备好修理、泄水等器具。

2. 工作人员按分工各就各位，分别检查供暖系统中的泄水阀是否关闭，导管、立管、支管上的阀门是否打开。

3. 向系统内充满水（最好是软化水），开始先打开系统最高点的排气阀，责成专人看管。慢慢打开系统回水干管的阀门，待最高点的排气阀见水后立即关闭。然后开启总进口供水管的阀门，最高点的排气阀必须反复开闭数次，直到系统中空气排净为止。

4. 水充满后即可开始检查，检查中如发现隐患，应尽量关闭小范围的供、回水阀，发现问题应及时处理和修理，修理好后随即开启阀门。

5. 全系统运行时，遇到不热处应先查明原因。如需冲洗检修，先关闭供、回水阀，泄水后再先后打开供、回水阀，反复放水冲洗。冲洗完后再按上述程序通暖运行，直到运行正常为止。

6. 若发现热度不均，应调整各个分路、立管、支管上的阀门，使其基本达到平衡后，邀请各有关单位检查验收，并办理验收手续。

7. 高层建筑的供暖管道冲洗与通热，可按设计系统的特点进行划分，按区域、独立系统、分若干层等逐段进行。

8. 冬季通暖时，必须采取临时供暖措施。室温应保持在 5℃ 以上，并连续 24 h 后方可进行正常运行。

充水前先关闭总供水阀，开启外网循环管的阀门，使热力外网管道先预热循环。分路或分立管通暖时，先从向阳面的末端立管开始，打开总进口阀，通水后关闭外网循环管的阀门。待已供热的立管上的散热器全部热后，再依次逐根、逐个分环路通热，一直到全系统正常运行为止。

四、安全注意事项

1. 冲洗过程中，要严防中途停止时污物进入管内。下班时应设专人负责看管，也可以采取保护措施。

2. 冲洗管的排放管应接至排水井（沟），保证排水畅通。

3. 试压过程中，有关人员应集中注意力观察压力表，严禁超压。凡是失灵或不准确的压力表一律不得使用。

4. 冲洗后，应把地沟清理干净，防止地沟里管道的保温层遭到破坏。

5. 通热调试后，阀门位置应做上记号，运行中不得随意拧动。

第八节　技能训练实例

实训1　识读室内采暖管道施工图

一、施工图的内容和表示方法

1. 施工图的内容

一套完整的室内采暖管道施工图，一般由首页、平面图、系统图和详图等组成。

（1）首页。首页包括施工说明、图例、采暖设计概况、设备材料表等内容。简单的施工图首页内容通常与首层平面图放在一张图上。

（2）平面图。平面图主要表明管道、附件及散热器在建筑物内的平面位置以及它们之间的相互关系。平面图分为底层平面图、标准层平面图和顶层平面图。

（3）系统图。系统图主要表明从热媒入口至系统出口的采暖管道、散热设备、辅助设备及主要附件，以及供、回水管的空间位置和相互关系。

（4）详图。详图包括标准图和节点详图。标准图和节点详图直接用于施工。

2. 室内采暖管道施工图的表示方法

（1）室内采暖管道施工图常用图例见表8—5。

表8—5　　　　　　　　室内采暖管道施工图常用图例

名　称	图　例	说　明
供汽（水）管道	——————○	
回（凝结）水管道	------○	
散热器	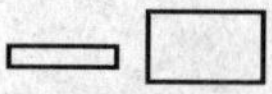 □ ▭	左图：平面 右图：立面
集气罐	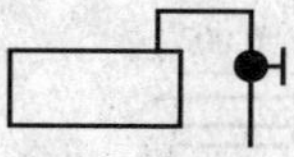	
过滤器	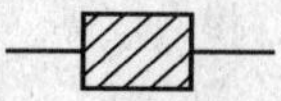 ▨	
除污器	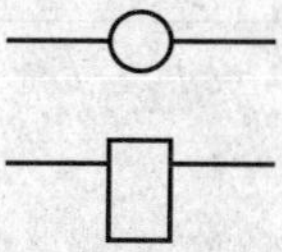 ○ ▭	上图：平面 下图：立面
暖风机	 ⊠	
散热器放风门	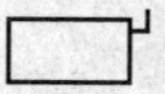 ▭	

续表

名称	图例	说明
手动排气阀		
自动排气阀		
放水阀		
散热器三通阀		
球阀		
疏水器		旧图例 
调压板	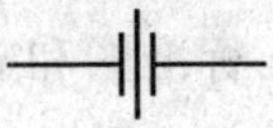	
立管编号	L_n	L——采暖立管代号 n——编号

(2) 管道与散热器连接的表示方法见表8—6。

表 8—6　　　　　　　　管道与散热器连接的表示方法

系统形式	楼层	平面图	轴测图
双管上分式	顶层	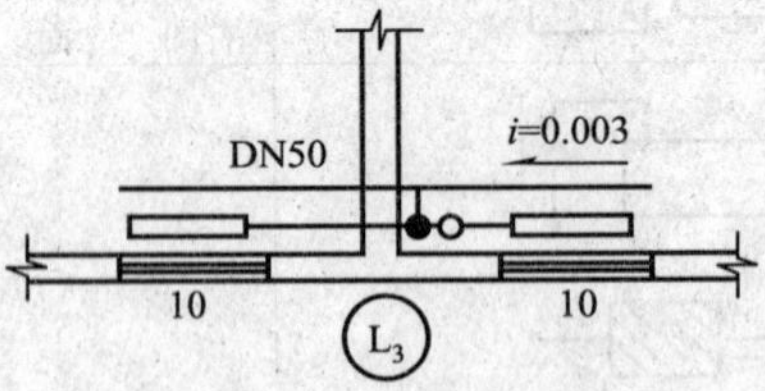	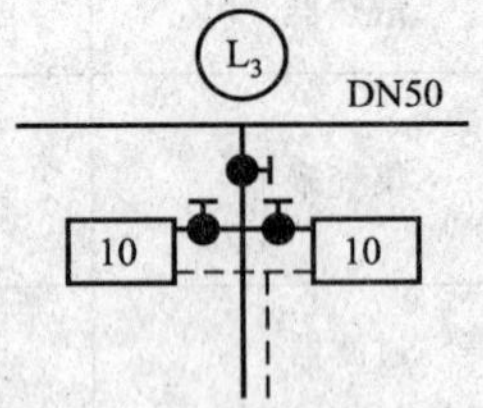
	中间层	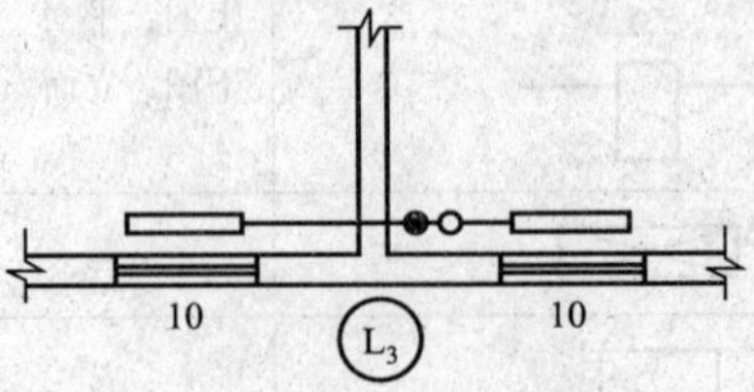	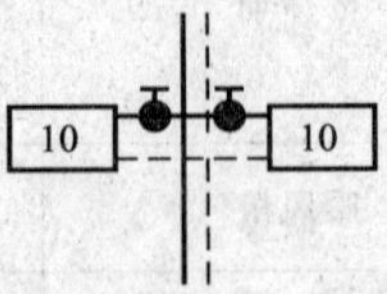

续表

系统形式	楼层	平面图	轴测图
双管上分式	底层	DN50, i=0.003, 10, 10, L₃	10, 10, DN50
双管下分式	顶层	8, 8, L₃	8, 8, L₃
	中间层	8, 8, ③	8, 8
	底层	DN, DN, DN40, DN40, i=0.003, 8, 8, L₃	8, 8, DN40, DN40
单管垂直式	顶层	DN32, i=0.003, 12, 12, L₃	L₃, DN32, 12, 12
	中间层	12, 12, L₃	12, 12
	底层	DN32, i=0.003, 12, 12, L₃	12, 12, DN32

(3) 散热器规格与数量标注见表 8—7。

表 8—7　　　　　　　　　散热器规格与数量标注

类　型	标注示例	说　明
柱式	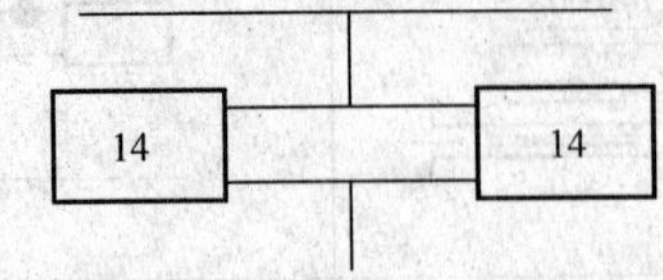 14　　14	14 每组片数
圆翼形	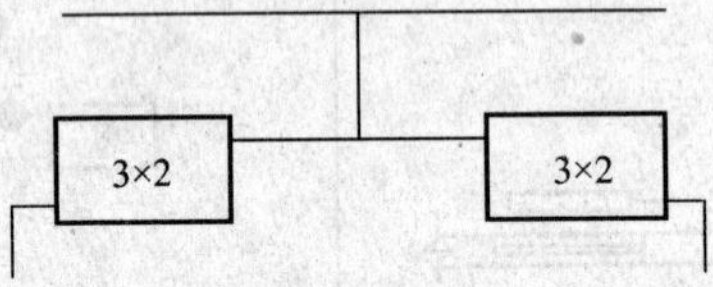 3×2　　3×2	3×2 排数／每排根数
光管	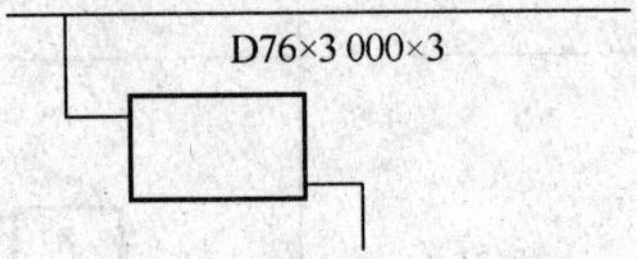 D76×3 000×3	D76×3 000×3 排数／管长（mm）／直径（mm）
串片式	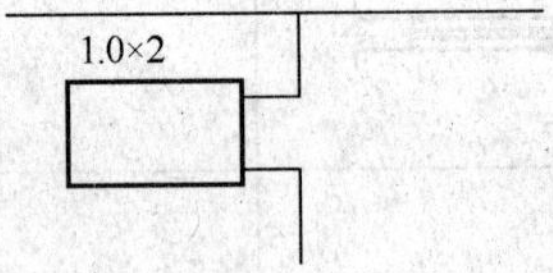 1.0×2	1.0×2 排数／长度（m）

(4) 集气罐表示方法如图 8—32、图 8—33 所示。

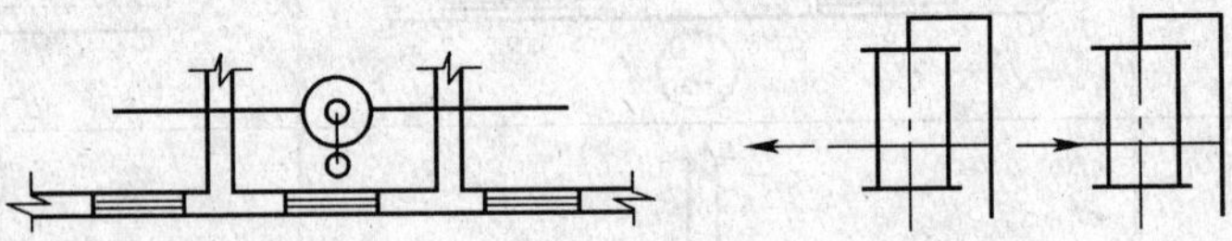

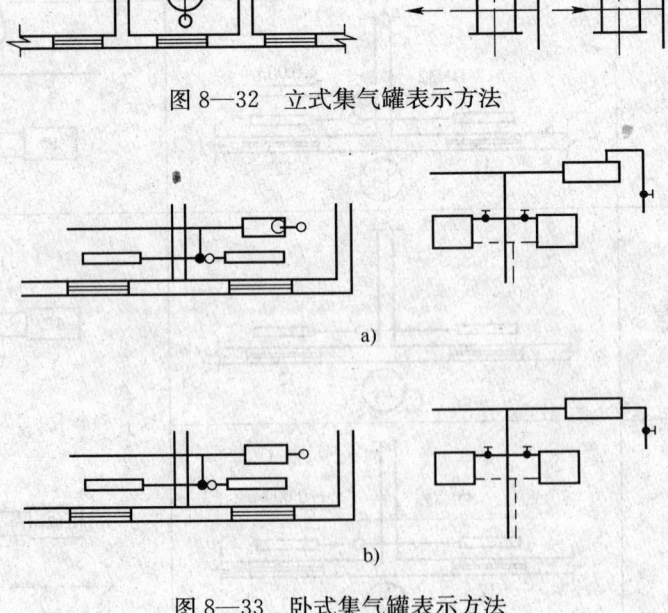

图 8—32　立式集气罐表示方法

a)

b)

图 8—33　卧式集气罐表示方法

二、识读室内采暖管道施工图

某单位办公楼的采暖系统图、一层采暖平面图和二层采暖平面图分别如图 8—34、图 8—35 和图 8—36 所示，试进行识读。

1. 识读要求及方法

（1）拿到图样后，首先看图样说明中采暖系统图的张数，然后清点。若发现图样页数不够或残缺不齐，必须及时告知有关人员。本例图样共三张，且每张清楚完整，开始识读。

（2）识读时必须将平面图与管道系统图对照起来看，首先看建筑物的朝向、房间、楼梯出入口等情况，然后搞清楚管道的空间走向、组成以及散热器、辅助设备的基本情况。看图时从采暖热媒管道入口开始，沿介质流向一点一点地看下去。

（3）查看热媒入口及出入口的位置。本例的热媒入口位于⑩—⑪轴线之间，与室外供热管道相连，穿Ⓐ轴线墙而入，并在此设立管直通二层，再循环到一层，属于上供下回双管式采暖系统。

（4）查看建筑物内散热器所处的平面位置和类型。散热器的安装方式是明装，类型是铸铁对流柱型散热器，在系统图和平面图中均标注有片数。

（5）查看每层平面图中管道的布置情况。本例管道均沿墙布置，干管、支管的连接形成两组散热器的中间设一立管，由二层到一层散热器，再通过回水支管至立管，再连接室外的回水总管。

（6）查看采暖干管布置和排气方式。采暖系统供、回水干管均明装。回水干管有一段过门，管道采用过门地沟的方式（见一层采暖平面图中Ⓒ、Ⓓ轴线），其余回水干管均明装。

在采暖供水干管末端安装 DN20 集气罐一个，其位置在二层采暖平面图上可以看出，位于 211 房间。集气罐上安装 DN15 阀门手动排气。

（7）查看固定支架的具体位置。固定支架的位置相当重要，不允许任意更改。从一层采暖平面图可以看出，采暖回水干管上共设置三个固定支架，分别位于 101、107、108 房间。从二层采暖平面图可以看出，采暖供水干管上共设置四个固定支架，分别位于 203、207、208 房间和楼梯进口处。

2. 识读采暖系统图

（1）查看热媒入口具体位置。本例热媒入口位置在标高-1.400 处，管径为 DN50，穿南墙后设主立管直通二层，标高为 6.280 m，再设水平干管，沿东墙、北墙、西墙、南墙敷设一周，再通过垂直立管连接二层散热器。

（2）查看各干管、支管的布置方式，管道上附件（阀门、固定支架等）的位置，以及管径、坡度等情况。

本例每两个散热器（个别的是一个）设一立管通往一层，全部立管均为 DN20。接散热器的支管均为 DN15，坡度均为 $i=0.002$。

（3）在识读系统图时，应注意与平面图对照起来，可以比较准确、快捷地完成识读。

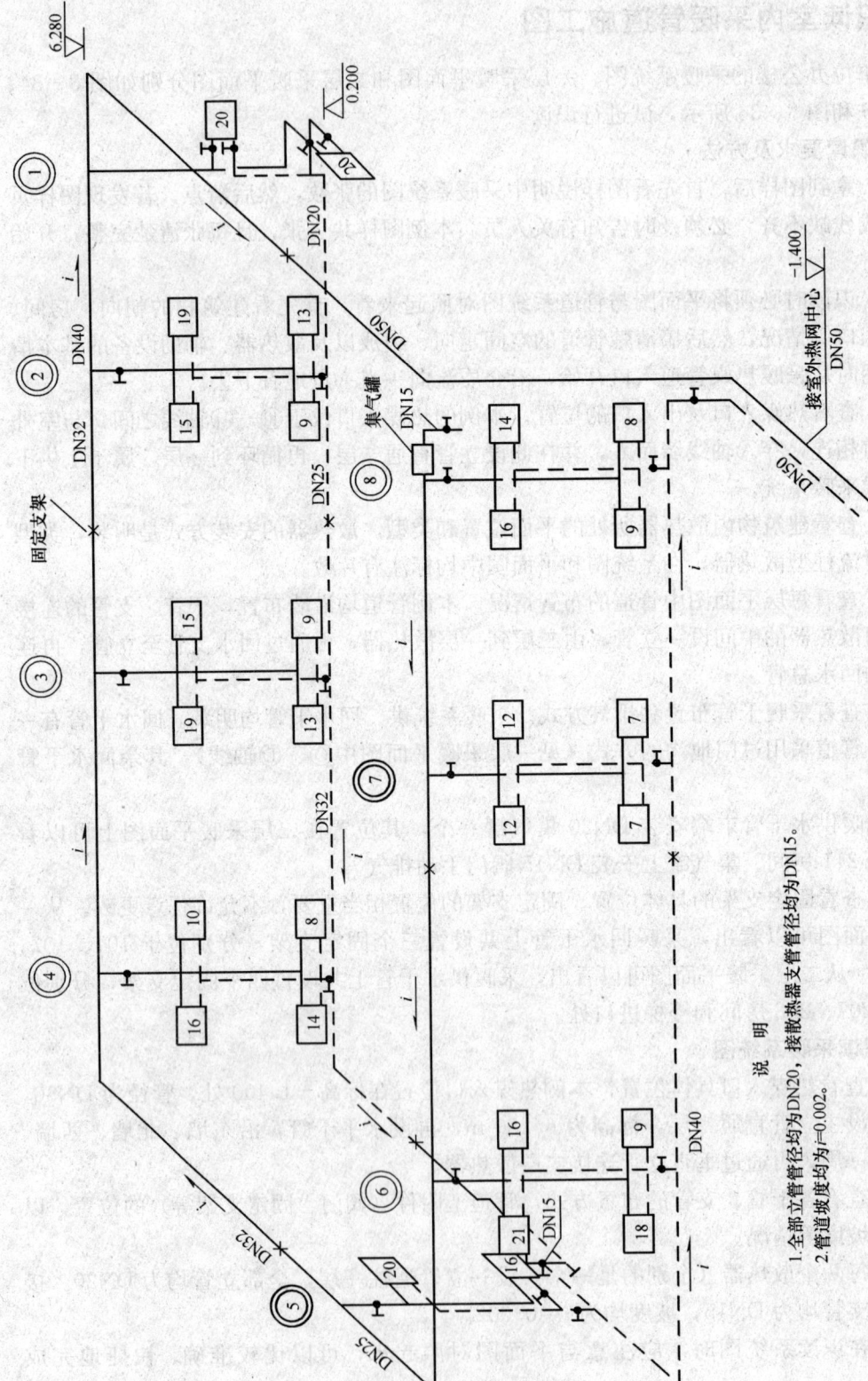

图 8—34 采暖系统图

说 明

1. 全部立管管径均为DN20，接散热器支管管径均为DN15。
2. 管道坡度均为i=0.002。

室内采暖管道安装

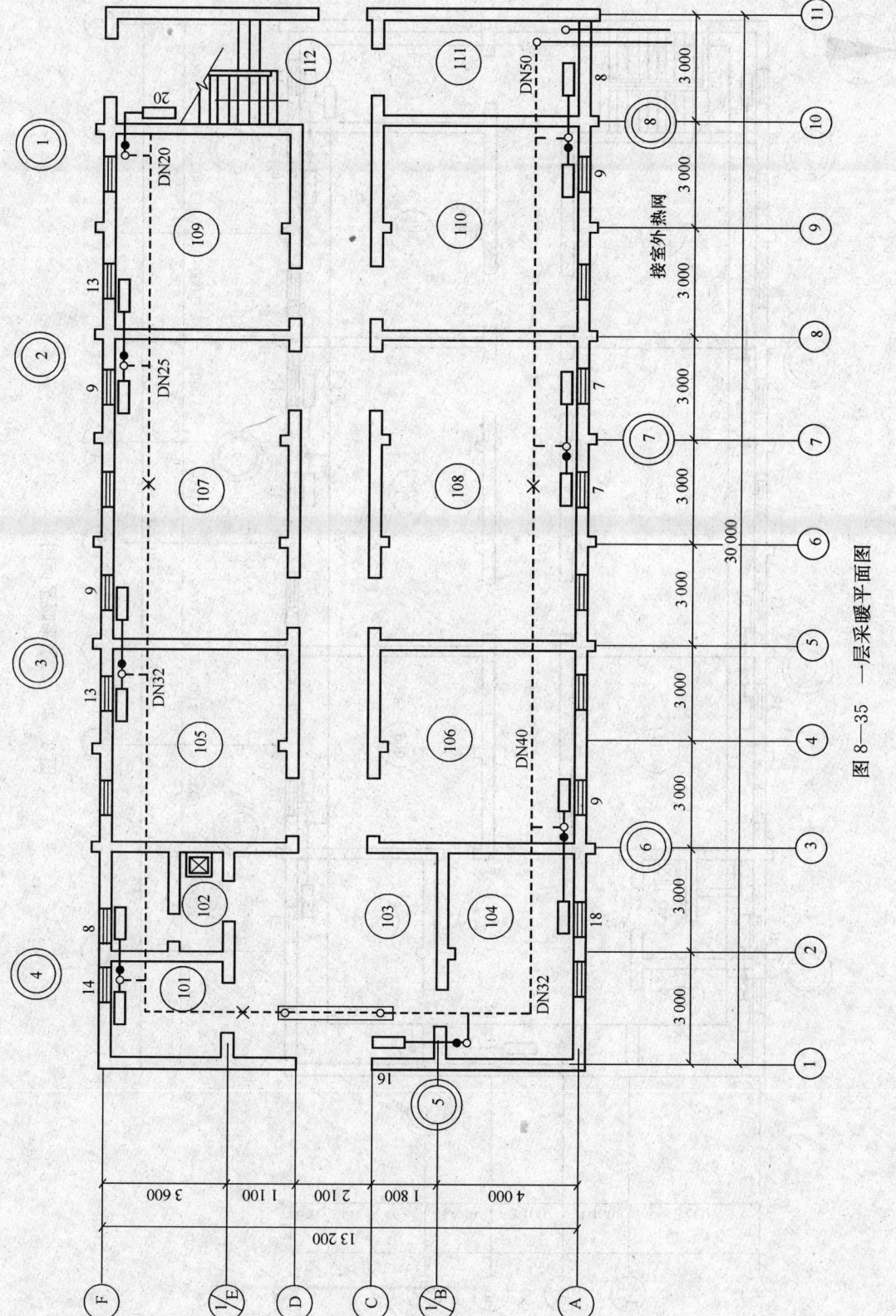

图 8-35 一层采暖平面图

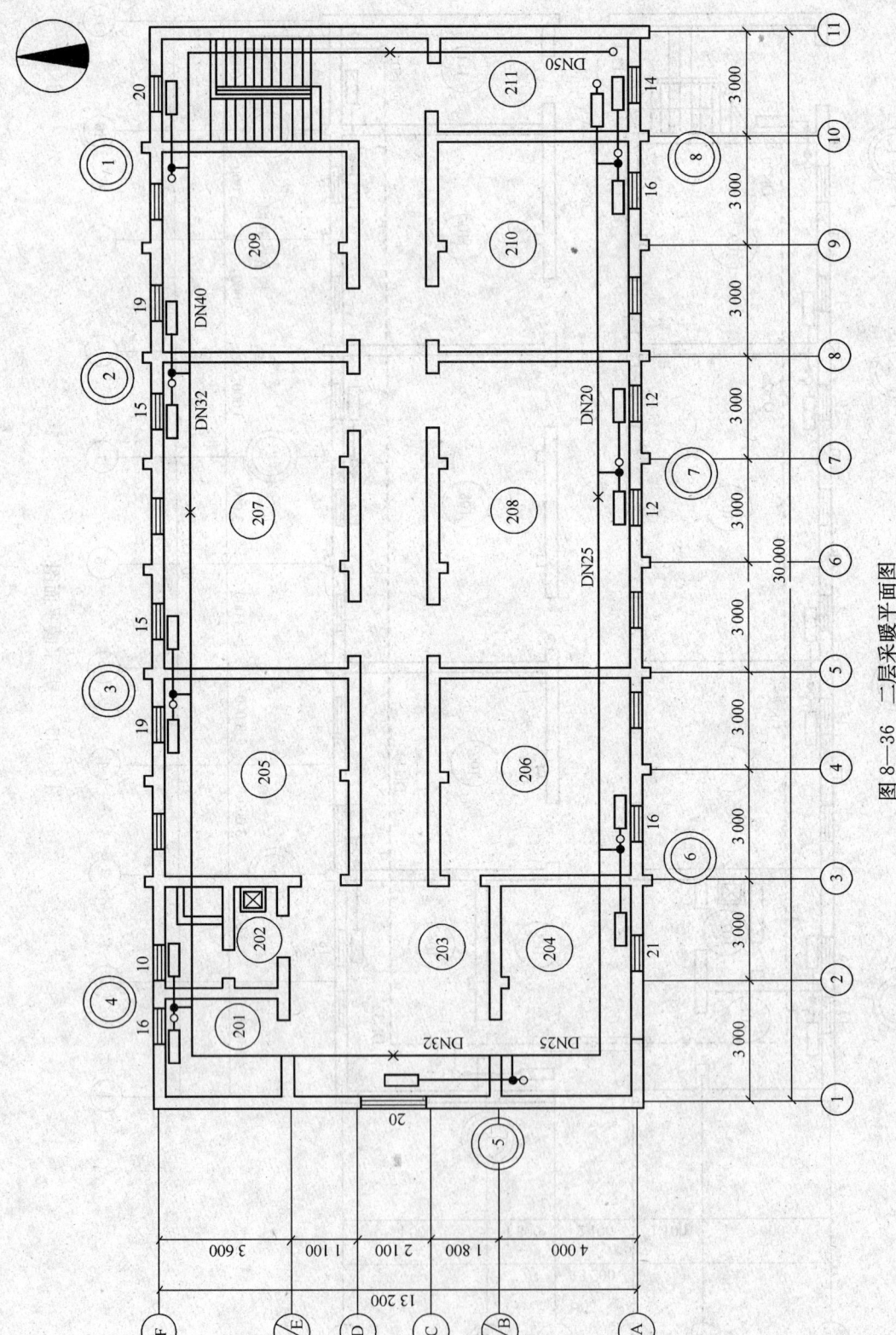

图 8—36 二层采暖平面图

实训 2 散热器组对与就位安装

【实训内容】
散热器组对与就位安装。
【准备要求】
1. 工具和机具

管钳、管子铰板、管子套螺纹工作台、散热器组对架、组对钥匙、手动试压泵或电动试压泵、活扳手、旋具、钢丝刷、油漆刷、油漆桶、钢卷尺、钢直尺、水平尺、线坠、冲击钻、手锤等。

2. 材料

铸铁柱型散热器、对丝、补芯、丝堵、石棉橡胶垫片、散热器托钩或拉杆、砂纸、压力表、截止阀等。

【质量标准】
1. 组对材料统计表所列材料规格应齐全，数量应正确。
2. 散热器中心线应与窗户中心线重合。
3. 散热器、对丝、补芯和丝堵的正反扣应识别正确。
4. 散热器中心线距墙尺寸应符合要求。

【操作步骤】
1. **熟悉施工图样，编制组片和配件统计图表**
(1) 根据施工平面图、系统图确定房间散热器的位置和片数。
(2) 根据散热器片数确定配件数和托架数。
2. **检查散热器并除锈、涂漆**
(1) 检查散热片是否有裂纹、砂眼，腔内是否有沙土等杂物，螺纹是否良好，密封面是否平整等。
(2) 用钢丝刷除去散热片表面上的浮锈并用布擦干净。
(3) 在散热片表面先刷一遍红丹漆或防锈漆，再刷一遍银粉漆（第一遍漆完全干后，才能进行第二遍刷漆）。待银粉漆干后，用废旧锯条刮口（不得横向刮口），也可采用砂布打磨，除去散热片密封面上的油漆并露出金属光泽。
3. **散热器的组对**
(1) 先把组对散热器的架子与地面固定牢固，再将正扣朝上的散热片放在组对架上，然后把正扣朝下的两个对丝分别拧入散热片1~2牙，最后把浸油的石棉橡胶垫片套在两个对丝上。
(2) 将第二片（中片）的正扣朝向上方摆在对丝上，用组对钥匙把拧入第一片的对丝逆时针旋转一扣，再顺时针两人同时轻轻旋转，待两个对丝均入扣时，再同时匀速旋转拧紧，使垫片上的油挤出即可。
(3) 按统计图表的组对数量，按同样的工序和方法组对所需散热器。
(4) 将补芯和丝堵加垫片，分别拧入散热器边片两侧的上、下接口处（注意补芯和丝堵的正反丝）。

(5) 将组对好的散热器慢慢立起，用运输小车运至试压地点，有序堆放，等待试压。

4. 水压试验

(1) 将组对好的散热器抬到试压台上，放置平稳，用管钳上好临时堵头和补芯，安装放气阀，连接好临时管路和手动试压泵或电动试压泵。

(2) 打开进水阀，向散热器内充水，同时打开放气阀，将散热器内的空气排净，待水灌满后关闭放气阀和进水阀。

(3) 启动手压泵或电动试压泵，首先升压至试验压力（为工作压力的 1.5 倍且不小于 0.6 MPa），后降至工作压力恒压 2～3 min，压力不下降且每个接口不渗漏为合格。

(4) 若有接口渗漏，用粉笔在渗漏处做记号，放水并卸下丝堵或补芯，用组对长钥匙上紧接口或更换垫片，重新试压直至合格。

(5) 打开泄水阀放水，重新装上补芯和丝堵，运到集中地点等待就位安装。

5. 散热器就位安装

(1) 画散热器托架安装线。利用定位画线尺，根据安装位置及高度，在外窗下墙上画出散热器安装位置的中心线和托架的位置线，并根据托架数量确定其位置。

(2) 栽托钩或拉杆。用錾子或冲击钻在墙上按画线的位置打好孔洞，用水冲洗孔洞，在托钩或拉杆的位置上挂水平线，使钩子中心线对准水平线，经量尺校对标高准确无误后，填塞水泥砂浆和鹅卵石并抹平压实。

(3) 散热器就位安装。待水泥砂浆养护达到最高强度后，将散热器组轻轻抬起落座在托钩上，用水平尺找平、找正、垫稳或落地安装，将散热器组的拉杆螺母拧紧即可。

【质量验收】

1. 组对材料统计表数据在误差范围内。
2. 散热器中心线与窗户中心线重合。
3. 能熟练识别散热器、对丝、补芯和丝堵的正反扣。
4. 散热器中心线距墙尺寸符合要求。

【注意事项】

1. 安全注意事项

(1) 使用冲击钻时应注意用电安全。

(2) 组对散热器加力时应站稳和缓慢加力，防止滑倒。

(3) 散热器除锈时应带防护眼镜。

(4) 刷油漆时应注意防火。

2. 散热器组对和就位时的缺陷与解决方法

(1) 散热器除锈不彻底，刷油漆流淌现象严重。除锈时应仔细、彻底，刷油漆时刷子不要沾满油漆，涂刷要均匀、不流淌油漆。

(2) 对散热器接口面刮口应认真、平整并露出金属光泽，防止接口试压时出现渗漏。

(3) 注意不同散热器材质的耐压能力，防止因试验压力过大而打爆散热器。

(4) 试压后运输散热器时，应轻搬轻放，防止因扭曲、振裂、接口松动而造成漏水。

(5) 散热器就位前,应校核安装中心线及托钩位置线,防止画线定位不准给安装造成麻烦。

单元测试题

一、填空题(请将正确答案填在空白横线上)

1. 采暖系统是指从热源来的_____经_____系统送往以采暖为目的的热用户。
2. 上供下回式自然循环热水采暖系统的水平供水干管位于系统上部,安装坡度为_____,标高不断降低,习惯上称为沿水流方向_____走。
3. 上供下回式机械循环热水采暖系统中水平铺设的供水干管安装坡度为_____,标高不断抬高,习惯上称为沿水流方向_____走。
4. 在热水采暖系统中,当干管与分支干管处于同一平面上水平连接时,水平分支干管应用羊角弯从_____上开孔接出,不能采用_____连接。
5. 热水采暖供水、回水干管变径时,应采用_____且按_____方法连接,以利于系统内空气的排出。
6. 回水干管采用明装敷设过门时,一般有两种方式:一种是在门下做一个小_____绕过,另一种是从_____绕过。

二、单项选择题(下列每题有4个选项,其中只有1个是正确的,请将其代号填写在横线空白处)

1. 自然循环热水采暖系统膨胀水箱的膨胀管接在系统管道中_____。
   A. 供水总立管的顶端　　　　B. 回水立管
   C. 供水立管　　　　　　　　D. 回水干管
2. 采暖支管穿越墙体时,应选用大于支管_____管径的钢套管。安装时,套管口应与墙体饰面平齐。
   A. 1号　　　B. 2号　　　C. 3号　　　D. 4号
3. 采暖立管安装前,应根据立管垂直基准线和管卡安装高度,距地坪_____m处画线确定管卡安装位置。
   A. 1.1~1.3　　　B. 1.2~1.4　　　C. 1.4~1.6　　　D. 1.5~1.8
4. 采暖管道穿过楼板时,应设置钢套管。安装在卫生间及厨房内的套管,其顶部应高出装饰地面_____mm,底部应与楼板底面相平。
   A. 20　　　B. 30　　　C. 40　　　D. 50
5. 在机械循环热水采暖系统中,膨胀水箱连接在回水干管_____入口前,具有恒定循环水泵入口压力,保证采暖系统_____稳定的作用。
   A. 阀门　水量　　　　　　　B. 循环水泵　压力
   C. 阀门　压力　　　　　　　D. 循环水泵　水量
6. 散热器垫片通常选用石棉橡胶垫,其厚度为_____mm,不能用双垫。
   A. 1.0~1.3　　　B. 1.0~1.4　　　C. 1.0~1.5　　　D. 1.0~1.6

三、多项选择题（下列每题有5个选项，其中有1个以上是正确的，请将其代号填写在横线空白处）

1. 以热媒的性质不同，采暖系统可分为_____。
   A. 热水采暖系统　　　　B. 蒸汽采暖系统　　　　C. 辐射采暖系统
   D. 热风采暖系统　　　　E. 地板辐射采暖系统

2. 自然循环热水采暖系统膨胀水箱的作用是_____。
   A. 排除系统内的空气　　B. 增加系统循环动力　　C. 稳压
   D. 向系统内补水　　　　E. 容纳水受热膨胀的体积

3. 机械循环热水采暖垂直式系统的形式有_____。
   A. 上供下回式　　　　　B. 中供式　　　　　　　C. 下供上回（倒流）式
   D. 机械顺流式　　　　　E. 双管下供下回式

4. 散热器安装程序包括_____。
   A. 划线　　　　　　　　B. 打洞　　　　　　　　C. 水压试验
   D. 栽托钩　　　　　　　E. 散热器就位

5. 供水干管最高点应安装排气装置，排气装置一般包括_____。
   A. 手动集气罐　　　　　B. 自动排气阀　　　　　C. 截止阀
   D. 手动跑风　　　　　　E. 膨胀水箱

6. 散热器的安装形式有_____。
   A. 挂装　　　　　　　　B. 落地安装　　　　　　C. 明装
   D. 半暗装　　　　　　　E. 暗装

四、判断题（下列判断正确的请在括号内打"√"，错误的请在括号内打"×"）

1. 简易自然循环热水采暖系统采暖炉的进出口上宜分别安装两个活接头。（　　）
2. 采暖系统最不利环路只有一个，是管线最长、热负荷最小的环路。（　　）
3. 供、回水支管的坡度应基本一致。供水支管的坡度为0.01，坡向朝散热器。（　　）
4. 除污器是用来截流、过滤管路中的杂质和污物，保证系统内水质洁净，减小阻力，防止堵塞调压板及管路的设备。（　　）
5. 散热器安装时，其垂直中心线与窗口中心线必须一致，同一房间的散热器安装高度可以不一致。（　　）
6. 散热器组对后，以及整组出厂的散热器在安装之前应做水压试验。试验压力如设计无要求时应为工作压力的1.5倍，但不小于0.8 MPa。（　　）

五、简答题

1. 散热器有哪几种形式？简述铸铁柱形散热器组对的过程。
2. 简述采暖干管的安装程序。
3. 简述采暖系统水压试验的过程。
4. 简述室内采暖管道的安装工序。
5. 铸铁四柱760型散热器，要求落地安装，散热器上设置手动放气阀。已知13片1组、12片1组、10片3组，试计算散热器组对和安装时所需材料的使用量。

单元测试题参考答案

一、填空题

1. 热水或蒸汽　输送管路　　2. 0.005　低头　　3. 0.003　抬头
4. 采暖总立管　T形　　5. 偏心大小头　管顶平　　6. 地沟　门上

二、单项选择题

1. A　　2. B　　3. D　　4. D　　5. B　　6. C

三、多项选择题

1. ABD　　2. ACDE　　3. ABCE　　4. ABDE　　5. ABD　　6. ABCDE

四、判断题

1. ×　　2. ×　　3. √　　4. √　　5. ×　　6. ×

五、简答题

略

第9单元

室内给排水管道安装

- 第一节 室内给水系统/213
- 第二节 室内排水系统/226
- 第三节 技能训练实例/234

第一节 室内给水系统

→ 1. 熟悉室内给水系统的任务、分类和组成
→ 2. 了解室内给水系统的给水方式
→ 3. 熟悉室内给水系统布置和敷设的要点
→ 4. 熟悉室内给水管道的管材和连接方式
→ 5. 掌握室内给水管道安装的要点

一、室内给水系统的任务、分类和组成

1. 室内给水系统的任务

室内给水系统的任务是通过室外给水系统将水引入建筑物内，并在保证满足用户对水质、水量、水压等要求的情况下，把水送到各个配水点（如水龙头、生产用水设备、消防设备等）。

2. 室内给水系统的分类

按照供水对象的不同，室内给水系统分为生活给水系统、生产给水系统和消防给水系统三类。

（1）生活给水系统。提供人们日常生活所用的水，如饮用、烹调、洗涤、盥洗和淋浴等用水的管道设施，称为生活给水系统。生活给水系统要求水质必须符合国家标准《生活饮用水卫生标准》。

（2）生产给水系统。提供生产工艺用水，如机器设备冷却、原料和产品的洗涤、锅炉及生产过程用水的管道设施，称为生产给水系统。生产给水系统对水质的要求应根据生产性质和工艺要求而定。

（3）消防给水系统。提供建筑物扑灭火灾所需用水的消防管道设施，称为消防给水系统。消防给水系统对水质要求不高，但必须按建筑防火规范保证有足够的水量和水压。

实际工程中，一个建筑物并不一定需要单独设置上述给水系统，可以考虑经济、技术和安全等条件，组成不同的共用给水系统，如生活—生产给水系统，生活—消防给水系统，生产—消防给水系统，生活—生产—消防给水系统。

3. 室内给水系统的组成

室内给水系统通常由引入管、水表节点、干管、立管、横管、支管、卫生器具和用水设备等组成，如图9—1所示。

（1）引入管。由室外给水管道通过建筑物外墙引入建筑物的水平管段，称为引入管，也称进户管。

（2）水表节点。水表节点是指安装在引入管上的水表及其前后设置的阀门和泄水管装置的总称。

（3）干管。干管是指引入管至各立管间的主要水平管段。

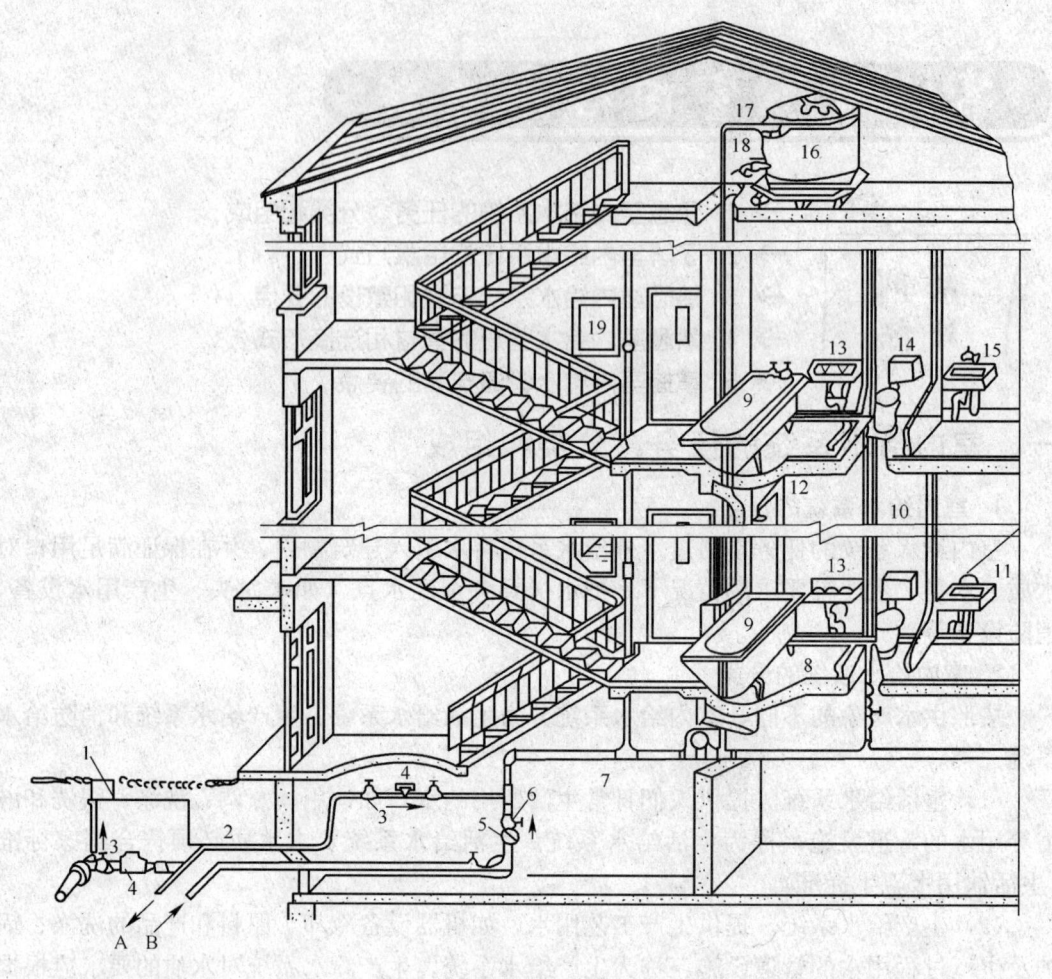

图9—1 室内给水系统的组成

1—阀门井 2—引入管 3—闸阀 4—水表 5—水泵 6—逆止阀 7—干管 8—支管 9—浴盆 10—立管 11—水龙头 12—淋浴器 13—洗脸盆 14—大便器 15—洗涤盆 16—水箱 17—进水管 18—出水管 19—消火栓 A—入储水池 B—来自储水池

(4) 立管。立管常为垂直管段,是从干管上接出并将水送到各楼层的竖直管段。

(5) 横管。横管常为水平管段,是从立管上接出并将水接至各卫生器具支管之间的管段。

(6) 支管。支管是从横管接至水龙头、卫生器具或其他用水设备之间的管段。

(7) 卫生器具和用水设备。卫生器具和用水设备是供水、接受、排出污水或污物的容器或装置,常用的有洗脸盆、洗手盆、洗涤盆(池)、盥洗槽、浴盆、淋浴器、大便器、小便器等。

二、室内给水系统的给水方式

室内给水系统的给水方式是根据建筑物的性质与高度、室内卫生器具或用水设备的分布情况、所需水压以及室外给水管网所能提供的水量和水压等因素决定的,常用的有

以下几种:

1. 直接给水方式

建筑物内部不设加压及储水设备,室内给水管道系统与室外管网直接相连,利用室外管网压力直接向室内给水系统供水。这种方式是最经济、简单的给水方式,适用于室外管网水压、水量较大,能够全天保证室内用户用水要求的低层或多层建筑。其优点是供水可靠,系统简单,投资少,安装维修方便,可充分利用外网水压;缺点是系统无储存水量,当室外管网停水时,室内系统立即断水。直接给水方式如图9—2所示。

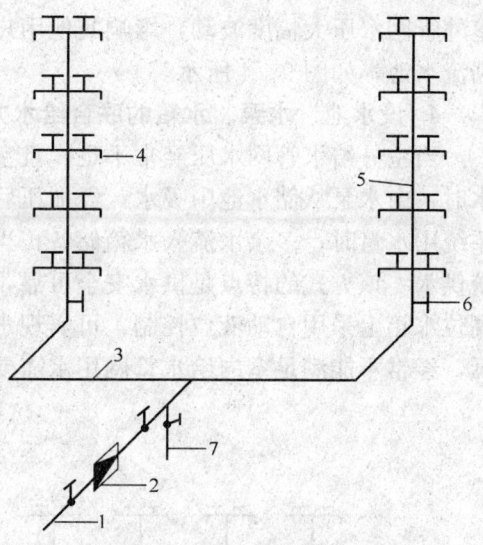

图9—2 直接给水方式
1—引入管 2—水表 3—水平干管 4—水龙头
5—立管 6—阀门 7—泄水管

2. 单设水箱给水方式

建筑物内部设有管道和屋顶水箱,室内给水管道和室外给水管网直接连接。当室外管网水压较高时,由室外管网直接向室内管网供水,并向水箱充水;当用水高峰时,室外管网水压不足,则由水箱向室内管网供水。这种方式适用于室外管网的水压呈周期性不足,以及室内用水要求稳压供水的多层建筑。单设水箱给水方式如图9—3所示。

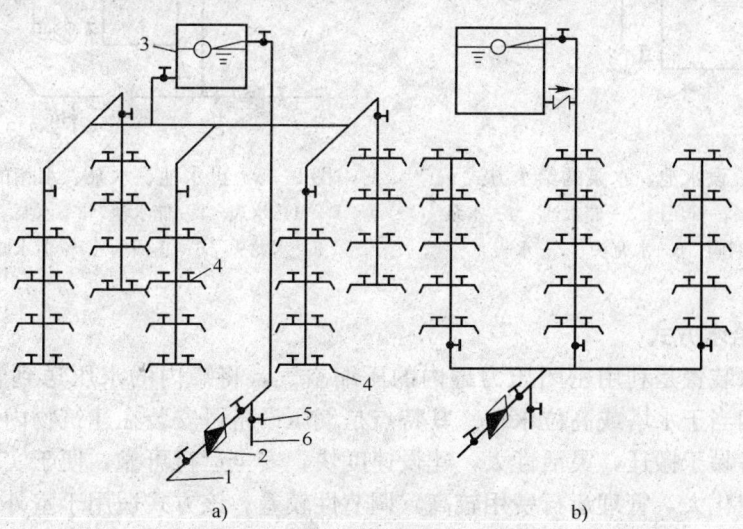

图9—3 单设水箱给水方式
a) 上行下给式 b) 下行上给式
1—引入管 2—水表 3—水箱 4—水龙头 5—阀门 6—泄水管

3. 设水泵、水池给水方式

建筑物内部设有给水管道及加压水泵,当室外管网水压经常性不足,室内用水较为均匀时,由水泵向室内给水系统供水。通常不允许水泵直接从室外管网吸水,避免造成室外管网水压大幅度波动，影响其他用户用水。所以，这种给水方式在系统中必须设置断流水池，如图9—4所示。

4. 设水池、水泵、水箱的联合给水方式

当室外给水管网水压经常不足，且室内用水不均匀，不允许水泵直接从室外管网吸水时，由水泵从储水池中吸水，经加压后向室内给水系统供水。当水泵供水量大于室内系统用水量时，多余水流入水箱储备；当水泵供水量小于室内系统用水量，由水箱向系统供水。该方式的特点是供水安全可靠，水泵工作稳定，并经常处于高效率下工作。在高位水箱上采用自动液位控制，可实现水泵启闭自动化。该方式适用于室外管网水压较低，经常不能满足室内给水管网用水需要的多层建筑，如图9—5所示。

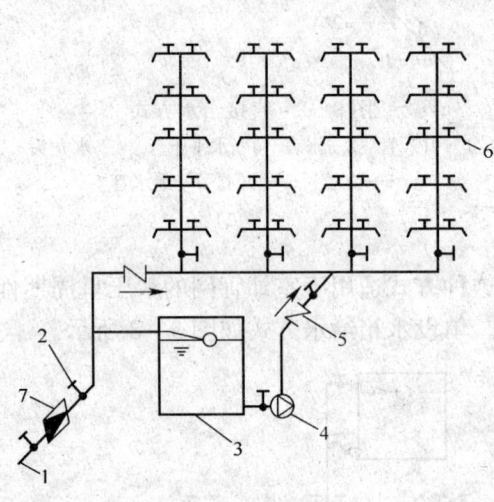
图9—4 设水池、水泵的给水方式
1—引入管 2—阀门 3—储水池 4—水泵
5—止回阀 6—水龙头 7—水表

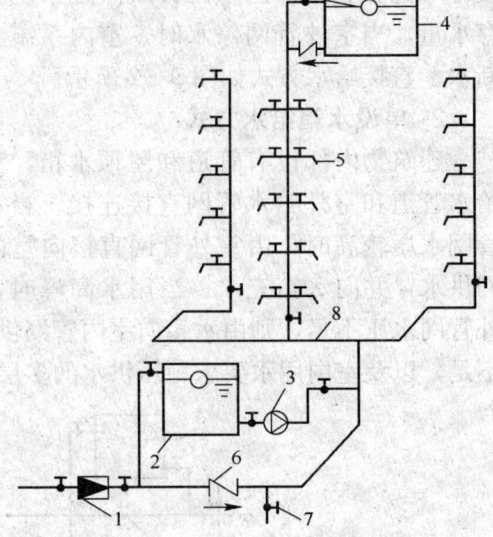
图9—5 设水池、水泵、水箱的联合给水方式
1—水表 2—储水池 3—水泵 4—屋顶水箱
5—水龙头 6—止回阀 7—泄水阀 8—水平干管

5. 气压给水方式

气压给水装置是利用密闭压力罐内的压缩空气，将罐内的水压送到管网中各用水点，其作用相当于水塔或高位水箱。其特点是气压设备可安装在建筑物内任何高度，安装方便，设备易于搬迁，灵活性大，建设速度快，安全运行可靠，便于实现自动化。但是给水压力变化大，管理运行费用较高，调节性较差。该方式适用于室外管网水压经常不足，建筑物内不宜设置高水箱的多层或高层建筑物，如图9—6所示。

6. 分区给水方式

将建筑沿垂直方向按层分成两个或两个以上的供水区，每一区分别组成独立的给水系统。下区给水系统由室外管网直接供水，上区则用水箱和水泵联合供水。该方式的特点是供水安全可靠，充分利用室内外管网水压，技术合理，节省电能，但管道及设备投资较大，适用于多层或高层建筑，如图9—7所示。

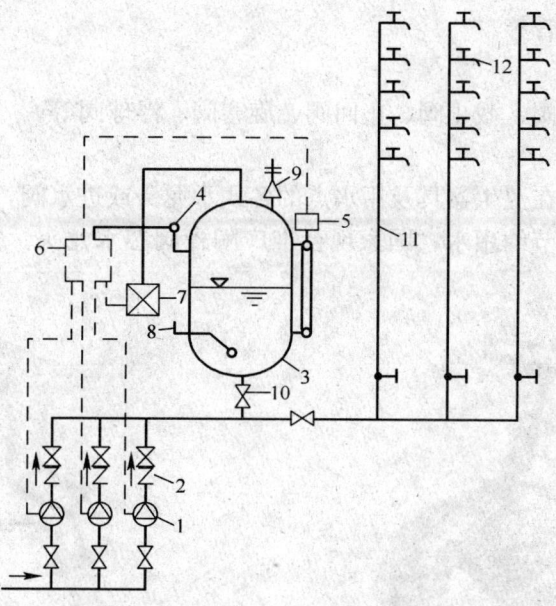

图9—6 气压给水方式
1—水泵 2—止回阀 3—密闭压力罐 4—压力信号器
5—液位信号器 6—控制器 7—补气装置 8—排气阀
9—安全阀 10—阀门 11—立管 12—水龙头

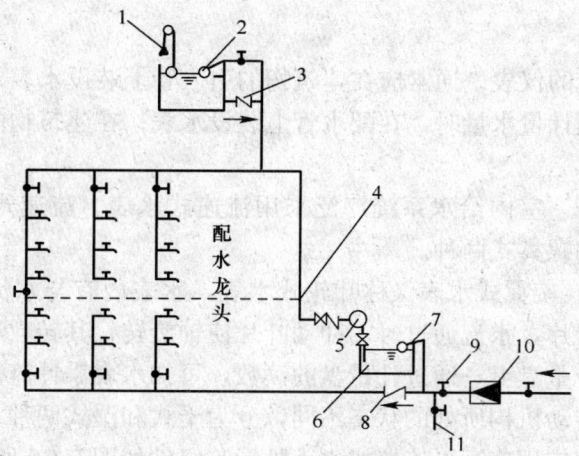

图9—7 分区给水方式
1—浮球液位器 2、7—浮球阀 3、8—止回阀 4—室外给水管网水压线 5—生活泵
6—储水池 9—阀门 10—水表 11—泄水管

另外，还有分质给水方式以及适用于高层建筑的给水方式。

三、室内给水系统的设施

1. 管材

常用的给水管材有铸铁管、薄壁不锈钢管、铜管、焊接钢管和镀锌钢管、塑料管、铝塑复合管、衬塑钢管等。

2. 阀门

常用的阀门有闸阀、截止阀、止回阀、旋塞阀、浮球阀等。

3. 给水配件

给水配件是指装在卫生器具及用水点的各式水龙头或进水阀，常用的有普通水龙头和专用水龙头等。为节约用水，国家现行推广陶瓷阀芯水龙头。常用水龙头如图 9—8 所示。

 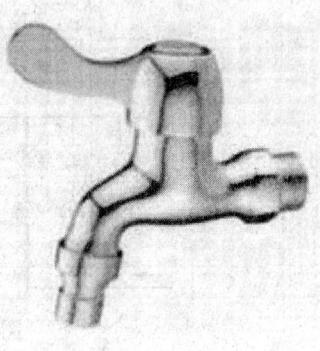

a) b)

图 9—8 常用水龙头
a) 普通水龙头 b) 陶瓷阀芯水龙头

4. 水表

水表是计量水量的仪表。通常应在建筑物的引入管上装设水表；当建筑物的某部分或个别生产设备必须计量水量时，在配水管上装设水表；在建筑物内的各用户装设分户水表。

（1）流速式水表。室内给水系统广泛采用流速式水表。流速式水表按叶轮构造不同，可分为旋翼式和螺翼式两种。

1）旋翼式水表。旋翼式水表又称叶轮式水表，水表内有与水流垂直的旋转轴，轴上装有呈平面状的叶片，水流通过时，冲动叶片使轴旋转，其转数通过由大小齿轮组成的传动机构指示于计量盘上，通过计量盘的读数，可知水表累计流量的总和。

旋翼式水表按传动机构所处的状态不同，分为干式和湿式两种。干式水表比湿式水表精度差，湿式水表应用广泛。旋翼式水表外形与组件如图 9—9 所示。

2）螺翼式水表。螺翼式水表用于测量较大的流量，常用于室外给水管道上。

（2）智能水表。智能水表是在普通水表的基础上增加一套自动控制系统的新型水表，具有体积小、质量轻、功耗低、精度高、抗干扰能力强、集成度高、安全可靠等特点，实现了用户用水量的数据采集、处理、显示、保存等自动控制功能于一体，如图 9—10 所示。

（3）水表的安装要求

1）水表安装前，应将管道内的杂物清洗干净，并将水表进出口的堵塞物取出，以免堵塞水表。水表前宜安装过滤器。

室内给排水管道安装

干式水表

湿式水表

水表机芯

水表壳

水表盖

水表接头

水表机芯

传动轴

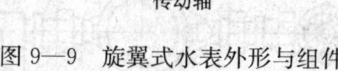
旋翼轮

图9—9 旋翼式水表外形与组件

a)

b)

图9—10 智能水表
a) IC卡智能水表　b) 超声波远传水表

— 219 —

2）安装水表时，必须注意使表壳上的箭头方向与管道水流方向保持一致，不能装反。

3）水表必须安装在直线管段上。安装螺翼式水表，其进水端应保证有长度为8～10倍水表公称通径的直线管段；其他类型水表的前后，则应有长度不小于300 mm的直线管段。

4）水表前后和旁通管上均应安装阀门，以便于检修和拆换水表。

5）水表外壳和墙表面之间的净距为10～30 mm，水表进出口安装高度允许误差为±10 mm。

6）为了计量准确，水龙头一般应高于水表；接水表的母管直径应比水表的口径大一号。

（4）螺纹水表的安装方法。螺纹水表通常明装在住宅每户进水横管上，用于计量各用户的水量。室内分户水表的安装如图9—11所示。

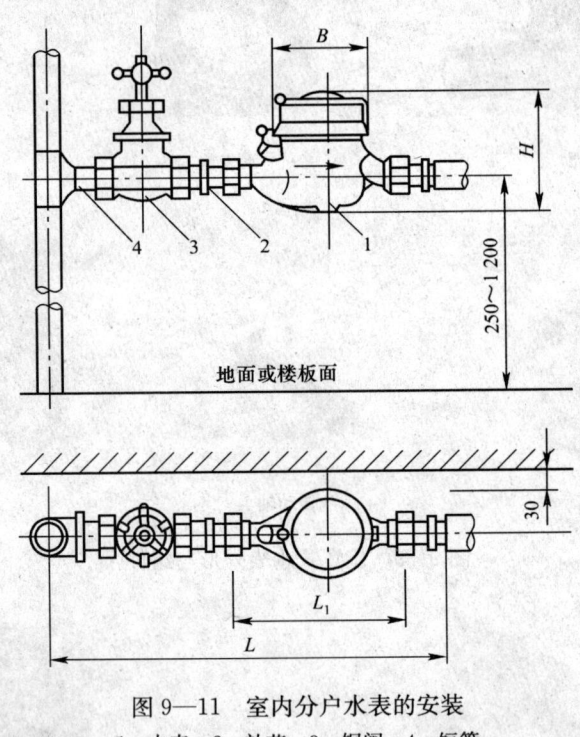

图9—11 室内分户水表的安装
1—水表 2—补芯 3—铜阀 4—短管

1）如果直接水平安装在立管上，距地面高度应为1 m。连接水表的三通规格应比水表规格大一号，比如水表规格是DN15，则三通规格应为DN20。

2）水表的进水端必须装闸阀，闸阀通过短外丝与三通（或别的管件）螺纹连接。

3）卸下水表进水端的锁母和短外丝，外丝缠好生料带，用小管子钳将其通过补芯引进阀门，拧紧时用力不能过大，以免把阀门拧裂。水表出水端的锁母连接与上述相同。

4）在水表主体与短外丝之间垫上橡胶圈，对中之后分别从两端锁紧锁母。锁紧锁母时应当用250～300 mm的活扳手均匀用力，前后端逐渐锁紧，最后通水试验。

5. 水箱

水箱的作用是储备水量、稳定水压、控制水泵工作和保证供水。水箱一般用钢板或钢筋混凝土制作，其外形有圆形和矩形两种，圆形水箱结构上较为经济，矩形水箱便于布置。水箱上应设进水管、出水管、溢流管、泄水管及水位信号管等，如图9—12所示。

（1）进水管。进水管是向水箱供水的管子。进水管上应安装浮球阀，浮球阀一般不宜少于两个。在浮球阀前应安装截止阀，以方便检修。

（2）出水管。出水管就是将水箱里的水送到室内给水系统中去的管子。出水管可以单独设置，也可以与进水管合用一条管道。合用时水箱的出水管上应安装止回阀，以防止水箱由底部充水，如图9—13所示。

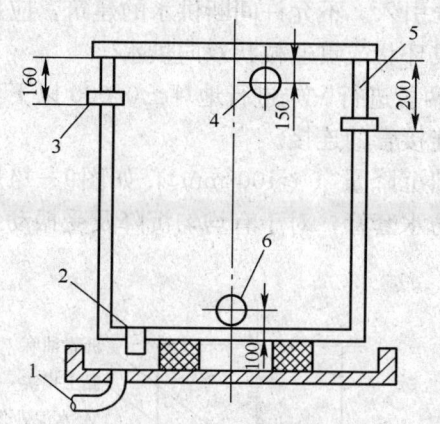

图9—12 水箱的配管
1—托盘排水管 2—泄水管 3—水位信号管
4—溢流管 5—进水管 6—出水管

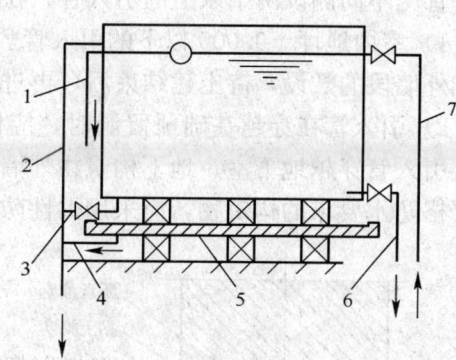

图9—13 水箱进水管和出水管的设置
1—水位信号管 2—溢流管 3—泄水管
4—托盘排水管 5—托盘 6—出水管 7—进水管

（3）溢流管。溢流管是用来控制水箱最高水位的管子，其管口下缘应比水箱最高水位高出20 mm，管径比进水管大一级，便于及时泄水，但在距水箱底1 m以下可以改用等于进水管直径。溢流管上不得装设任何阀门，不得与排水系统直接相连。

（4）泄水管。泄水管从水箱底部接出，用以清除水箱底部沉积的杂质污物和清洗水箱的污水。泄水管上设有阀门，平时关闭，清洗水箱时开启阀门泄水。通常泄水管与溢流管相连接。

（5）水位信号管。水位信号管的作用是检测浮球阀的工作情况和控制水泵启闭。水位信号管管径一般采用DN15、DN20。

水箱一般设置在建筑物顶层专用的水箱间内。水箱间应有良好的采光和通风条件，室内温度不得低于5℃。如水箱有结冻或结露的可能时，必须加以保温。水箱的托盘一般用木板制作，外包镀锌铁皮，并刷两道防锈漆。

为了安装维修方便，水箱与水箱之间、水箱壁与墙面之间的净距均不宜小于0.7 m。有浮球阀的一侧，水箱壁和墙面之间的净距不宜小于1.0 m。钢板水箱的四周，应有不小于0.7 m的检修通道。

四、室内给水管道的布置、敷设、防腐、防冻和防露

1. 室内给水管道的布置与敷设

室内给水管道的布置应根据建筑物的性质、使用要求和用水设备位置等因素确定，应遵循以下原则：保证有最佳的水力条件，保证安全供水和方便使用，不影响建筑的使用和美观，有利于检修和维护管理。

给水管道的敷设根据建筑卫生、美观、安全等方面的不同要求，分为明装和暗装两种形式。给水管道一般采用明装；如果建筑或生产工艺有特殊要求时，可暗装。

明装是将管道在室内沿墙、梁、柱、天花板下、地板旁等处暴露敷设。暗装是将管道敷设在地下室的天花板下和顶层吊顶内，或在管井、管槽、管沟中隐蔽敷设。

(1) 引入管。引入管宜从建筑物用水量最大处引入。不允许间断供水的建筑，应从室外管网不同侧设两条以上的引入管，在室内连成环状或贯通枝状双向供水。

1) 室内地坪±0.000以下的引入管敷设应分两段进行。先进行地坪±0.000以下至基础外墙段的敷设，待土建结束后，再进行户外连接管的连接。

2) 引入管在穿越基础预留洞时，应留出基础沉降量（≥100 mm），如图9—14所示。引入管穿越地下室、地下构筑物外墙时应设防水套管，对于有均匀沉降及受振动且有严格防水要求的构筑物，应采用柔性防水套管。

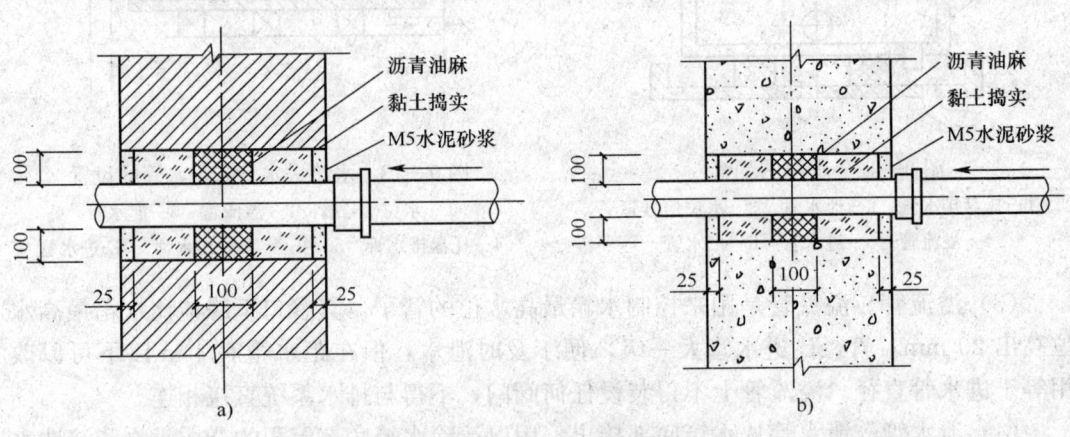

图9—14　给水管穿越建筑物基础
a) 给水管穿越砖基础　b) 给水管穿越混凝土基础

3) 地下给水管道应保证0.002～0.005的坡度，坡向朝引入管至室外管网。若地下管道为地沟敷设或引入管采用地沟连接管道井时，引入管应设泄水阀门。引入管的室外甩头管端应采用堵头临时封严，以备管道试压之用。

(2) 给水管道的布置形式。给水管道不宜穿越建筑物的伸缩缝、沉降缝等变形缝。若管道必须穿越时，应采用软性接头法、螺纹弯头法及活动支架法进行穿越，如图9—15所示。根据给水干管的位置可分为下行上给式、上行下给式和环状式等布置形式。

1) 下行上给式（见图9—3b）的水平干管敷设于底层走廊或地下室顶棚下，也可

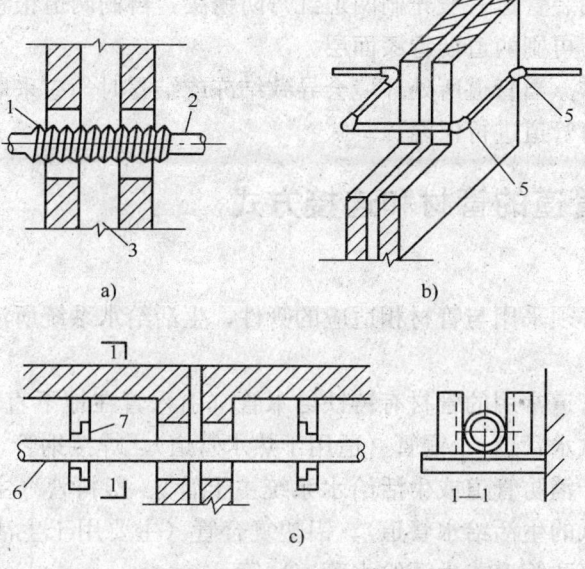

图 9—15 给水管道穿越建筑物变形缝的方法
a) 软性接头法　b) 螺纹弯头法　c) 活动支架法
1—软管　2、6—管道　3、4—沉降缝　5—螺纹弯头　7—支架

直接埋在地下。水平干管向上接出支管，自下而上供水。

2) 上行下给式（见图 9—3a）的水平干管敷设在顶棚或吊顶内，高层建筑敷设在设备层中。立管由干管向下分出，自上而下供水。

3) 环状式分为水平干管环状式和立管环状式两种，多用于大型公共建筑及不允许断水的场所。

(3) 给水管道穿越楼板、屋面时应埋设套管，套管应高出地面 20～50 mm，并应采取防水措施。

(4) 给水管道不得与易燃、有毒、有腐蚀的气体或液体同沟敷设，不得穿越卧室、储藏室、烟道、风道、排水沟。

(5) 塑料给水管道应远离热源，主管与灶边净距不得小于 400 mm，与采暖管道净距不得小于 200 mm，且不得因热源辐射使管外壁温度高于 40℃。

(6) 水箱的进水管、出水管、水箱至阀门之间的管段，不宜采用塑料管，应采用金属管。埋地铜管宜采用塑覆铜管。塑料管道不得用于消防给水管道，也不得与消防给水管道连接。

(7) PVCU 给水塑料管长度大于 20 m 时，应采取补偿管道膨胀的措施。支管与设备、容器连接处，可利用管道拐角自然补偿管道的伸缩。

2. 室内给水管道的防腐、防冻和防露

金属管道在使用过程中，由于化学作用、生物作用和电化学作用，会使管道产生腐蚀。为了保证水质、延长管道的使用寿命，应根据所处环境和腐蚀特点，采用相应的防腐方法。

(1) 防腐。最简单的防腐方法是刷防腐涂料，即刷油漆。在管道刷油漆前，应对管道表面进行除锈。明装管道一般先刷两道红丹防锈漆，再刷两道银粉漆面漆；暗装管道一般先刷冷底子油，再刷两道沥青漆面层。

(2) 防冻和防露。当管道所处环境会导致结冻或结露时，应采取保温和防露保护措施，常用的方法是对管道进行保温。

五、室内给水管道的管材和连接方式

1. 管材

(1) 给水管道必须采用与管材相适应的管件，生活给水系统所涉及的材料必须达到饮用水给水的标准。

(2) 室内给水管道常用的管材有铸铁给水管（引入管在地下直埋时采用）、薄壁不锈钢管（适用于直饮水管道）、铜管（适用于热水管道）、焊接钢管（适用于消防管道）、镀锌钢管（主要用于消防管道或生活给水系统主干管）、塑料管（主要是 PPR 管和 PE 管，适用于压力较低的生活给水管道）、铝塑复合管（主要用于生活给水管道的支管）、衬塑钢管（适用于消防管道或生活给水管道）等。

2. 连接方式

(1) 管径小于或等于 100 mm 的镀锌钢管应采用螺纹连接，套螺纹时破坏的镀锌层表面及外露螺纹部分应做防腐处理；管径大于 100 mm 的镀锌钢管应采用法兰或卡套式专用管件连接，镀锌钢管与法兰的连接处应二次镀锌。

(2) 给水塑料管和复合管可以采用橡胶圈连接、粘接、热熔连接、专用管件连接及法兰连接等形式。塑料管和复合管与金属管件、阀门等应使用专用管件连接，不得在塑料管上套螺纹。

(3) 给水铸铁管应采用水泥捻口或橡胶圈接口方式进行连接。

(4) 铜管连接可采用专用接头或焊接，当管径小于 22 mm 时宜采用承插或套管焊接，承口应迎介质流向安装；当管径大于或等于 22 mm 时宜采用对口焊接。

(5) 给水立管和装有三个或三个以上配水点的直管始端，均应安装可拆卸的连接管件。

(6) 冷、热水管道同时安装，应符合以下规定：

1) 上下平行安装时，热水管应在冷水管上方。

2) 水平平行安装时，热水管应在冷水管左侧。

六、室内给水管道的安装要点

1. 引入管的安装

(1) 引入管穿越建筑物的基础时，可参照图 9—14 所示的要求施工，并妥善封填预留的基础孔洞。当有防水要求时，引入管应采用刚性或柔性防水套管，防水套管具体施工可参阅有关标准图集进行。

(2) 安装时宜采用比量法下料，在地面上预制成整体后，一次性地穿越基础孔洞。

预制时，室外部分的管端套螺纹后连接管接头（管箍）及丝堵，以备试压。也可试压合格后安装。

（3）一般情况下，引入管底部宜用三通管件连接，三通底部装泄水阀或丝堵，以利于系统试验及冲洗时排水。

2. 给水干管的安装

（1）注意各层干管的管径大小及支管管径的大小。三通管件应严格检查后安装。

（2）每安装一段干管应用支架相对固定，以保证下一管段尺寸准确。

（3）螺纹连接阀门后必须安装活接头。

（4）应及时安装套管，如钢管套管等。

（5）室内采暖、给水及热水供应系统的金属管道立管管卡安装应符合以下规定：

1）楼层高度小于或等于 5 m 时，每层必须安装 1 个。

2）楼层高度大于 5 m 时，每层不得少于 2 个。

3）管卡安装高度，距地面 1.5～1.8 m；2 个以上管卡应均称安装；同一房间内的管卡应安装在同一高度上。

3. 给水支管的安装

从给水立管上接出连接用水设备的管道叫作支管。连接数个卫生器具的给水支管习惯上称为横支管，而只连接一个卫生设备的给水支管则直接称为支管或器具支管。

（1）暗装的横支管与暗装立管连接时，先将立管三通朝外拧偏适当角度，待横支管连接后，再推动支管使立管三通复位，则横支管即可嵌入墙槽内。

（2）水表应安装在便于检修，不受暴晒、污染和冻结的地方。安装螺翼式水表时，表前与阀门之间应有长度不小于 8 倍水表接口直径的直线管段。水表外壳与墙面之间的净距为 10～30 mm；水表进水口中心标高按设计要求，允许偏差为 ±10 mm。

（3）带半圆弯的主管与横支管跨越连接时，先将横支管上的三通口朝外拧偏适当角度，待半圆弯及阀门组装管段连接后，再使横支管上的三通复位，则半圆弯管段也到达了安装位置。

（4）支管与卫生器具连接应遵循软接合、软加力的原则。

4. 水压试验和冲洗

（1）室内给水管道的水压试验必须符合设计要求。当设计要求未注明时，各种材质的给水管道试验压力均为工作压力的 1.5 倍，但不得小于 1.6 MPa。

检验方法：金属及复合管给水管道系统在试验压力下观测 10 min，压力降不得大于 0.02 MPa，然后降到工作压力进行检查，应不渗不漏；塑料管道给水系统应在试验压力下稳压 1 h，压力降不得超过 0.05 MPa，然后在工作压力的 1.15 倍状态下稳压 2 h，压力降不得超过 0.03 MPa，同时检查各连接处不得渗漏。

（2）生活给水系统管道在交付使用前必须冲洗和消毒，并经有关部门取样检验，确认符合国家标准《生活饮用水卫生标准》方可使用。

第二节　室内排水系统

→ 1. 熟悉室内排水系统的分类和组成
→ 2. 掌握室内排水管道布置与敷设的要求
→ 3. 掌握室内塑料排水管道的安装要点

室内排水系统的任务是将房屋内卫生器具和生产设备排出的污（废）水以及降落在屋顶的雨雪水，通过室内排水管道排到室外排水管道中去。

一、室内排水系统的分类和组成

1. 室内排水系统的分类

根据所排除的废水和被污染的程度及性质不同，室内排水系统可分为三大类：

（1）生活污水排水管道。生活污水排水管道用来排除人们日常生活中盥洗、洗涤的生活废水和粪便污水。

（2）工业污（废）水排水管道。工业污（废）水排水管道用来排除工业生产过程中的污（废）水。

（3）房屋雨水排水管道。房屋雨水排水管道用来排除降落在屋顶的雨雪水。

2. 室内排水系统的组成

如图9—16所示，室内排水系统一般由以下部分组成：

（1）污（废）水收集器。指各种卫生器具、排放工业污（废）水的设备及雨水斗等。

（2）排水支管。排水支管是连接卫生器具和排水横管的短管。

（3）排水横管。排水横管是连接各卫生器具排水支管的横向排水管。

（4）排水立管。排水立管是汇集各排水横管的污水并输送至排出管的管段。

（5）排出管。排出管是从建筑物内至室外检查井的排水横管段。

（6）通气管。为使排水系统内空气流通、压力稳定、防止水封破坏而设置的与大气相通的管道。

（7）清扫口、立管检查口、室内检查井。指为疏通室内排水管道所设置的清通附件。

二、室内排水管道的布置与敷设

室内排水管道布置与敷设的基本原则是力求管线短而直，使污水以最佳的水力条件快速排至室外；不影响房屋及其室内设备的功能与正常使用；管道牢固耐用，不裂不漏，便于安装和维修；满足经济和美观的要求。

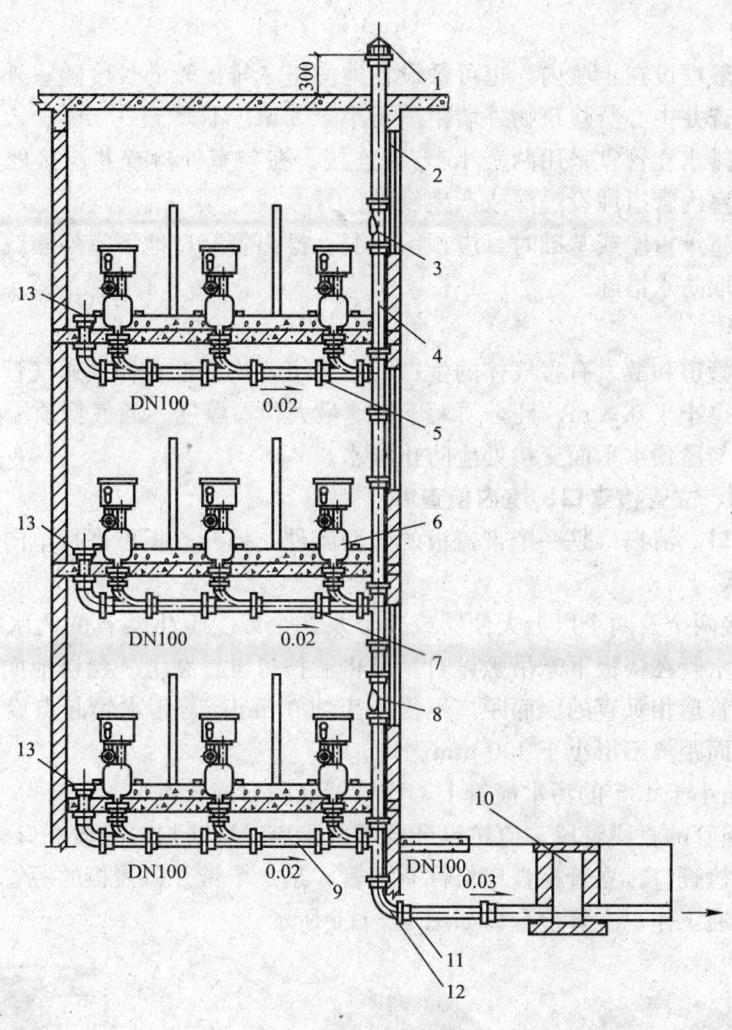

图 9—16 室内排水系统的组成
1—风帽　2—通气管　3、8—检查口　4—排水立管　5、7、9—排水横支管
6—大便器　10—检查井　11—排出管　12—出户大弯管　13—清扫口

1. 排水支管

排水支管用弯头或三通与排水横管或立管连接。三通应采用斜三通或顺水三通。除卫生器具本身有水封外，排水支管上应安装存水弯。

2. 排水横管

排水横管根据卫生器具的位置和管道布置的要求而敷设。排水横管一般敷设在地沟内或直接埋在地下。排水横管应有一定的坡度，坡向朝排水立管，并应尽量减少转弯。与排水立管的连接处应采用斜三通或顺水三通，以防堵塞。

3. 排水立管

排水立管一般在墙角明设，当建筑物有较高要求时可暗设在管槽或管井中。排水立管应靠近最脏、杂质最多的排水点，如民用建筑中排水立管应靠近大便器布置。

排水立管穿过楼层时应预留孔洞，预留孔洞一般比管径大 50～100 mm。

4. 排出管

排出管一般埋设在土壤内，也可敷设在地沟里。排出管的长度随室外检查井的位置而定，一般检查井中心至建筑物外墙距离不小于 3 m，不大于 10 m。

排出管与排水立管宜采用两个 45°弯头连接。在与室外检查井连接处，一般采用管顶平接，以免室内管道埋设过深或产生倒灌。

排出管穿越承重墙或基础时，应预留孔洞。排出管穿过地下室外墙或地下构筑物的墙壁时，应采取防水措施。

5. 通气管

生活污水管道和散发有害气体的生产污水管道，均应设置伸顶通气管。通气管高出屋顶水平面不得小于 0.3 m，且必须大于当地最大积雪厚度。通气管顶端应设置风帽或网罩，通气管与屋顶水平面交接处应防止漏水。

6. 清扫口、立管检查口、室内检查井

(1) 清扫口。清扫口是一个带盖板的筒型配件，拆开盖板可进行单向疏通工作，如图 9—17a 所示。

1) 在连接两个及两个以上大便器或 3 个及 3 个以上卫生器具的污水横管上应设置清扫口。当污水管在楼板下悬吊敷设时，可将清扫口设置在上一层楼地面上。污水管起点的清扫口与管道相垂直的墙面距离不得小于 200 mm；若污水管起点设置堵头代替清扫口时，与墙面距离不得小于 400 mm。

2) 在转角小于 135°的污水横管上，应设置清扫口或检查口。

3) 污水横管的直线管段，应按设计要求的距离设置清扫口或检查口。

(2) 立管检查口。立管检查口俗称有门管，是一个带开口盖板的短管，拆开盖板即可进行双向疏通工作。立管检查口如图 9—17b 所示。

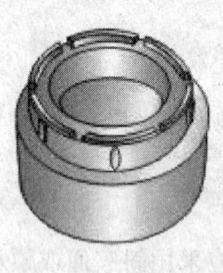  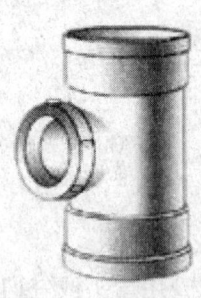

a)   b)

图 9—17 清扫口和立管检查口
a) 清扫口　b) 立管检查口

1) 在立管上应每隔一层设置一个检查口，但在最底层和有卫生器具的最高层必须设置。如为两层建筑时，可仅在底层设置立管检查口。

2) 立管上如有乙字弯管时，则在该层乙字弯管的上部设置检查口。

3) 检查口中心高度距操作地面一般为 1 m，允许偏差±20 mm。

4) 检查口的朝向应便于检修。对于暗装立管，在检查口处应安装检修门。

(3) 室内检查井。埋地横管上安装检查口时，在检查口处应设置室内检查井，其直径不得小于 0.7 mm。

对于不散发有害气体或大量蒸汽的工业废水排水管道，可在建筑物内的管道转弯处、变径处、坡度改变处和连接支管处设室内检查井。

生产污水管道不宜在建筑物内设检查井。

7. 地漏

地漏的主要作用是排泄地面污水，装于排水管道端头或管道接点较多的管段，可代替清扫口起清通作用，如图 9—18a 所示。

a) b)

图 9—18 地漏和通气帽
a) 地漏 b) 伞型通气帽

地漏的材质有铸铁和塑料。地漏的构造有带水封和不带水封两种，不带水封的地漏要和存水弯配套使用。

地漏的水封高度不得小于 50 mm。

8. 通气帽

通气帽的作用是挡住外界杂物进入排水管道，以防造成排水系统的堵塞。通气帽的材质有铅丝和塑料，有铅丝球通气帽和伞型通气帽两种，伞型通气帽如图 9—18b 所示。

三、室内排水管道的管材、连接方式和特殊配件

1. 管材

(1) 生活污水管道应使用塑料管、铸铁管或混凝土管（由成组洗脸盆或饮用喷水器到共用水封之间的排水管和连接卫生器具的排水短管，可使用钢管）。

(2) 雨水管道宜使用塑料管、铸铁管、镀锌和非镀锌钢管或混凝土管等。

(3) 悬吊式雨水管道应选用钢管、铸铁管或塑料管。易受振动的雨水管道（如锻造车间等）应使用钢管。

2. 连接方式

排水管道的连接方式应视管材而定。塑料管、铸铁管和混凝土管的主要连接方式是承插连接，钢管的连接方式主要是焊接或螺纹连接，柔性铸铁管的连接方式是法兰连接或卡箍连接。

3. 塑料排水管道的特殊配件

(1) 阻火圈。阻火圈是由阻燃膨胀剂制成的，套在硬塑料排水管外壁，可在发生火

灾时将管道封堵，防止火势蔓延的套圈。

安装时，先将阻火圈套在硬塑料管道上，用螺栓等固定件固定在楼板下或墙体两侧；或将阻火圈埋入楼板（墙体）内，然后再穿塑料管，进行管道连接。高层建筑中明设塑料排水管道应按设计要求设置阻火圈或防火套管。

（2）伸缩节。塑料排水管道必须按设计要求及位置装设伸缩节。如设计无要求时，伸缩节间距不得大于 4 m。伸缩节安装操作简单。但安装时要注意防止橡胶圈被顶歪、卷曲或移位，否则达不到止漏的目的。

（3）防火套管。防火套管是由耐火材料和阻燃剂制成的，套在硬塑料排水管外壁，可阻止火势沿管道贯穿部位蔓延的短管。防火套管安装操作简单。

四、室内塑料排水管道的安装要点

1. 排出管的安装

排出管是室内排水管道的总管，指由底层排水管到室外第一个排水检查井之间的管道。

（1）通向室外的排水管，穿过墙壁或基础必须下返时，应采用 45°三通和 45°弯头连接，并应在垂直管段顶部设置清扫口。

（2）由室内通向室外排水检查井的排水管，井内引入管应高出排出管或两管顶相平，并有不小于 90°的水流转角，如跌落差大于 300 mm 可不受角度限制。

（3）用于室内排水的水平管道与水平管道、水平管道与立管的连接，应采用 45°三通或 45°四通和 90°斜三通或 90°斜四通。立管与排出管端部的连接，应采用两个 45°弯头或曲率半径不小于 4 倍管径的 90°弯头。

（4）排出管宜使用比量法下料。将其预制成整体管道，待达到接口强度后（必要时可进行灌水试验），一次性地穿越基础预留孔洞安装。

（5）排出管必须用支墩固定牢固。

（6）如果埋地管为铸铁管，地面以上为塑料管时，底层塑料管的插口外侧应先用砂纸打毛，插入到排水铸铁管承口内，并用麻丝嵌填均匀，用石棉水泥捻口。注意：打灰口时要防止塑料管变形。

（7）排出管伸出外墙表面的长度以将来室外管道连接操作方便为宜。

埋地管道与检查井的连接如图 9—19 所示。

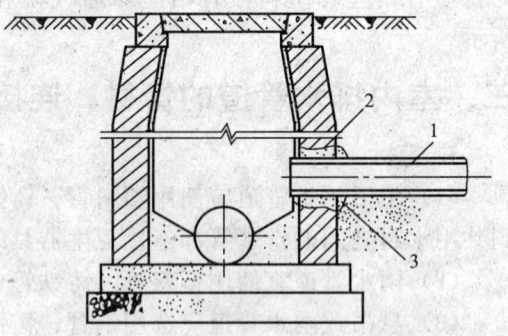

图 9—19 埋地管道与检查井的连接
1—PVCU 管 2—水泥砂浆第一次嵌缝
3—水泥砂浆第二次嵌缝

2. 立管伸缩节的安装

（1）当设计需要安装伸缩节时，可在立管安装普通伸缩节。

（2）当设计对伸缩量无规定时，管段插入伸缩节处预留的间隙应为：夏季，5～10 mm；冬季，15～20 mm。

(3) 立管伸缩节设置规定（见图9—20、表9—1）。

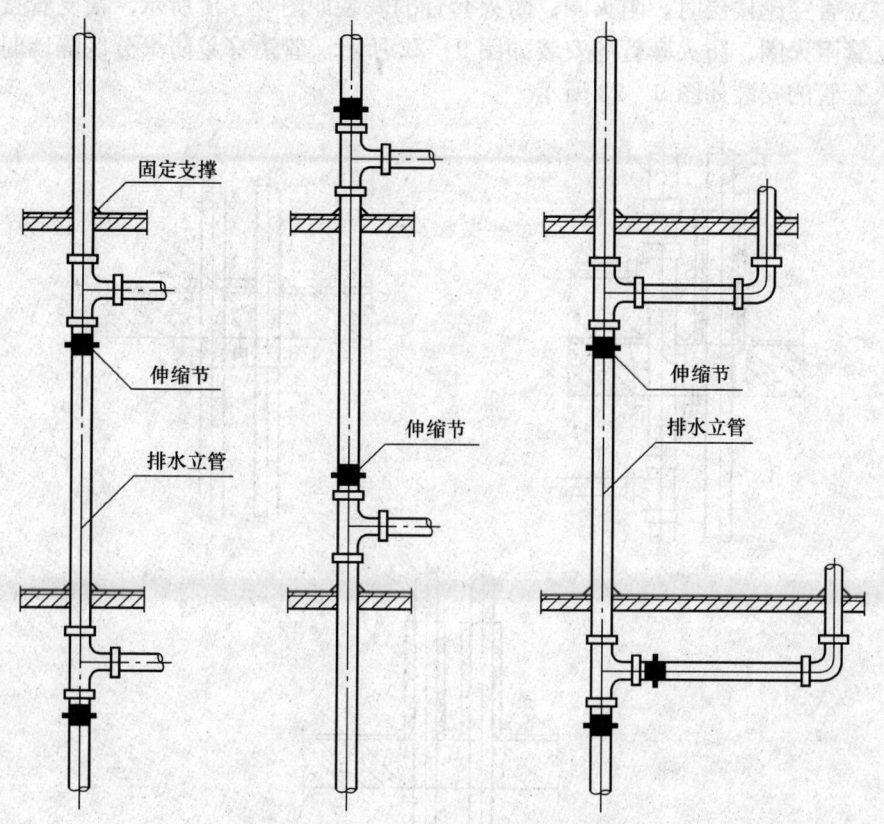

图9—20 立管伸缩节的位置设定

表9—1　　　　　　　　　立管伸缩节的设置规定

序号	条件	伸缩节位置
1	立管穿越楼层处为固定支撑且排水支管在楼板之下接入时	水流汇合于管件之下
2	立管穿越楼层处为固定支撑且排水支管在楼板之上接入时	水流汇合于管件之上
3	立管穿越楼层处为不固定支撑时	水流汇合于管件之上或之下
4	立管上无排水支管接入时	按间距要求设于任何部位

（4）立管穿越楼层处为固定支撑时，伸缩节不得固定；伸缩节为固定支撑时，立管穿越楼层处不得固定。

（5）污水横支管、横干管、器具通气管、环形通气管和汇合通气管上无汇合管件的直线管段大于2 m时，应安装伸缩节，但伸缩节之间最大间距不得大于4 m。

（6）横管伸缩节应采用锁紧式橡胶圈管件；但管径大于或等于160 mm时，横干管宜采用橡胶密封圈连接形式。管段插入伸缩节的深度与立管的规定相同。

3. 阻火圈（防火套管）的安装

（1）立管明设且管径大于或等于110 mm时，在楼板穿越部位应设置阻火圈或长度不小于 500 mm 的防火套管。防水套管周围筑阻水圈。

（2）立管穿越楼层时，阻火圈、防火套管的安装如图 9—21 所示。横支管接入管道井时，立管阻火圈、防火套管的安装如图 9—22 所示。管道穿越防火分区隔墙时，阻火圈、防火套管的安装如图 9—23 所示。

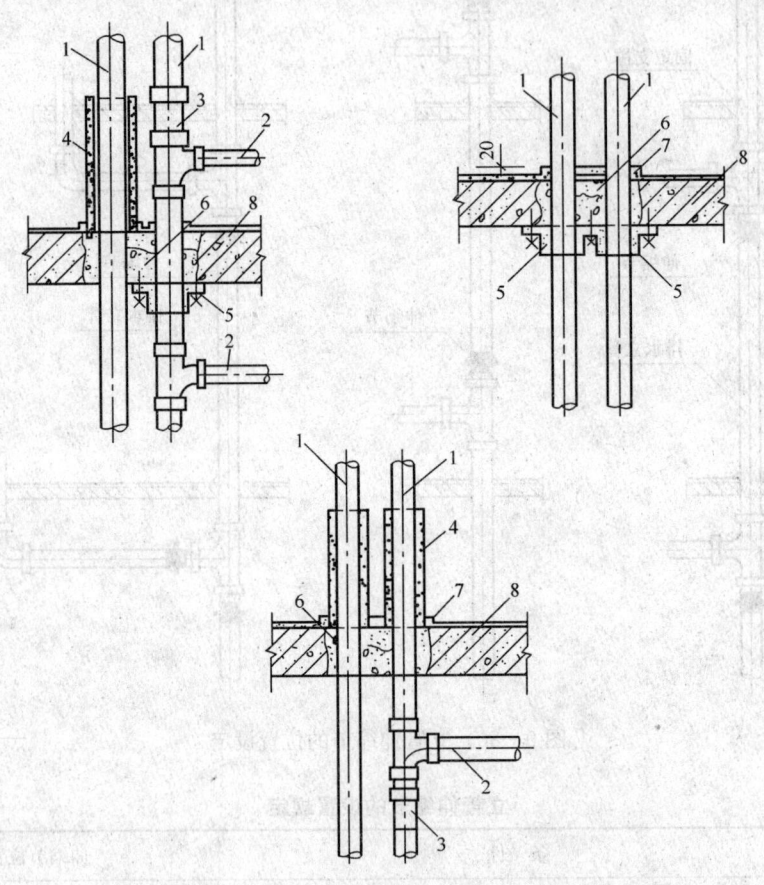

图 9—21　立管穿越楼层时阻火圈、防火套管的安装
1—PVCU 立管　2—PVCU 横支管　3—立管伸缩节　4—防火套管
5—阻火墙　6—细石混凝土二次嵌缝　7—阻水圈　8—混凝土楼板

4. 最低排水横管与立管的连接

（1）排水立管仅设伸顶通气管时，最低横支管与立管连接处至排出管管底的垂直距离应符合以下规定：建筑层数小于或等于 4 层时，最小距离为 0.45 m；建筑层数为 5～6 层时，最小距离为 0.75 m；建筑层数为 7～12 层时，最小距离为 1.20 m；建筑层数为 13～19 层时，最小距离为 3.00 m；建筑层数大于或等于 20 层时，最小距离为 6.00 m。

（2）当排水立管在中间层竖向拐弯时，排水支管与横管连接点至立管底部的水平距离不得小于 1.5 m，排水支管与立管拐弯处的垂直距离不得小于 0.6 m，如图 9—24 所示。

室内给排水管道安装

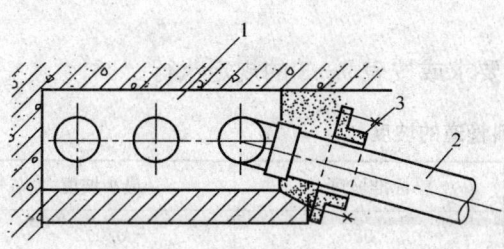
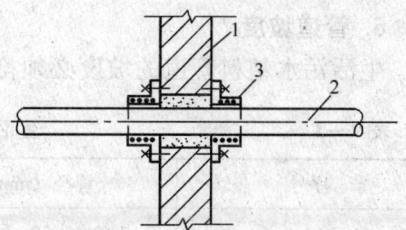
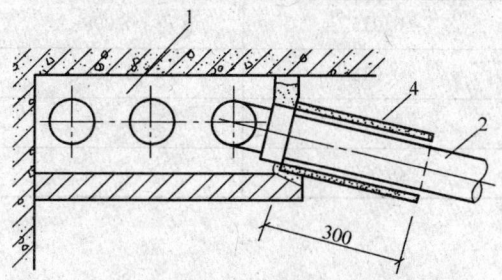
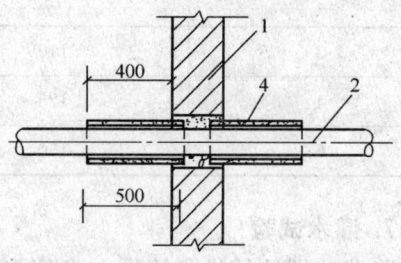

图 9—22　横支管接入管道井时立管阻火圈、
防火套管的安装
1—管道井　2—PVCU 横支管
3—阻火圈　4—防火套管

图 9—23　管道穿越防火分区隔墙时
阻火圈、防火套管的安装
1—墙体　2—PVCU 横管
3—阻火圈　4—防火套管

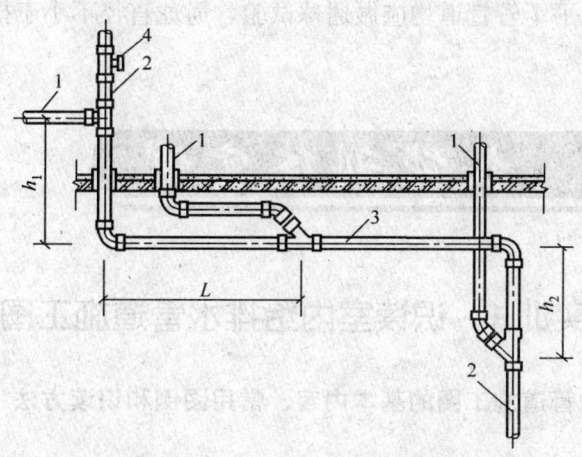

图 9—24　排水支管与立管、横管的连接
1—排水支管　2—排水立管　3—排水横管　4—检查口

5. 支架的间距

排水塑料管道支、吊架最大间距应符合表 9—2 的规定。

表 9—2　　　　　　　排水塑料管道支、吊架最大间距

管径（mm）		50	75	110	125	150
支、吊架最大间距（m）	立管	1.2	1.5	2.0	2.0	2.0
	横管	0.5	0.75	1.10	1.30	1.60

6. 管道坡度

生活污水塑料管道的坡度必须符合设计要求或按表 9—3 的规定执行。

表 9—3　　　　　　　　生活污水塑料管道的坡度

序号	管径（mm）	标准坡度	最小坡度
1	50	0.025	0.012
2	75	0.015	0.008
3	110	0.012	0.006
4	125	0.010	0.005
5	150	0.007	0.004

7. 灌水试验

隐藏或埋地的排水管道在隐蔽前必须做灌水试验，灌水高度应不低于底层卫生器具的上边缘或底层地面高度。其检验方法是灌满水 15 min，水面下降后，再灌满水观察 5 min，液面不降、管道及接口无渗漏为合格。

8. 通球试验

排水主立管及水平干管管道均应做通球试验，通球直径不小于排水管道管径的2/3，通球率必须达到 100%。

第三节　技能训练实例

实训 1　识读室内给排水管道施工图

一、室内给排水管道施工图的基本内容、常用图例和识读方法

1. 基本内容

室内给排水管道施工图主要由管道平面布置图、管道系统轴测图和详图组成。

（1）管道平面布置图。管道平面布置图表明建筑物内给水排水管道、用水设备、卫生设备、增压设备、污水处理构筑物等的各层平面布置。

（2）管道系统轴测图。管道系统轴测图主要表明管道的空间立体走向和相互关系。

（3）详图。管道平面布置图和管道系统轴测图都是用图例表示的，它们只能表示管道的布置、走向等情况。对于卫生器具、用水设备、泵及其附属设备的安装及管道的连接，以及管道局部节点的详细构造、安装要求等，还必须绘制详图，以供施工使用。

排水管道详图可在有关的标准图集中选用。

2. 常用图例

给排水工程施工图常用图例见表 9—4。

表 9—4　　　　　　　　　　给排水工程施工图常用图例

序号	名称	图例	备注
1	生活给水管	——— J ———	
2	热水给水管	——— RJ ———	
3	热水回水管	——— RH ———	
4	蒸汽管	——— Z ———	
5	凝结水管	——— N ———	
6	污水管	——— W ———	
7	雨水管	——— Y ———	
8	保温管	∽∽∽∽	
9	多孔管	↑　↑　↑	
10	刚性防水套管		
11	柔性防水套管		
12	可曲挠橡胶接头	—○—	
13	管道固定支架	—※———※—	
14	管道滑动支架		
15	立管检查口		
16	清扫口	平面　系统	
17	通气帽	成品　低碳钢丝球	
18	圆形地漏		通用。如为无水封，地漏应加存水弯
19	方形地漏		
20	减压孔板		

续表

序 号	名 称	图 例	备 注
21	Y形除污器		
22	存水弯		
23	法兰连接		
24	承插连接		
25	活接头		
26	管堵		
27	法兰堵盖		
28	闸阀		
29	角阀		
30	截止阀	≥DN50 <DN50	
31	减压阀		左侧为高压端
32	旋塞阀	平面 系统	
33	球阀		
34	止回阀		
35	消声止回阀		
36	蝶阀		
37	弹簧安全阀		左为通用

续表

序号	名称	图例	备注
38	平衡锤安全阀		
39	浮球阀	平面　　　系统	
40	延时自闭冲洗阀		
41	疏水器		
42	消火栓给水管	—— XH ——	
43	自动喷水灭火给水管	—— ZP ——	
44	室外消火栓		
45	室内消火栓（单口）	平面　　　系统	白色为开启面
46	室内消火栓（双口）	平面　　　系统	
47	水泵接合器		
48	立式洗脸盆		
49	台式洗脸盆		
50	浴盆		
51	污水池		
52	妇女卫生盆		
53	立式小便器		
54	壁挂式小便器		
55	蹲式大便器		

续表

序号	名称	图例	备注
56	坐式大便器	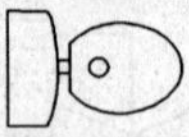	
57	小便槽		
58	淋浴喷头	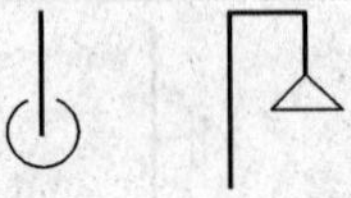	
59	阀门井、检查井	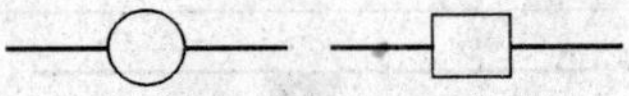	
60	水表井		
61	水泵	平面　系统	
62	潜水泵	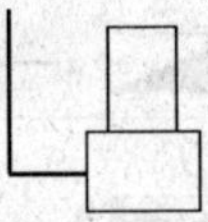	
63	管道泵	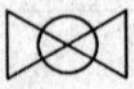	
64	温度计		
65	压力表		
66	水表		

3. 给排水管道施工图识读的基本方法

室内给排水管道施工图具体的识读方法是以系统为单位，沿水流方向看下去。

（1）给水管道的识图顺序

引入管→干管→立管→支管→用水设备或卫生器具的进水接口（或水龙头）。

（2）排水管道的识图顺序

器具排水器（有的为存水弯）→器具排水支管→排水横管→排水立管→排出管。

二、识读室内给排水管道施工图

某建筑综合办公楼的给排水管道平面图、给水系统图和排水系统图，分别如图 9—25、图 9—26 和图 9—27 所示，请进行识读。

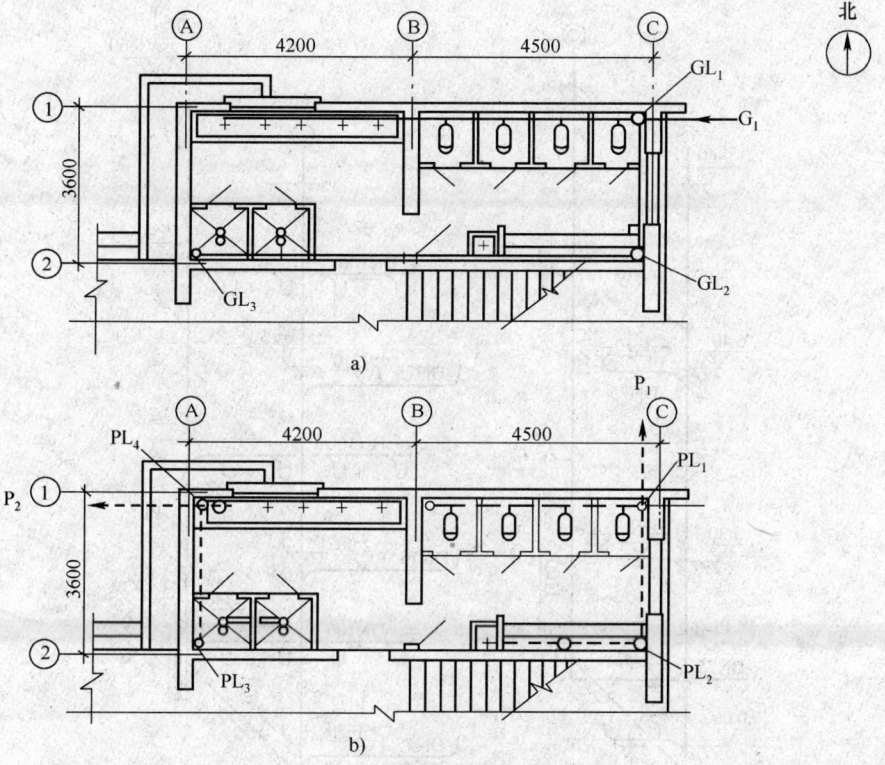

图 9—25 给排水管道平面图
a) 给水管道平面图　b) 排水管道平面图

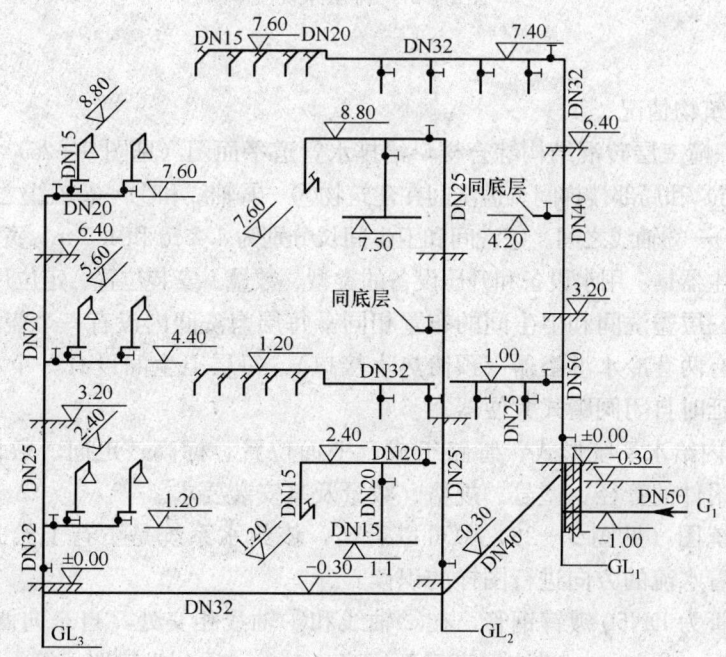

图 9—26 给水系统图

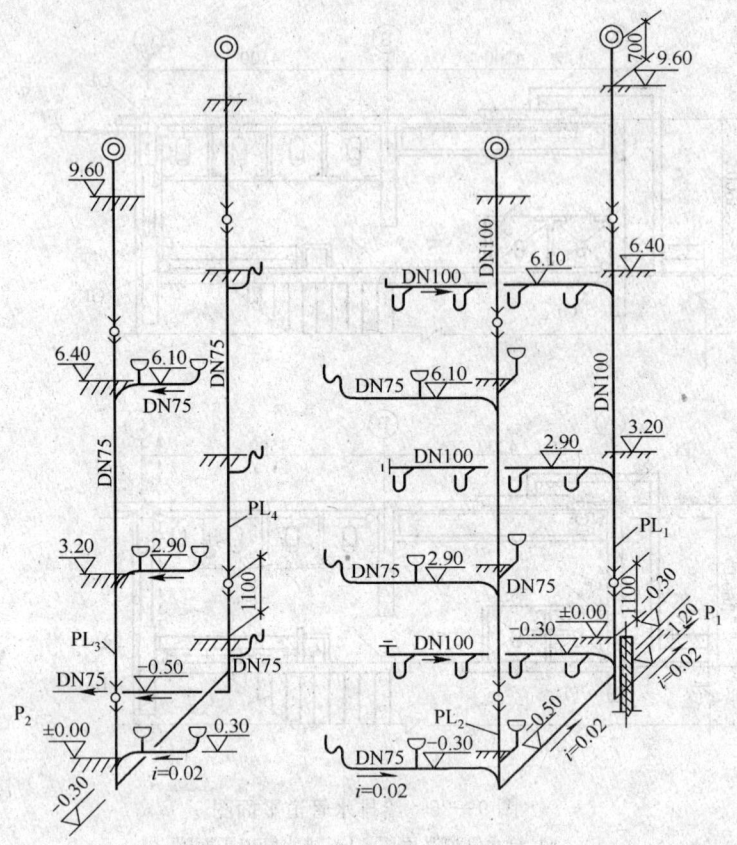

图 9—27 排水系统图

识读过程:

1. 查看建筑物情况。

该建筑是一幢三层砖混结构综合楼,给排水管道平面图(见图 9—25)上画出了盥洗间、卫生间(男)和局部楼梯间。盥洗间在建筑物Ⓐ—Ⓑ轴线和①—②轴线之间,卫生间在Ⓑ—Ⓒ轴线和①—②轴线之间。盥洗间和卫生间长分别为 4.2 m 和 4.5 m,宽均为 3.6 m。

2. 查看卫生器具、用水设备和升压设备的类型、数量、安装位置、定位尺寸、标高等。

本例一至三层盥洗间和卫生间的布置相同。每层盥洗间内设有一个盥洗槽,配五个冷水龙头,设有两套冷水淋浴器(预留热水接口)。每层卫生间设有一个小便槽、一个洗涤盆、四套延时自闭阀蹲式大便器。

3. 查看室内给水系统形式、管路组成、平面位置、标高、走向、敷设方式,以及管道、阀门及附件的管径、型号、规格、数量及其安装要求。

从给水系统图(见图 9—26)中可以看出,该给水系统是下行上给式。识读图样时,一般是沿着水流的方向进行图样的识读。

给水引入管为 DN50 镀锌钢管,在Ⓒ轴线和①轴线相交处,自东向西进入建筑物。在室外部分埋深 −1.00 m,进户登高后至标高 −0.3 m 后分为三路:第一路在Ⓒ轴线和①轴线相交的墙角处,从底层 −1.00 m 登高,其立管编号为 GL_1;第二路自北向南,在ⓒ轴线和②轴线相交的墙角处，从-0.30 m登高，其立管编号为GL_2；第三路自东向西，在Ⓐ轴线和②轴线相交的墙角处，从-0.30 m登高，其立管编号为GL_3。

一层水平干管有两处变径，一处是在GL_1立管三通之后，水平干管的管径由DN50变为DN40；另一处是在GL_2立管三通之后，水平干管的管径由DN40变为DN32。

GL_1立管设在ⓒ轴线和①轴线相交的墙角处，自底层-1.00 m起至标高7.40 m。该立管出地面后安装一个DN50 J11T-10截止阀，分别至标高1.00 m处、4.20 m处装三通，7.40 m处装弯头。一至三层三路分支管分别沿①轴线自东向西沿墙明装敷设水平管道，每条水平管道上装有一个DN32 J11T-10截止阀、四组DN25延时自闭阀和五个DN15冷水龙头。GL_1立管管径有两处变径，一处是一层分支管三通后变径为DN40，另一处是二层分支管三通后变径为DN32。

GL_2立管设在ⓒ轴线和②轴线相交的墙角处，自底层-0.30 m至标高8.80 m。该立管出地面后安装一个DN25 J11T-10截止阀，分别至标高2.40 m处、5.60 m处装三通，8.80 m处装弯头。一至三层三路分支管分别沿②轴线自东向西沿墙明装敷设水平管道，每条水平管道上装有两个DN20截止阀、一组DN15小便槽冲洗管和一个DN15冷水龙头（污水池）。GL_2立管一至三层管径均为DN25。

GL_3立管设在Ⓐ轴线和②轴线相交的墙角处，自底层-0.30 m至标高7.60 m。该立管出地面后安装一个DN32 J11T-10截止阀，分别至标高1.20 m处、4.40 m处装三通，7.60 m处装弯头。一至三层三路分支管分别沿②轴线自西向东沿墙明装敷设水平管道，每条水平管道上装有一个DN20截止阀、两组冷水淋浴器（预留热水接口）。GL_3立管管径有两处变径，一处是一层分支管三通后变径为DN25，另一处是二层分支管三通后变径为DN20。

4. 在给水管道上设置水表时，必须查明水表的型号、规格、安装位置，以及水表前后阀门设置情况（本例未设置水表）。

5. 当有热水供应时，热水管往往画在室内给水排水施工图上，识读时也必须弄清楚热水的加热方式、加热设备，热水管的布置与走向，以及各部接管情况等（本例未设置热水管道系统）。

6. 查看排水管道的排水形式，查看管路的平面布置及定位尺寸，弄清楚管路系统的具体走向、管路分支情况、管径尺寸与横管坡度、管道及各部标高、存水弯类型、清通设备设置情况、弯头及三通的选用（用90°弯头还是用135°弯头，正三通、斜三通还是顺水三通）等。

从排水系统图（见图9—27）中可以看出，该排水系统有两个系统P_1和P_2。

P_1系统由编号为PL_1和PL_2的两个排水立管、相对应的排水横支管以及底层排出管构成。

PL_1横管管路组成：按照排水水流的方向，三层排水横管从卫生间清扫口开始，自地面穿过楼板，用90°弯头连接排水横管，即为排水横管的起点，标高6.40 m，管径DN100，自西向东沿楼板下面敷设。四个蹲式大便器的器具排水管上分别装有DN100、P形存水弯，与横管用DN100×DN100顺水三通相连接，排水横管坡度为0.02，排水横管通过DN100×DN100顺水三通与立管连接。一、二层排水管的布置、走向与三层基本相同,不同之处是一层卫生间排水横管系埋地敷设,埋深－0.30 m。

PL₁立管采用排水铸铁管,管径DN100,在一层和三层距离地面1.000 m处设置检查口,排出管与立管在－1.200 m标高处,用两个DN100 45°弯头连接,向北排至室外雨污水检查井。排出管管径DN100,坡度$i=0.02$。

PL₂横管管路组成:三层排水横管有两路,一路是卫生间地面的地漏,管径DN50,标高6.10 m;另一路是一个污水池和一个小便槽组成的排水横管,标高6.10 m,坡度为0.02,污水池用DN50 S形存水弯与横管连接,小便槽用DN50地漏与横管连接,排水横管管径DN75,器具排水管均为DN50。一、二层排水管的布置、走向与三层基本相同,不同之处是一层卫生间排水横管是埋地敷设,埋深－0.30 m。

PL₂立管采用排水铸铁管,管径DN100,在一层和三层距离地面1.000 m处设置检查口,PL₂立管在一层底部－0.50 m标高处用两个DN100 45°弯头与一层排出管通过DN100×DN100斜三通加45°弯头连接,排出管管径DN100,坡度$i=0.02$。

P₂系统由编号为PL₃和PL₄的两个排水立管、相对应的排水横支管以及底层排出管组成。

PL₃横管管路组成:一至三层均由两个淋浴间的地漏组成排水横管。三层两个淋浴间地面污水通过两个DN50地漏分别与横管连接,横管标高6.10 m,管径DN75,坡度0.02,器具排水管均为DN50。一、二层排水管的布置、走向与三层基本相同,不同之处是一层卫生间排水横管是埋地敷设,埋深－0.30 m。

PL₃立管:采用排水铸铁管,管径DN75,在一层和三层距离地面1.000 m处设置检查口,PL₃立管在一层底部－0.50 m标高处用两个DN75 45°弯头与一层排出管通过DN75×DN75斜三通加45°弯头连接,排出管管径DN75,坡度$i=0.02$。

PL₄横管管路组成:一至三层均由盥洗槽组成排水横管。三层盥洗槽通过DN50排水栓、S形存水弯与横管连接,管径DN75,坡度、标高均未标出(可参考与PL₃连接的横管),器具排水管均为DN50。一、二层排水管的布置、走向与三层基本相同,不同之处是一层卫生间排水横管是埋地敷设,埋深－0.30 m。

PL₄立管:采用排水铸铁管,管径DN100,在一层和三层距离地面1.000 m处设置检查口,排出管与立管在－1.000标高处用两个DN100 45°弯头连接,向西排至室外污水检查井。排出管管径DN75,坡度$i=0.02$。

三层以上的伸顶透气管:PL₁、PL₂管径DN100;PL₃、PL₄管径DN75,伸出屋面(屋面标高9.6 m)向上700 mm,顶部装通气帽,通气帽的具体制作方法以及技术要求可查阅相关给排水标准图集。

7. 查看管道支、吊架形式及设置要求,弄清楚管道油漆颜色,以及保温及防露等要求。室内给排水管道的支、吊架在施工图上一般都不画出,由施工人员按照有关规程和标准图集以及习惯做法自己确定。

本例的给水管道为明装,可采用管卡,根据管线的长短、转弯数量及器具设置情况,按管径确定各种规格管卡的数量。

排水立管采用角钢和扁钢焊接的单管立式支架,装设高度为1.5～1.8 m,整个排水立管支架的高度应统一。排水横管一般采用吊卡,间距不超过2 m。

镀锌钢管一般不需要刷底漆,刷面漆即可。如采用焊接钢管或无缝钢管时,一般刷两遍防锈漆,其面漆按图样说明规定的颜色涂刷。

排水铸铁管安装完毕后应刷面漆(塑料管道除外),地下部分刷两遍沥青,地上部分刷两遍银粉漆。

管道是否保温或采取防露措施,应按施工图说明或有关规定执行。

实训 2　安装室内给水管道

【实训内容】

安装室内给水管道。

【准备要求】

1. 工具和机具

水平尺、钢卷尺、手锤、凿子、细齿手锯、压力工作台、割刀、专用剪刀、热熔机、熔接头、电动水压泵、扳手。

2. 材料

(1) 硬聚氯乙烯塑料给水管(PVCU)、交联聚乙烯塑料管(PFX)、三型聚丙烯塑料管(PPR)、铝塑复合管、铜塑复合管、钢塑复合管及其专用管件。

(2) 各类水嘴、全铜阀门、塑料球阀。

(3) 粘接剂、丙酮清洁剂、聚四氟乙烯生料带。

(4) 注塑卡具、型钢、带母螺栓、粉笔、小白线、棉纱、破布、砂纸、鬃刷。

【质量标准】

1. 给水水平管道应有 0.002~0.005 的坡度,坡向朝泄水装置。
2. 给水管道和阀门安装的允许偏差应符合表 9—5 的规定。

表 9—5　　　　　　　　给水管道和阀门安装的允许偏差

序号	项 目			允许偏差(mm)
1	水平管道纵横方向	钢管	每米	1
			全长 25 m 以上	25
		塑料管复合管	每米	1.5
			全长 25 m 以上	25
		铸铁管	每米	2.5
			全长 25 m 以上	25
2	立管垂直度	钢管	每米	3
			5 m 以上	8
		塑料管复合管	每米	2
			25 m 以上	8
		铸铁管	每米	3
			5 m 以上	10
3	成排管段和成排阀门		在同一平面上的间距	3

【操作步骤】

室内给水管道安装工艺流程：

施工准备→室内地下进户管安装→立管安装→横支管安装→支管安装→水压试验→冲洗消毒。

1. 室内地下进户管安装

室内地下进户管安装的施工工序：

定位、测量→管道预制→栽支架及敷设管道→下管及管道连接（按管材的连接工艺标准连接管道）→试压，隐蔽。

（1）定位、测量

1）定位。根据土建给定的轴线及标高线，结合主管坐标及主管距墙（装饰面）的间距，首先测定地下给水管道及主管甩头的坐标并绘制加工草图。

2）测量。从引入管开始端沿管道走向，用钢卷尺量出引入管至干管及各主管间尺寸。一般立管甩至地面上500 mm左右或至阀门处，并在草图上做好标记。

（2）管道预制。根据草图尺寸进行下料切管与组装。测量尺寸应准确，调准各管件、阀件的方向，按管材接口工艺标准连接，在地面上预制成整体后，一次性穿墙体基础预留孔洞，并设置金属套管，再用黏土将孔洞填实，外抹M5水泥砂浆封住。引入管室外甩头实施临时封堵，确保引入管的严密性。

（3）栽支架及敷设管道

1）管道安装前，先在地沟壁上拉线栽好型钢支架，待支架达到强度后可敷设管道。用金属卡固定塑料管时，应采用塑料带或橡胶垫做垫层，防止金属支架伤及塑料管。

2）给水与热水供热管道同地沟敷设时，给水管道应尽量远离热源，并设于最下面，与地沟侧壁和沟底的净距为150 mm。

（4）下管及管道连接

1）下管。复核地沟支架的标高及坡度，用绳索或机具将预制管段缓缓放置于地沟支架上，并检查阀门的预制、朝向及管路敷设的情况，然后从引入管开始接口，一直接至立管穿出地平面上的第一个阀门处。塑料管穿出地平处应设置钢制套管或塑料套管，套管需高出地面100 mm。

2）管道连接。PVCU给水塑料管主要接口为粘接，PPR三型聚丙烯塑料管的接口为热熔连接，铝塑复合管的接口为专用管件卡套连接。

铝塑管连接的主要工序为：剪管下料→管口扩孔整圆→接头插入→紧固接头。

铝塑管卡套连接的专用工具主要是割刀（剪刀）和整圆器，如图9—28所示。铝塑管卡套连接操作要点和技术要求见表9—6。

铝塑管连接操作较为简单，连接时管子一定要插接到管芯的根部，并要确保密封圈不移位、扭曲或损坏。施工经验证明，当螺母拧到发出"咯咯"的响声时，才能达到良好的密封效果。

（5）试压，隐蔽。地下给水管道安装后，应做水压试验，合格后填写水压测试记录。经验收合格，填写隐蔽工程记录。

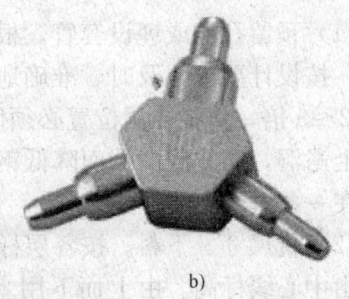

图 9—28　铝塑管卡套连接的专用工具
a) 专用割刀（剪刀）　b) 整圆器

表 9—6　　　　　　　　铝塑管卡套连接操作要点和技术要求

操作示意图	操作要点和技术要求
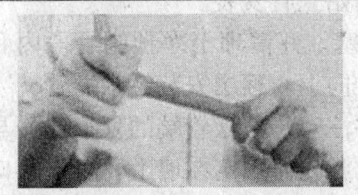	用专用割刀剪取所需的管子长度，要求剪切口平齐并与管子中心线垂直。为减小管子的变形，剪切开始至切开一半时可适当摆动割刀
	用整圆器把管子切口端面整圆，然后再用倒角器倒内角坡口，坡角为 20°～30°，深度为 1.0～1.5 mm，并清净坡口残屑，便于铝塑管顺利插入，又不至于使其上的密封圈移位
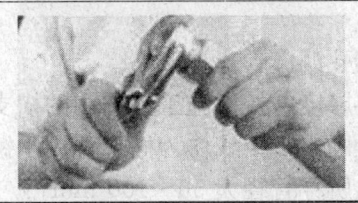	将螺母和 C 形铜压紧环套入连接端，用力将接头本体插入管内，至管口到达管芯根部。插入前注意检查接头本体上的密封圈是否完好
	将 C 形铜压紧环移至距管口 0.5～1.5 mm 处，再用扳手等工具紧固螺母，迫使螺母内两端带有锥度、内表面有五道 O 形凸出线条的 C 形压紧环向中心收缩，从而压紧铝塑管使其与管芯的密封圈紧密贴合，实现密封作用

管道回填时，地沟应平整无尖锐砖石，回填应做砂垫层 100 mm，并覆砂盖过管顶 200 mm，最后回填过筛土。

注意：塑料管道粘接，必须在粘接 24 h 后进行压力试验。

2. 立管安装

立管安装施工工序：

预留孔洞或埋设套管→量尺寸、下料→预制安装→封堵洞眼。

(1) 预留孔洞或埋设套管。根据地下给水管道各立管甩头位置,应配合土建的施工进度,按设计要求,及时、准确地逐层预留孔洞或埋设套管。预留孔洞的尺寸一般为管径的2~3倍,楼板孔洞位置必须保证管道安装与维修方便。施工中不得在钢筋混凝土楼板上凿洞,防止因凿洞而降低钢筋混凝土结构强度。应保证各层楼板预埋套管的中心位置在一条垂线上。

(2) 量尺寸、下料。按各层标高线确定各横支管位置与中心线,并在靠近立管的墙上画出中心线标高。由上而下用米尺量尺寸,顺序量准各层立管所带横支管中心线标高,直至一层立管甩头阀门处,并在草图上记录详细尺寸。

按设计要求的材质、规格、型号,选定立管的管材、配件和阀门,以草图计量的各层立管尺寸,准确下料、弯管及预制。

(3) 预制安装

1) 预制管段。给水立管以楼层管段长度为单位进行集中预制。在操作台上组装每层主管所带的管件、配件,并严格找准立管所在不同方向的管件朝向,将一根主管上的所有预制管段,按自上而下的排序在接口处划痕做记号,并捆成一捆做立管编号,妥善堆放保管,防止损坏管件。

2) 安装立管管卡。根据立管位置及支架结构,在距地面1.5 m处(或按设计要求的管卡高度)安装管卡。管卡固定且达到强度后,可以开始立管安装。

3) 安装管段。安装前应先清除立管甩头阀门处的木塞,并清理干净预制管段内和阀门螺纹内的杂质及污染物。按立管编号,从底层阀门处向上,逐层安装给水立管。

安装立管时,先调直给水立管,吊线坠找正找直,并注意每段立管端的划痕记号与预制时标记应相符,管件朝向应准确,然后用铁钳子临时将立管固定在墙上,管道接口按相应管材连接工艺标准操作。

(4) 封堵洞眼。确认立管安装质量符合标准后,就可以开始封堵洞眼。管道安装后的各种洞眼一般委托土建完成。墙面的支架孔洞封堵通常由管道工完成,但要注意其表面不应高于墙面,便于土建最后统一粉刷。

3. 横支管安装

横支管安装的施工工序为:

凿打墙洞→量尺寸、下料→栽管卡→预制安装→封堵孔洞。

(1) 凿打墙洞。根据土建给定的地面水平线和抹灰层厚度,按照施工图样中的横支管位置标高,找准横支管穿墙孔洞的中心位置,在墙面上画出十字线作为标记,用手锤或电锤按此标记凿打墙洞或修正预留孔洞,墙洞尺寸应比所穿管径大50~100 mm。

(2) 量尺寸、下料。量出各立管甩头管件至各横支管所在卫生器具和用水设备进水口位置之间的管段尺寸,并标记在安装草图上,按图样设计要求的材质、规格、型号,选定管材、管件及附件,依照实测尺寸、横支管的排列顺序下料。

(3) 栽管卡。定出管道支架的安装位置与数量,按横支管坡度、坡向及管中心线与墙面距离,吊线坠定出支架位置线标高,用手锤或电锤打出管架的墙洞,墙洞深度应满足支架安装要求。

型钢支架安装前,应先进行人工除锈,刷两遍红丹防锈漆、两遍银粉漆,再将支架塞浆栽牢,找平、找正。

(4) 预制安装

1) 根据下料尺寸,将管段、管件及阀门按安装草图组装成预制管段。在预制过程中,找准横支管上各甩头管件的位置与朝向,以保证横支管安装后,连接卫生器具给水配件的端支管位置准确无误。

2) 管段预制完成及支架的塞浆达到强度后,依次将预制管段放置在支架上。找正各甩头管件朝向,按相应管材连接工艺标准进行接口连接。用支架固定管道后,将敞口的管道用木塞临时封堵。

(5) 封堵孔洞。用水泥砂浆封堵穿墙管道周围的孔洞,注意勿高出墙面。

4. 支管安装

(1) 从给水横支管甩头管线中心吊线坠,根据卫生器具进水口的标高,量取给水支管的尺寸,并标记在安装草图上。

(2) 根据实测尺寸,选管下料,控制好支管的坐标和标高,并接此管至给水配件进口处。

(3) 安装好横支管上的托钩(架)。对于塑料管支架,应在塑料管与金属卡具之间垫塑料袋或橡胶带。施工后封堵管道临时敞口。

5. 水压试验、冲洗消毒

确认管段已经安装完毕且符合要求后,即可进行管道水压试验。给水管道系统运行前,应按要求进行管道冲洗消毒。

【质量验收】

1. 管道坡度符合要求。
2. 管道位置和阀门标高符合要求。

【注意事项】

1. 地下干管在下管前,应将各分支口堵好,防止泥沙进入管内;在主管敷设时,要将各管口清理干净,保证管路通畅;安装后的干管,不得有塌腰、拱起的波浪现象及左右扭曲的蛇弯现象。

2. 立管上的阀门应考虑便于检修和开启,下分式支管的阀门应安装在距地坪 300 mm 处,阀杆应朝向操作者的右侧、与墙面形成 45°夹角,螺纹阀门出口必须安装活接头。

3. 支管口在同一方向接出的配水管头应在同一轴线上,以保证配水管件美观整齐。支管安装后,最后应检查所有的支架和管头,清除污物,并随时用堵头将各管口堵好,以防进入污物并为水压试验做好准备。

4. 粘接管道时施工人员应站在上风处,戴防护手套、防护眼镜和口罩。

5. 粘接剂、丙酮等属易燃物品,存放地必须远离火源,阴凉干燥,随时随用;粘接场所严禁明火,场内通风良好。

6. 当管道施工间断敞口时,应用木塞对各甩头做临时封闭,防止掉入砂浆堵塞管道。管道安装完工后,应与单位工程负责人办理交接手续,制定可靠的保护措施。

7. 成捆堆放的预制塑料管段,应放在室内妥善保管,堆放要平整,不得与金属管材混放。应避免在粗糙地面上拖拉或剧烈投掷，注意防火，防止过热，防止有毒化学品的腐蚀，防止受日晒和冰冻。

实训3　安装室内塑料排水管道

【实训内容】
安装室内塑料排水管道。
【准备要求】
1. 工具和机具

手电钻、冲击钻、手锯、铣口器、活扳手、手锤、水平尺、砂轮切割机、试压泵、滑轮组、麻绳、剁斧。

2. 材料

(1) 硬聚氯乙烯塑料排水管（PVCU）、塑料管件、伸缩节、防火套管、阻火圈、排水铸铁管、铸铁管件、兰花堵头。

(2) 塑料粘接剂、橡胶圈、石棉、水泥、油麻、清洁剂。

(3) 型钢、卡件、带母螺栓、定型塑料管卡、吊架、小白线、线坠、粉笔、锯条、毛刷、棉布、砂纸、丙酮。

【质量标准】
1. 立管检查口安装高度应为1 m，且盖口方向应便于清通。
2. 排水横管坡度符合要求，坡向朝立管三通口。
3. 地漏箅面应低于地面5～10 mm。
4. 连接口的粘接剂应清理干净。
5. 管道各接口不渗不漏。

【操作步骤】
PVCU塑料排水管道安装的工艺流程为：

施工准备→预制加工→埋地管道安装→立管安装→横支管安装→卫生器具支立管安装→灌水试验→通球试验。

1. 预制加工

塑料排水管道安装时，对连接较多支管与管件的管段宜集中预制组装，分楼层编号码放。

(1) 根据施工图及现场实际情况，测量管段尺寸，绘制预制加工实测样图。采用细齿手锯、砂轮切割机进行切管。管子断口应平齐，外棱铣出15°～30°倒角，用刮刀除净断口内外的毛刺残屑。

(2) 预制管段时，宜先进行管材与管件的试连接，以便熟悉管材和管件的配合状况和粘接剂的性能。

连接时，用棉布擦净承插口的表面，然后用毛刷均匀涂抹粘接剂，先涂承口后涂插口，并迅速将插口插入承口，稍微转动插口，使粘接剂分布均匀。

待粘接剂干固粘牢后，立即将溢出的粘接剂擦净，随后把预制管段竖直放置待用。

(3) 正式预制时，应注意管段上多个接口的管件方向，使其符合实际接管要求。

2. 埋地管道安装

(1) 铺设埋地管道宜分两段进行。第一段先做±0.000 m以下的室内部分至伸出外墙250 mm以上，待土建施工结束后，再从外墙边铺设第二段管道接入室外检查井。

(2) 埋地管道与室外检查井的连接。将埋地排出管管端涂刷粘接剂后滚粘干燥的黄土，涂刷长度要大于检查井井壁厚度，采用M7.5水泥砂浆在管端与井壁相接处分两次嵌实。

(3) 埋地管穿地下室外墙时，应设置防水套管；穿越防火区隔墙时，应设置阻火圈或防火套管。

(4) 埋地管的管沟沟底应平整，无凸出的尖硬物。沟底宜铺设厚度为100～150 mm的砂垫层，垫层宽度不小于管外径的2.5倍。待埋地管道灌水试验合格后，方可在管道周围填砂，再用细土回填夯实。

(5) 如果埋地管为排水铸铁管，地面以上为塑料管时，底层塑料管的插口外侧应先用砂纸打毛，插入到排水铸铁管承口内，并用麻丝嵌填均匀，用石棉水泥捻口。注意：打灰口时防止塑料管变形。

3. 立管安装

立管安装施工工艺：

预埋套管→量尺寸、下料→预制安装→栽卡堵洞→灌水试验。

(1) 预埋套管。根据室内地下排水管道上各立管甩头的位置，与土建施工进度密切配合，在管道穿楼板具体位置，逐层及时埋设套管。套管口径比管道大2号，钢套管下平面应与楼板底相平，其上平面高出该层地平面20～50 mm。各楼层预埋套管的中心应保持在同一垂线上。

(2) 量尺寸、下料

1) 用尺子从地下管道的立管甩头量起，逐一把各层立管上检查口及各支管甩头的坐标与标高线画在靠近立管的墙上，连接支管方向及中心标高线进行量尺并标注在草图上。确定各管件、检查口、伸缩节的规格、数量和安装位置，一并标记在安装草图上。

2) 伸缩节的数量和位置应按设计说明或施工规范确定。立管上的伸缩节一般应设置在靠近水流汇合管件处。

(3) 预制安装

1) 根据所绘制的安装草图，用合格的管子及管件进行组装配管，即切管、粘接、组合预制管段。

预制时应注意立管上有多个三通口时的方向，经验做法是粘接前再看一遍排水施工图。

2) 管件安装自下向上分层进行，先安装立管、伸缩节，后安装横管，连续施工。

将立管预制管段自下而上吊装扶正，用线坠吊线找正后，清理预留的伸缩节，拧下锁母取出O形胶圈，清理杂物。将管子插入伸缩节承口胶圈中，把管子拉出预留空隙（夏季5～10 mm，冬季15～20 mm），在管端做出标记，最后把管子插口平直插入伸缩节承口胶圈中，均匀用力，不许挤、摇。安装完后，用自制U形钢制抱卡紧固伸缩节上沿，找正找直，并测顶板距三通口中心的距离是否满足高度（一般为300 mm）要求，确认无误后，将上层预留伸缩节封严。

3) 需要安装阻火圈或防火套管的楼层，应先把阻火圈或防火套管套在管段上，再进行管道接口。

(4) 栽卡堵洞

1) 塑料管道支撑件分为固定支撑和滑动支撑两种。主管的固定支撑每层设一个。明装主管穿越楼板处，应采用C20细石混凝土支模填洞，形成固定支撑。暗装在管井中的主管，如果在穿楼板处未能形成固定支撑时，应每层设置固定支撑一个。

2) 滑动支撑设置与层高有关。当层高小于或等于4 m时，层间设滑动支撑一个；当层高大于4 m时，层间设滑动支撑两个。

3) 管道支撑件的内壁应光滑，滑动支撑件与管身之间应留缝隙。若管壁略为粗糙，应垫软PVC板。固定支撑与管外壁之间应垫一层橡胶垫，并用U形卡和螺栓拧紧固定。

(5) 灌水试验。立管安装完毕，在横管安装前要做灌水试验。

4. 横支管安装

横支管安装的施工工艺流程：

修凿管孔→量尺寸、下料、预制→栽支架→横管安装。

(1) 修凿管孔。根据墙中心线、抹灰层厚度及卫生器具的安装位置，定出各卫生器具排出管的中心位置，用十字线画在楼板上，并修凿管孔，管孔应比管外径大40～50 mm。

(2) 量尺寸、下料、预制

1) 量出从立管插口到各卫生器具排水管中心的横、支管尺寸，标注在预制安装的草图上。

2) 在操作场地地面上画出横管组合大样图，按所选管材、管件，根据大样图的尺寸排列、组对、切管及粘接。预制好的横管段应竖直放置、保护接口，不得摇动，待其固化后方可搬动安装。

(3) 栽支架。根据横支管坡度、管中心与墙面的距离，及支、托、吊架具体位置与结构形式，从立管分支口吊线坠画出横支管的管底位置线，凿打出洞眼，栽固定管子的支、托、吊架，并找平、找正。

(4) 横管安装

1) 先将预制好的管段用铁丝临时吊挂，查看各管件甩头的朝向，无误后按塑料管的粘接工艺标准进行粘接。粘接后应迅速摆正位置并校正坡度。

2) 塑料管用木楔卡牢接口，绷紧铁丝，临时予以固定。待粘接固化后再紧固支撑件，但不宜卡箍过紧。

3) 拆除临时绑固用的铁丝，将各敞口的管头临时用木塞塞严封牢。

4) 支模浇筑细石混凝土封堵洞眼。

5. 卫生器具支立管安装

卫生器具支立管安装工序：

修整管洞→测量、下料切管→支立管安装→堵楼板孔洞。

(1) 修整管洞。检查卫生器具排水支管的预留孔洞尺寸是否符合要求，如不相符，则应进行清理和打孔。

(2) 测量、下料切管

1) 先在地面上画一个十字线，根据卫生器具所需的排水短管高度，从横支管的甩头处实测，量准卫生器具支立管的尺寸。

2) 配置支立管时，要按卫生器具种类增大或减少一定尺寸。

蹲便器的支立管应用承口短管，高出地面 10 mm，则支立管长度为实测尺寸 +10 mm。

坐便器支立管应用不带承口的短管接至地面相平处，则支立管下料长度等于实测尺寸。

洗脸盆类支立管应用承口短管，做到与地面相平（或微高出地面）。

地漏箅面应低于地面 5~10 mm，支立管下料长度等于实测尺寸减去 5~10 mm。

(3) 支立管安装。安装支立管时，应严格控制切管的坐标和标高。将预留管口清理干净进行粘接，粘接牢固后找正、找直，并用木塞将敞口封闭严实。

楼板下排水横管上的清扫口可用两个 45°弯头接至楼板上面，并用丝堵盖严。

(4) 堵楼板孔洞。用石子将楼板孔洞和墙洞塞牢，并塞堵水泥砂浆固定，使补洞的水泥砂浆表面低于建筑表面 10 mm 左右。

6. 灌水试验

室内塑料排水管道安装完毕后，对安装质量和安装尺寸进行检查和复核，并进行灌水试验。

室内排水管道灌水试验装置如图 9—29 所示。先将排出管末端用气囊堵严，从管道最高点灌水，灌水高度不低于卫生器具的上边缘或地面高度，灌满水 15 min，水面下降后，再灌满水观察 5 min，液面不降，管道接口无渗漏为合格。

7. 通球试验

为了防止钢筋、砖石等异物卡在管道中，排水主干管安装完后，待灌水试验合格后，必须做通球试验。从主管顶端投入胶球，球径为管径的 2/3，投球后即向管内通水，在室外第一个检查井处观察，发现胶球流出为合格。

【质量验收】

1. 立管检查口安装高度为 1 m，盖口方向应便于清通。
2. 排水横管坡度符合要求，没有"倒坡"现象。
3. 地漏箅面低于地面。
4. 连接口无粘接剂。
5. 管道各接口没有漏水现象。

【注意事项】

1. 立管安装

(1) 立管上应设检查口，其中心距地面 1 m，并高于该卫生器具边缘 150 mm。检查口的朝向应便于检修，检查口盖的垫片使用厚度不小于 3 mm 的橡胶板。设置检查口的方法：顶层、底层必须设置，其他每层或隔层设置。

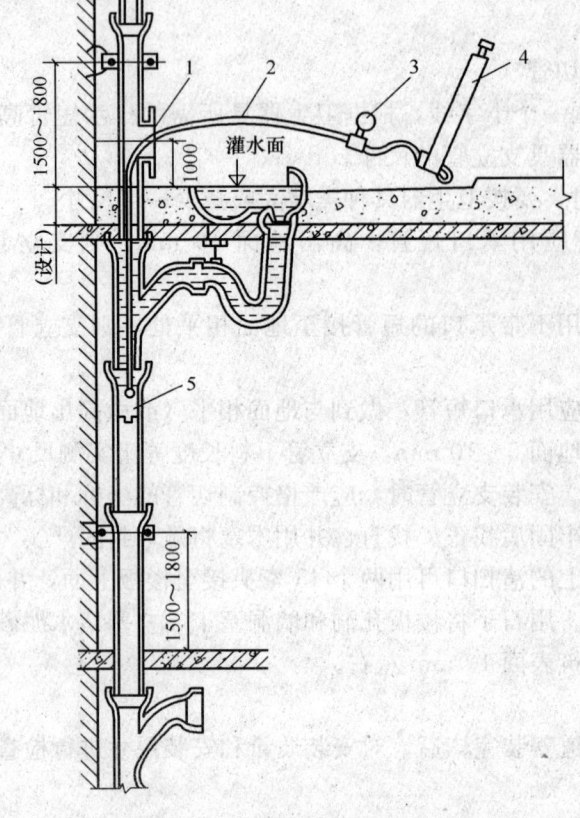

图9—29 室内排水管道灌水试验装置
1—检查门 2—胶管 3—压力表 4—打气筒 5—胶囊

(2) 安装立管时一定要注意将三通的方向对准横管的方向,以免在安装横管时由于三通口的偏斜而影响安装质量。三通口的高度由横管的长度和坡度决定,距离楼板25~30 mm。

2. 横管安装

(1) 横管一般接口较多,各接口处不得产生拱塌、扭曲和歪斜现象。保证三通口和弯头口在同一轴线上,严禁产生倒坡。

(2) 吊卡一定要按横管管径选用,不得大管用小管卡或小管用大管卡。吊杆必须选用可调节吊架,以保证横管的安装坡度。吊杆、吊卡要垂直,下端不得偏向主管方向,以防横管受力后从立管承口中拔出。

(3) 当污水横管的直线管段需要设置检查口或清扫口时,应符合相关规定。

(4) 预制成组合管件的横管,待接口凝结后再吊装,吊装时不得碰撞,防止接口松动。

3. 支立管安装

(1) 不得有反坡和"扭头"现象,保证支立管的坡度和垂直度。

(2) 支立管露出地坪的长度,应根据卫生器具的种类决定。严禁地漏高出地面。

（3）管道用管卡固定后，及时拆除所有吊管用的铁丝或打在墙上的凿子。

单元测试题

一、填空题（请将正确答案填在空白横线上）

1. 按照供水对象的不同，室内给水系统分为_____、_____和_____三类。
2. 室内给水系统通常由引入管、水表节点、_____、立管、_____、支管、卫生器具和_____等组成。
3. 室内给水管道常用的阀门有闸阀、_____、_____、旋塞阀和_____等。
4. 旋翼式水表按传动机构所处的状态不同，分为_____和_____两种。
5. 塑料排水管上立管伸缩节的安装，当设计对伸缩量无规定时，管段插入伸缩节处预留的间隙应为：夏季，_____ mm；冬季，_____ mm。

二、单项选择题（下列每题有4个选项，其中只有1个是正确的，请将其代号填写在横线空白处）

1. 安装螺翼式水表，水表外壳与墙表面之间的净距为_____ mm。
   A. 10～30   B. 10～20   C. 20～30   D. 20～30
2. 安装在立管上的螺纹水表，距地面高度应为_____ m。
   A. 0.8   B. 1   C. 1.2   D. 1.4
3. 地下给水管道应保证_____的坡度，坡向朝引入管至室外管网。
   A. 0.002～0.005
   C. 0.003～0.005
   B. 0.002～0.003
   D. 0.004～0.006
4. 塑料给水管道应远离热源，主管与灶边之间的净距不得小于_____ mm，与采暖管道之间的净距不得小于200 mm，且不得因热源辐射使管外壁温度高于40℃。
   A. 500   B. 400   C. 300   D. 200
5. 管径小于或等于_____ mm的镀锌钢管应采用螺纹连接，套螺纹时破坏的镀锌层表面及外露螺纹部分应做防腐处理。
   A. 50   B. 65   C. 80   D. 100
6. 地漏水封高度不得小于_____ mm。
   A. 20   B. 30   C. 40   D. 50
7. 当排水立管在中间层竖向拐弯时，排水支管与横管连接点至立管底部的水平距离不得小于_____ m，排水支管与立管拐弯处的垂直距离不得小于0.6 m。
   A. 1.0   B. 1.5   C. 2.0   D. 2.5

三、多项选择题（下列每题有5个选项，其中有1个以上是正确的，请将其代号填写在横线空白处）

1. 由室外给水管道通过建筑物外墙引入建筑物的水平管段，称为_____。
   A. 水平管   B. 进户管   C. 入户管

D. 引入管　　　　　　　　E. 给水管

2. 水箱上应设的配管包括_____。
   A. 进水管　　　　　B. 出水管　　　　　C. 泄水管
   D. 安全管　　　　　E. 溢流管

3. 关于水箱上的水位信号管,下列说法正确的是_____。
   A. 检测浮球阀的工作情况　　　　B. 控制水泵启闭
   C. 检测水质　　　　　　　　　　D. 管径为 DN15 或 DN20
   E. 管径为 DN25 或 DN32

4. 室内给水管道的暗装是将管道敷设在_____等处隐蔽敷设。
   A. 室内天花板下　　　B. 顶层吊顶内　　　C. 室内墙、梁
   D. 管沟中　　　　　　E. 管井内

5. 属于室内排水管道的清通附件是_____。
   A. 存水弯　　　　　　B. 清扫口　　　　　C. 室内检查井
   D. 立管检查口　　　　E. 通气帽

四、判断题（下列判断正确的请在括号内打"√"，错误的请在括号内打"×"）

1. 水表安装前，应将管道内的杂物清洗干净，以免阻塞水表运行，水表前宜安装减压阀。　　　　　　　　　　　　　　　　　　　　　　　　　　（　　）
2. 为了计量准确，接水表的母管直径应比水表的口径小一号。　　　（　　）
3. 存水弯有 S 形和 P 形两种。　　　　　　　　　　　　　　　　（　　）
4. 给水立管和装有两个或两个以上配水点的直管始端，均应安装可拆卸的连接管件。　　　　　　　　　　　　　　　　　　　　　　　　　　　（　　）

五、简答题

1. 室内给水系统的任务是什么？
2. 室内给水系统的组成是什么？
3. 室内给水系统的给水方式有哪几种？
4. 水表分几类？各有什么特点？安装的要求是什么？
5. 简述给水管道的试压过程。
6. 室内排水系统有哪几类？
7. 室内排水系统的组成是什么？
8. 试述满水试验及通球试验方法。

单元测试题参考答案

一、填空题
1. 生活给水系统　生产给水系统　消防给水系统　2. 干管　横管　用水设备
3. 截止阀　止回阀　浮球阀　4. 干式　湿式　5. 5～10　15～20

二、单项选择题
1. A　　2. B　　3. A　　4. B　　5. D　　6. D　　7. B

三、多项选择题
1. BD 2. ABCE 3. ABD 4. BDE 5. BCD
四、判断题
1. × 2. × 3. √ 4. √
五、简答题
略

第10单元

卫生器具安装

- 第一节　卫生器具的种类、材质与配件/257
- 第二节　卫生器具的安装要求与质量检验/263
- 第三节　卫生器具的安装工艺和施工要点/265
- 第四节　技能训练实例/268

第一节 卫生器具的种类、材质与配件

→ 1. 了解卫生器具的种类和材质
→ 2. 熟悉一般卫生器具
→ 3. 熟悉卫生器具的配件

卫生器具，又称卫生洁具或卫生设备，是对厨房、卫生间、盥洗室或其他场所中，以卫生、清洁为目的的各种器具的总称。

一、卫生器具的种类和材质

1. 卫生器具的种类

卫生器具的种类很多、功能各异，对其共同的要求是表面光滑、易于清洗、不透水、耐腐蚀、耐冷热、经久耐用等。

根据用途的不同，卫生器具可划分为便溺用卫生器具、盥洗或沐浴用卫生器具、洗涤用卫生器具和专用卫生器具四大类。

便溺用卫生器具包括大便器、大便槽、小便器、小便槽等。盥洗或沐浴用卫生器具包括洗面器、盥洗槽、浴缸等。洗涤用卫生器具包括洗涤盆、化验盆、污水盆等。专用卫生器具主要包括医疗用的倒便器、婴儿浴盆、妇女净身器、水疗设备及饮水器等。

2. 卫生器具的材质

（1）陶瓷卫生器具。陶瓷卫生器具是采用黏土及其他天然矿物原料，经过一定的加工工艺而制成的。其材料经久耐用、耐腐蚀、不老化；表面有釉，光亮细腻，有单色釉、双色釉和窑变釉等。

（2）搪瓷卫生器具。搪瓷卫生器具的基材有铸铁和钢板两种，毛坯表面用优质瓷进行涂瓷而制成，具有瓷面光洁明亮、瓷质坚硬、耐磨、强度高、耐冲击、不易污染、容易洗涤等特点。

（3）人造大理石卫生器具。人造大理石卫生器具又称人造玛瑙卫生器具。它是以不饱和聚酯树脂作为粘接剂，以石粉、石渣作为填料加工而成的，具有造型美观、变形较小、耐酸、耐碱、耐污迹等特点。其物理、化学性能优于天然大理石。

（4）玻璃钢卫生器具。玻璃钢卫生器具是在涂有隔离剂的铁制或木制的模具上，将玻璃纤维布或玻璃纤维毡片用不饱和聚酯树脂随糊随黏到模具上，并排除其间的空气，达到厚度要求，待树脂固化后从模具上脱下即成为制品的坯体，然后进行管道接口、洗净面和边缘部位的后加工，即成为成品。玻璃钢卫生器具具有强度高、质量轻、耐水、耐热、耐化学腐蚀、经久耐用等特点。

（5）塑料卫生器具。塑料卫生器具是以各种塑料为主要材料，采用注塑等成形工艺制成的。

目前，卫生器具的材质已由传统的陶瓷、搪瓷生铁、搪瓷钢板，发展到塑料、玻璃钢、人造大理石、人造玛瑙、不锈钢等新材料。

二、一般卫生器具

1. 坐便器

根据排污方式不同，坐便器可分为冲洗式坐便器和虹吸式坐便器。

冲洗式坐便器冲洗时噪声大，存水面小而浅，污物不易冲净而产生臭气，卫生条件较差。这种坐便器用于卫生要求不很高的场所。

虹吸式坐便器排污能力强，存水面积较大，噪声较小，卫生条件较好。虹吸式坐便器又分为喷射虹吸式坐便器和旋涡虹吸式坐便器两种新形式。喷射虹吸式坐便器的存水面积大，噪声很小，冲洗效率高，卫生条件好；旋涡虹吸式坐便器的排污能力特别强，噪声非常小，冲洗十分干净，一般均为连体式。

目前已有多种节水、消声坐便器，如设有两种不同冲水量的坐便器等。坐便器的冲洗设备一般多采用低水箱。坐便器如图10—1所示。

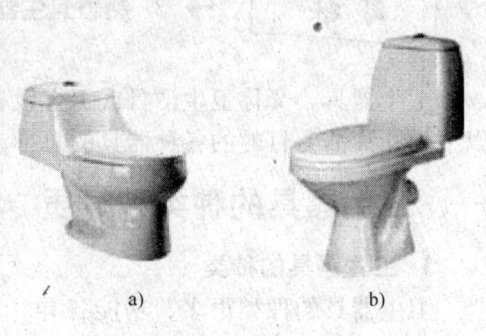

图10—1 坐便器
a) 连体式 b) 分体式

2. 蹲便器

蹲便器多用于公共卫生间，种类较多。冲洗设备有自动虹吸式冲洗水箱、手动虹吸式冲洗水箱以及延时自闭式冲洗阀。延时自闭式冲洗阀不需要水箱，直接装在冲洗管上即可。水箱通常采用高水箱。蹲便器与冲洗水箱如图10—2所示。

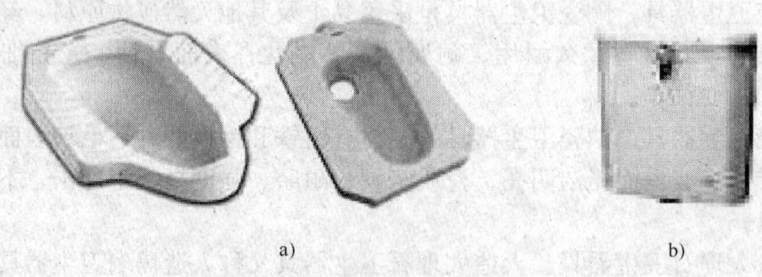

图10—2 蹲便器与冲洗水箱
a) 蹲便器 b) 冲洗水箱

3. 小便器

小便器分挂式和立式两种。挂式小便器可采用自动冲洗设备或阀门冲洗，每个小便器均设存水弯；立式小便器常用自动冲洗水箱。某些小便器采用感应式自动冲洗阀进行自动冲洗。挂式小便器如图10—3所示。

4. 洗脸盆

洗脸盆可分为挂式、立柱式、台式三类。挂式洗脸盆是指墙架式安装的洗脸盆，主要用于家庭；立柱式洗脸盆（见图10—4a）是指下部有白瓷立柱支撑安装的洗脸盆，其隐蔽性好，外形美观，主要用于室内装饰要求较高的场所；台式洗脸盆（见图10—4b）是指脸盆镶于大理石台面或化妆台台面上的洗脸盆，普遍用于宾馆卫生间。

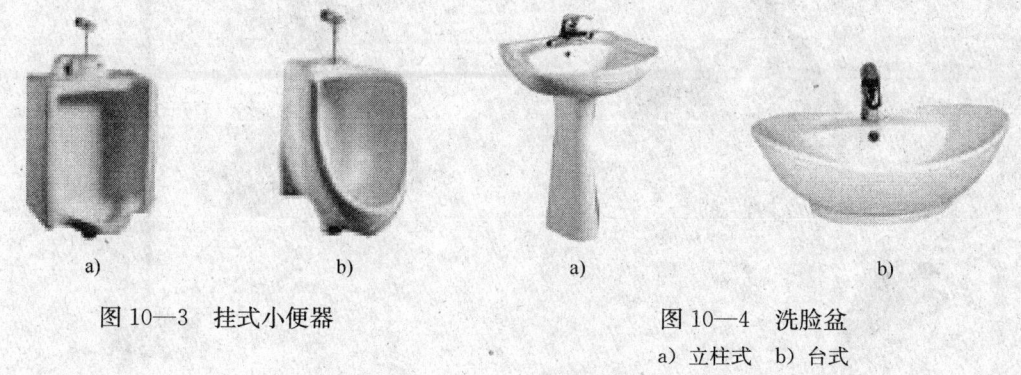

图10—3 挂式小便器

图10—4 洗脸盆
a）立柱式 b）台式

5. 浴缸

浴缸又称浴盆，如图10—5所示。材质多为搪瓷和玻璃钢，也可为人造大理石和塑料等。按支撑方式不同，浴盆可分为有腿和无腿两种。无腿浴盆可直接安装在铺有泡沫塑料垫的地面上；有腿浴盆则需砌筑支墩，把浴盆安装在其上并在四周砌砖贴瓷片。

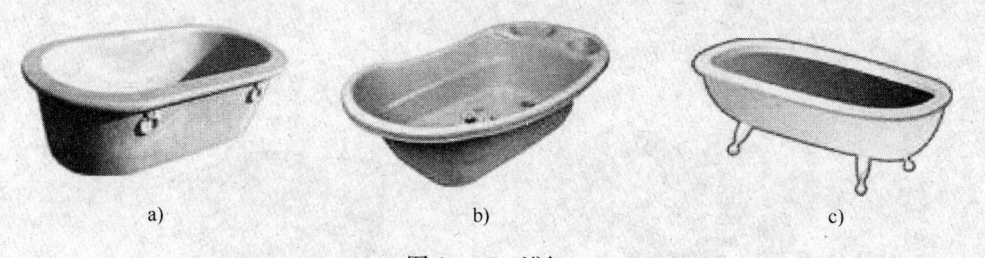

图10—5 浴缸

浴缸一般均设有冷、热水龙头和混合水龙头以及固定喷头或带有软管的喷头，浴缸主要安装在住宅、宾馆等的卫生间内。

新型健身按摩浴缸是一种能对人体起按摩作用的旋涡浴缸，有单人、双人和多人等规格。按摩浴缸由浴缸、单级离心泵、配套电动机、水和气的循环管道、喷嘴、触电保护装置等组成。使用时，多个喷嘴喷出射流和气泡，使浴缸中液流形成旋转运动状态，对人体穴位进行水流按摩。

6. 淋浴器

淋浴器有组装和成品等形式，材质以金属和塑料为主。按照对水质的影响，分为普通淋浴器和功能型淋浴器。功能型淋浴器能够有效去除自来水中的余氯。淋浴器如图10—6所示。

7. 洗涤盆和化验盆

洗涤盆材质有水泥、水磨石、陶瓷和不锈钢等，式样有长方体、正方体和椭圆形等。化验盆专用于化验室洗刷化验器皿，材质为陶瓷。洗涤盆和化验盆如图10—7所示。

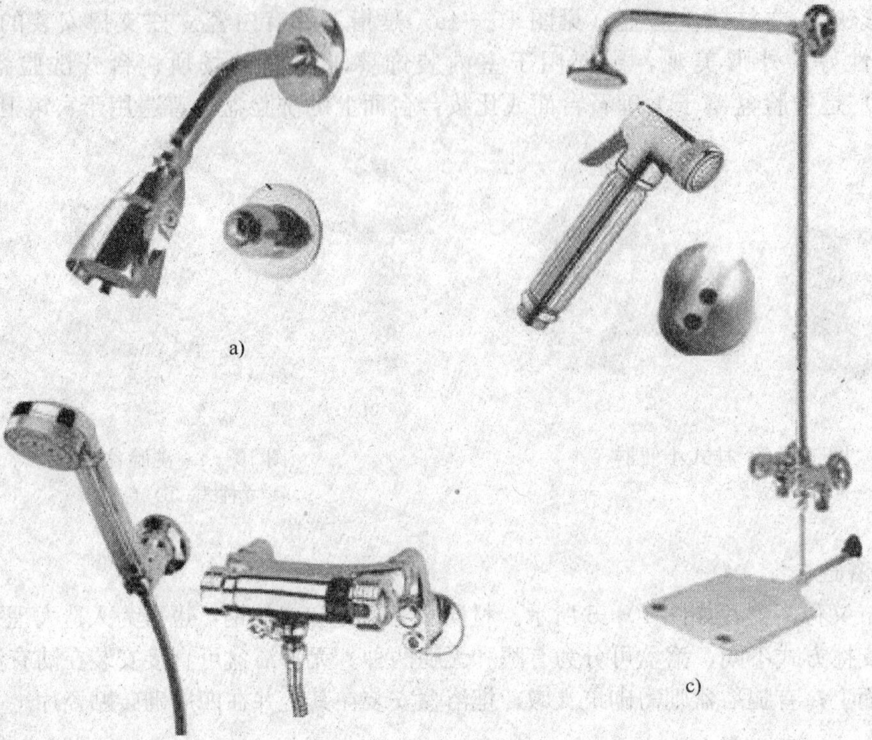

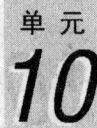

a)　b)　c)

图 10—6　淋浴器

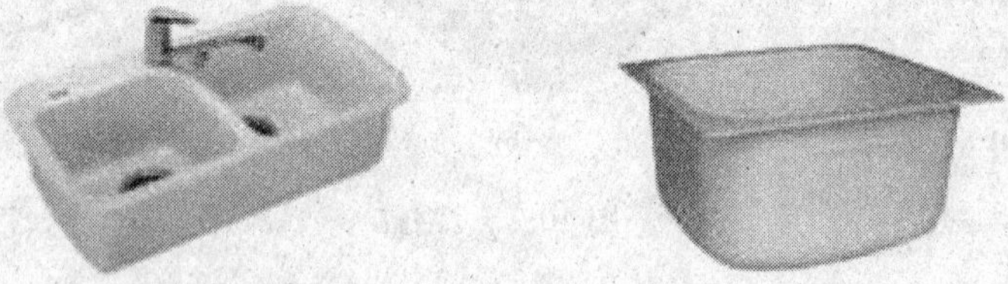

a)　b)

图 10—7　洗涤盆和化验盆

a）洗涤盆　b）化验盆

三、卫生器具的配件

卫生器具配件主要有洗脸盆配件、浴缸配件、坐便器配件、蹲便器配件、小便器配件、洗涤盆配件、淋浴器配件等。材质一般为铜，经铸造、机械加工，表面镀镍、镀铬等工艺而制成。

目前，卫生器具配件由一般金属配件镀铬处理，发展到镀钛、镀银、镀金等。

1. 洗脸盆水嘴

洗脸盆水嘴有单嘴式和双嘴混合式两种，如图 10—8 所示。

2. 排水栓

排水栓又称落水口，是连接卫生器具和排水管道的配件，如图 10—9 所示。其材质

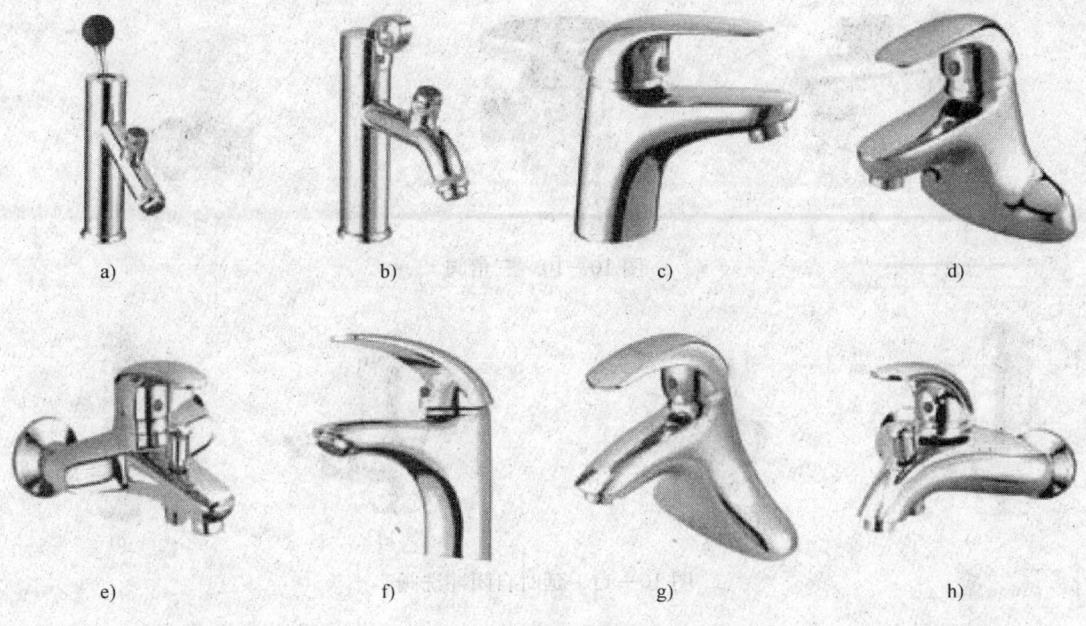

图 10—8 洗脸盆水嘴

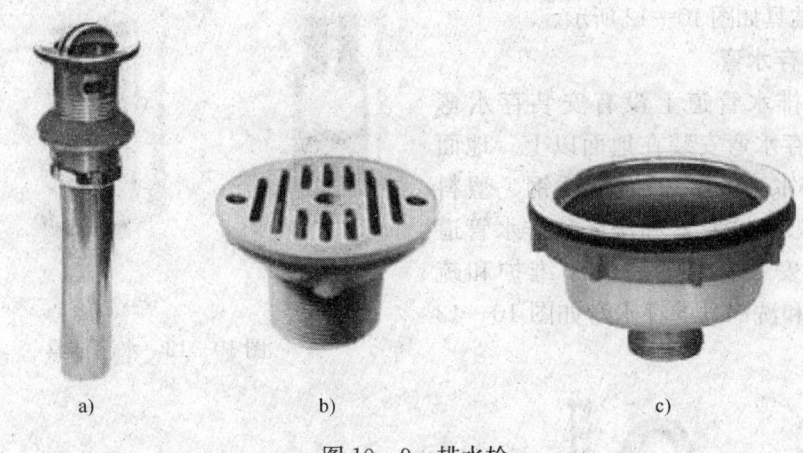

图 10—9 排水栓

有铝合金、塑料、铜镀铬、不锈钢等。

3. 三角阀

三角阀又称角形阀或角阀，是连接给水管道和卫生器具用水附件的配件，其材质主要有铜镀铬、不锈钢等。三角阀如图 10—10 所示。

4. 延时自闭冲洗阀

延时自闭冲洗阀与给水管道直接连接，对大便器和小便器进行冲洗。使用前只需开启即可，不需关闭。根据冲洗对象不同，冲洗的时间也不同，属于节水型冲洗阀。延时自闭冲洗阀有手动、脚踏、感应和可调式等形式。延时自闭冲洗阀如图 10—11 所示。

5. 水箱洁具

水箱洁具（俗称铜活）安装在卫生器具的冲洗水箱内，用软管与三角阀连接，可以对冲

a)   b)   c)

图 10—10 三角阀

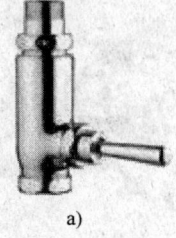  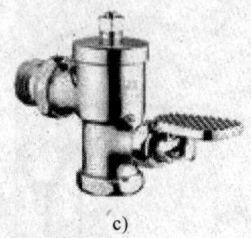 

a)   b)   c)   d)

图 10—11 延时自闭冲洗阀

洗水箱的水位进行控制，材质有塑料、铜合金等。水箱洁具如图10—12所示。

6. 成品存水弯

当室内排水管道上没有安装存水弯时，需要将存水弯安装在地面以上。地面上安装的存水弯材质多为不锈钢、塑料等，通常安装在洗脸盆和洗涤盆排水管道上。地面上安装存水弯有利于维护和疏通。洗脸盆和洗涤盆的存水弯如图10—13所示。

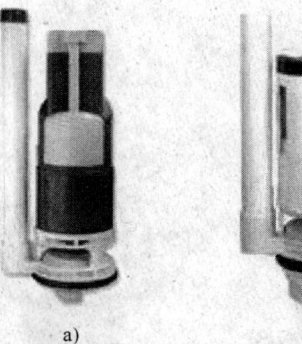 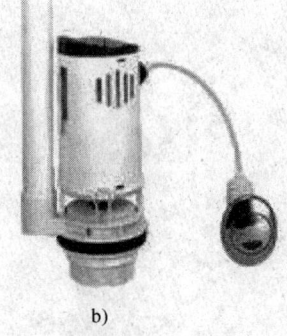

a)   b)

图 10—12 水箱洁具

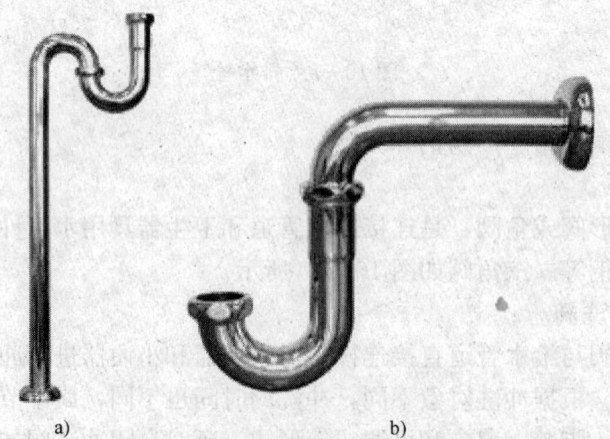

a)   b)

图 10—13 洗脸盆和洗涤盆的存水弯
a) S形存水弯 b) P形存水弯

第二节　卫生器具的安装要求与质量检验

→ 1. 熟悉卫生器具安装的基本技术要求
→ 2. 掌握卫生器具安装前质量检验的方法

一、卫生器具安装的基本技术要求

1. 位置的正确性

卫生器具的安装位置包括平面设计位置和立面的安装高度两个方面。安装时尽可能做到与建筑物整体布置协调美观，考虑到使用方便舒适，便于检修。应特别注意的是器具排水直管中心位置的准确性，否则将直接影响器具的安装质量，造成返工和浪费。

（1）卫生器具的平面位置。有关尺寸如下：

1）盥洗槽内水嘴的间距为 700 mm。
2）成排安装的淋浴器的间距为 900 mm。
3）成排安装的蹲便器的间距为 900 mm。
4）成排安装的洗脸盆的间距为 700 mm。

（2）卫生器具的安装高度。卫生器具的安装高度应符合有关要求。

2. 安装的稳固性

卫生器具安装的稳固性关键取决于器具的底座、支腿和支架的安装是否稳固。所以在卫生器具安装中，应特别重视器具的底座、支腿和支架安装的准确性和稳固性。

3. 安装的可拆卸性

给水支管必须在卫生器具的连接处设置活接头。卫生器具和排水短管、存水弯的连接均应采用便于拆卸的油灰填塞，存水弯和排水栓均应是可拆卸的根母连接。

4. 安装的严密性

卫生器具安装的严密性包括三个方面：

（1）卫生器具给水管道连接时应加软垫并压挤紧密，做到不渗、不漏。

（2）器具各排水管道连接处应加橡胶垫圈，并压紧或填塞好油灰，防止渗漏。

例如，洗脸盆、便器冲洗箱的接管孔洞与给水配件（水嘴、浮球阀、角阀、淋浴器喷头）的连接，排水栓与器具落水孔，便器与排水短管的连接均应如此。

（3）卫生器具边缘与墙面接触的地方应填塞缝隙。可用长效弹性填缝油灰、白水泥封填缝隙，以满足保持墙面卫生的要求。

5. 瓷质与铁质的软结合与紧固工具的软加力

在金属与瓷器的结合处，应衬橡胶软垫片，即铁瓷软结合。使用管钳紧固铜质镀光质的配件时，均应在配件着力处衬上衬布，用软加力的方法进行紧固，防止在配件上留下管钳的牙痕。另外，与卫生器具紧固的一切螺纹连接均应先用手拧紧，再用工具缓缓加力紧固，以防用力不均或用力过猛损坏器具。安装过程中，不得将工具放在瓷质器具上。

二、卫生器具安装的操作要求

1. 安装卫生器具时，宜采用预埋支架或膨胀螺栓进行紧固。如采用木螺钉固定时，应预埋经浸泡沥青的防腐木砖，且木砖应深入墙面 10 mm 以上。

2. 固定洗脸盆及浴盆的排水口接头时，应通过旋紧螺母实现，不得强行旋转落水口。落水口应与盆底相平或略低于盆底。

3. 冷热水管水嘴的相互关系是"上热下冷，左热右冷"，勿安装颠倒。

4. 大、小便器的排水出口承插接头应用油灰填充，不得用水泥砂浆填充。

5. 地漏应安装在地面最低处，其箅子顶面应低于设计地面 5 mm。

6. 陶瓷卫生器具与支架接触应平稳，并应加软垫。如陶瓷件直接用预埋螺栓或膨胀螺栓固定在墙上，螺栓应加软垫圈，拧螺栓时不得用力过猛，以免陶瓷破裂。管道或配件与卫生器具的陶瓷连接处，应垫以胶皮、油灰。

总而言之，卫生器具安装的共同要求，就是平、稳、牢、不漏、使用方便、性能良好。

平：同一房间、同种器具上口边缘要水平。

稳：器具安装后无摆动现象。

牢：安装牢固，无脱落松动现象。

准：器具平面位置和高度尺寸准确，同类器具要整齐美观。

不漏：卫生器具上、下水管接口必须严密不漏。

使用方便：配件布局合理，阀门及手柄的朝向合理。

性能良好：阀门、水嘴使用灵活，管道畅通。

三、卫生器具安装前的质量检验

1. 检验的内容

（1）卫生器具的型号、规格必须符合设计要求，并有产品合格证。其外观应端正规矩，造型美观，瓷质细腻，色泽一致，表面光滑，无瓷损裂纹，边缘平滑。

（2）卫生器具的配件应规格标准，质量可靠，表面有光泽，电镀均匀，螺纹清晰，锁母松紧适度，无砂眼、裂纹。

2. 检验的方法

（1）外观检查。表面有无缺陷。

（2）敲击检查。轻轻敲击，声音实而清脆是未损伤的，声音沙哑则可能有裂纹损伤。

（3）尺寸检查。用钢卷尺实际测量主要尺寸。

（4）通球检查。对圆形孔洞可做通球检查，检验用球的直径为孔洞直径的 0.8 倍。

四、成品保护

1. 搬运卫生器具要防止猛烈碰撞,应轻搬慢放,镀锌零件应用纸包好。
2. 卫生器具安装好后,应有保护措施,器具应用草绳、纸袋填满装好,并用草绳覆盖。地漏可用木塞或砖头和低强度水泥砂浆临时封堵,在地面竣工后打开,将污物清理干净。
3. 应对卫生器具排出口做可靠封堵。
4. 单位工程未正式交工前严禁使用卫生间。

第三节　卫生器具的安装工艺和施工要点

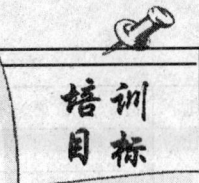

→ 1. 熟悉卫生器具及其给水配件的安装高度
→ 2. 掌握卫生器具安装的工艺流程
→ 3. 掌握卫生器具安装的施工要点

一、卫生器具及其给水配件的安装高度

室内卫生器具品种、规格、功能繁多,有污水盆、洗涤盆、洗脸(手)盆、盥洗槽、浴盆、沐浴器、大便器、小便器、小便槽、大便冲洗槽、妇女卫生盆、化验盆等。

卫生器具安装前,应熟悉一般卫生器具及其给水配件的安装高度,以使安装好的卫生器具便于使用和维护。

1. 卫生器具的安装高度

卫生器具的安装高度应符合设计要求。若设计无要求时,卫生器具的安装高度见表10—1。

表10—1　　　　卫生器具的安装高度　　　　mm

序号	卫生器具名称		卫生器具安装高度		备注
			居住和公共建筑	幼儿园	
1	污水盆(池)	架空式	800	800	
		落地式	500	500	
2	洗涤盆(池)		800	800	
3	洗脸盆、洗手盆(有塞、无塞)		800	500	自地面至器具上边缘
4	盥洗槽		800	500	
5	浴盆		≤520	—	
6	蹲式大便器	高水箱	1 800	1 800	自台阶面至高水箱底
		低水箱	900	900	自台阶面至低水箱底

续表

序号	卫生器具名称		卫生器具安装高度		备注
			居住和公共建筑	幼儿园	
7	坐式大便器	高水箱	1 800	1 800	自台阶面至高水箱底
		低水箱 外漏排水管式	510	370	自台阶面至低水箱底
		低水箱 虹吸喷射式	470		
8	小便器	挂式	600	450	自地面至下边缘
9	小便槽		200	150	自地面至台阶面
10	大便槽冲洗水箱		≥2 000	—	自台阶面至水箱底

2. 卫生器具给水配件的安装高度

卫生器具给水配件的安装高度应符合设计要求。若设计无要求时，卫生器具给水配件的安装高度见表10—2。

表10—2　　　　　　　卫生器具给水配件的安装高度　　　　　　　mm

序号	给水配件名称		配件中心距地面高度	冷、热水龙头距离
1	架空式污水盆（池）水龙头		1 000	—
2	落地式污水盆（池）水龙头		800	—
3	洗涤盆（池）水龙头		1 000	150
4	住宅集中给水龙头		1 000	—
5	洗手盆水龙头		1 000	—
6	洗脸盆	水龙头（上配水）	1 000	150
		水龙头（下配水）	800	150
		角阀（下配水）	450	—
7	盥洗槽	冷水龙头（冷热水管上下并行）	1 000	150
		热水龙头（冷热水管上下并行）	1 100	150
8	浴盆	水龙头（上配水）	670	150
9	淋浴器	截止阀	1 150	95
		混合阀	1 150	
		淋浴喷头下沿	2 100	—
10	蹲式大便器（台阶面算起）	高水箱角阀及截止阀	2 040	
		低水箱角阀	250	
		手动式自闭冲洗阀	600	
		脚踏式自闭冲洗阀	150	
		拉管式冲洗阀（从地面算起）	1 600	
		带防污助冲器阀门（从地面算起）	900	
11	坐式大便器	高水箱角阀及截止阀	2 040	
		低水箱角阀	150	—

续表

序号	给水配件名称	配件中心距地面高度	冷、热水龙头距离
12	大便槽冲洗水箱截止阀（从台阶面算起）	≥2 400	—
13	立式小便器角阀	1 130	—
14	挂式小便器角阀及截止阀	1 050	—
15	小便槽多孔冲洗管	1 100	—
16	实验室化验盆水龙头	1 000	—
17	妇女卫生盆混合阀	360	—

注：装设在幼儿园的洗手盆、洗脸盆和盥洗槽，水嘴中心离地面安装高度应为 700 mm；其他卫生器具给水配件的安装高度，应按卫生器具实际尺寸相应减小。

二、卫生器具安装施工工艺和施工要点

1. 卫生器具安装施工工艺

卫生器具安装施工工艺流程为：

施工准备→定位画线→支架安装→卫生器具安装→卫生器具排水管道安装→卫生器具给水配件安装→通水试验。

2. 卫生器具安装施工要点

（1）施工准备

1）所有与卫生器具连接的管道经试压、闭水试验确认合格，隐蔽工程检验合格。

2）检查卫生器具、配件，其规格应齐全。对于部分要进行预安装的卫生器具，应按要求进行预安装，且试水不渗、不漏。

3）卫生间的防水层土建已经做完，且验收合格。

4）卫生器具的表面应光滑、无毛刺、无裂纹、色调一致。

5）对于使用感应式给水配件的卫生器具，应与土建、电气施工人员协商好安装方案。

（2）定位画线。按施工图样要求，在适当位置画出卫生器具安装定位线。若设计无要求时，卫生器具安装高度应符合表 10—1 的规定，或查阅卫生器具安装标准图集。

（3）支架安装

1）对于成型的支架，可直接使用膨胀螺栓或预埋螺栓安装。

2）对于需要制作的支架，下料应使用机械方法，钻孔应使用台钻，严禁使用气割制作支架。安装方法同上。

（4）卫生器具安装

1）确认支架牢固且位置符合要求后，才能安装卫生器具。

2）固定卫生器具时，螺栓紧固程度要适中，防止用力过大损坏卫生器具。

3）坐便器采用螺栓固定时，要注意地脚螺栓长度应合适，以防过长损坏防水层。

（5）卫生器具排水管道安装

1）对于塑料软管排水管道，可直接插入排水预留口。

2）对于金属排水管道，固定支架应牢固。可采取管钳内加衬软布的方法安装。

(6) 卫生器具给水配件安装

1) 卫生器具给水配件的安装高度，如设计无要求时，应符合表10—2的规定。

2) 对于感应式给水配件，应在电工配合下安装。

(7) 通水试验

1) 使给水系统的2/3配水点同时开放，检查排水点是否畅通，接口有无渗漏，即进行放水试验。应观察当卫生器具水位超过溢流孔时，水流能否顺利溢出；当提起塞子时，排水是否迅速排出；关闭水嘴是否可以立即切断水流。

2) 检查冲洗洁具。应首先检查水箱浮球阀装置的灵敏度和可靠程度，经多次试验无误后方可使用。冲洗阀主要检查其冲洗水量是否适用，必要时可调节螺钉位置直到冲洗水量满足使用要求为止。器具调试合格后，应及时填写调试记录，并签字存档。

第四节 技能训练实例

实训1 安装低水箱坐便器

【实训内容】

安装低水箱坐便器。

【准备要求】

1. 工具和机具

工作台、套螺纹机、管钳、锯弓、扳手、手锤、螺钉旋具、钢卷尺、水平尺、剪子。

2. 材料

(1) 低水箱及配件，冲洗管及配件，锁紧螺母，橡胶圈，角阀，坐便器及坐便盖，铜管、塑料管及管件。

(2) 防腐木砖、坐便器法兰、油灰、橡胶板、木螺钉、钢锯条、水泥、小白线。

【质量标准】

1. 木砖或预埋螺栓防腐效果良好，埋设平正牢固。器具放置平稳，表面无损伤，镀铬零件应完好无损，开启部分灵活。

2. 坐便器排出口与排水管甩头的连接处，冲洗管与坐便器、水管的连接处，应严密不渗漏。

3. 坐便器与低水箱的坐标允许偏差为±10 mm，标高允许偏差为±15 mm，水平度允许偏差为±2 mm，垂直度允许偏差为±3 mm。低水箱给水角阀标高允许偏差为±10 mm。

【操作步骤】

低水箱坐便器安装操作程序为：校核、清扫→定位、安装坐便器→安装低水箱→安装水管。

分体式低水箱坐便器安装图如图10—14所示。

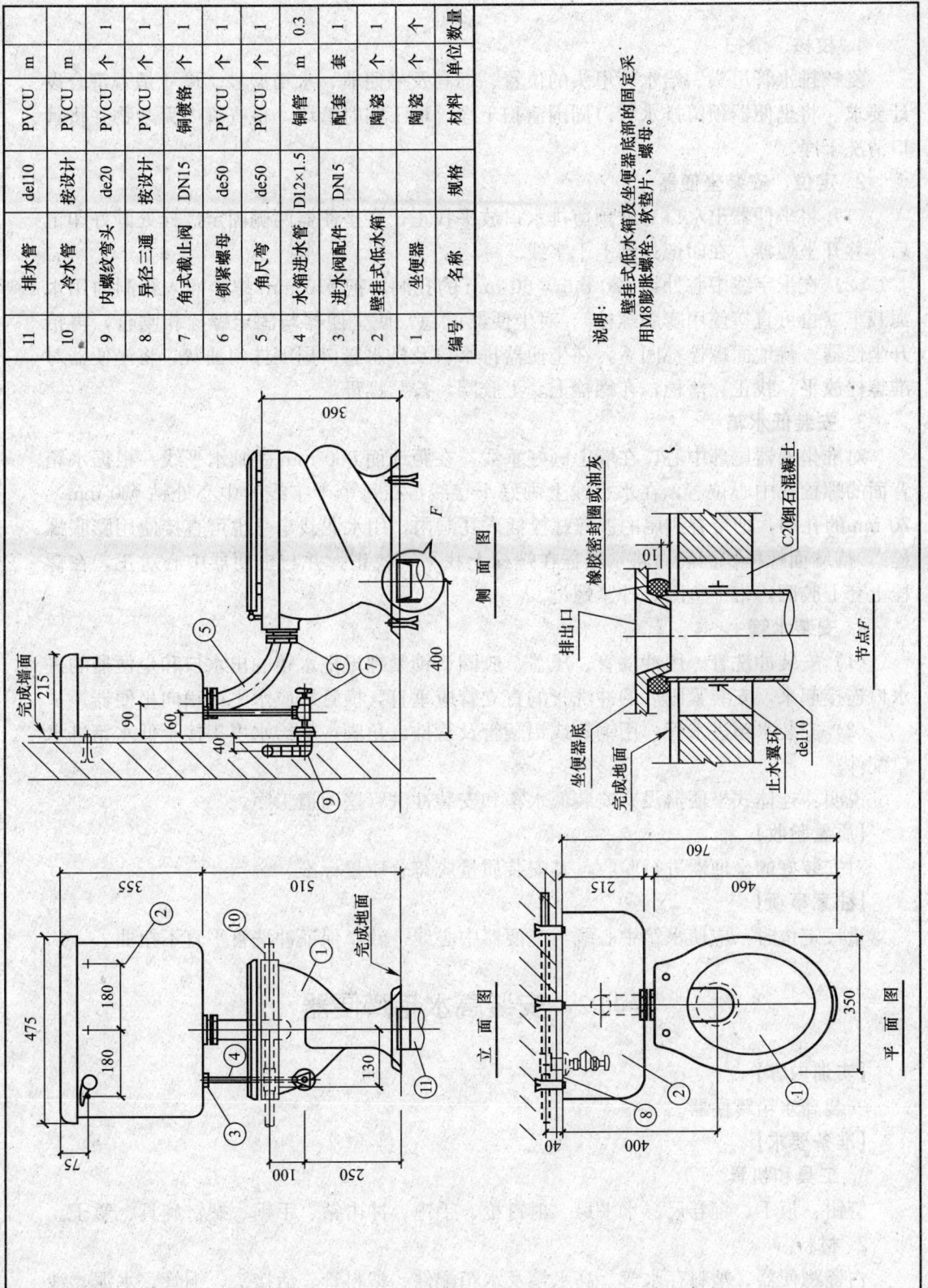

图 10—14 分体式低水箱坐便器安装图

1. 校核、清扫

复核排水管甩头、给水管甩头的位置、标高及坐便器、水箱型号、尺寸是否符合设计要求。将坐便器预留排水管口周围清扫干净，取下临时管堵，检查管内无杂物并将管口清洗干净。

2. 定位、安装坐便器

（1）将坐便器出水口对准预留排水口放平找正，在坐便器两侧固定螺栓处画好印记后，移开坐便器，在印记处画上十字线。

（2）在十字线中心处钻 ϕ20 mm×60 mm 的孔洞，把 ϕ10 mm 螺栓插入孔洞内用水泥栽牢（也可直接使用膨胀螺栓）。对坐便器试稳，使坐便器与固定螺栓相吻合，再抬开坐便器。待地面螺栓稳固后，在坐便器排水口及排水管口周围抹匀油灰，将坐便器对准螺栓放平、找正、落稳，在螺栓上套上胶圈，拧紧螺母。

3. 安装低水箱

对准坐便器尾部中心，在墙上画好垂线，在距地面 800 mm 处画水平线。根据水箱背面的螺栓孔中心位置，在水平线上画好十字线，在每个十字线的中心处钻 ϕ30 mm×70 mm 的孔洞，把带有燕尾的镀锌螺栓插入孔洞内，用水泥栽牢（也可直接使用膨胀螺栓）。待墙面螺栓稳固后，将水箱挂在螺栓上找平、找正，并与坐便器中心对正，在螺栓上套上胶圈，带上垫圈，拧紧螺母。

4. 安装水管

（1）安装冲洗管。用冲洗管、压盖、胶圈、锁紧螺母把水箱的出水口和坐便器的进水口连接起来，安装紧固后的冲洗管的直立管应垂直，横管端应水平或稍向坐便器。

（2）安装水箱进水管。用铜管或铝塑管及管件、角阀，从给水甩头接至低水箱进水口配件。

说明：连体式坐便器没有安装低水箱和安装冲洗管这两道工序。

【质量验收】

对安装好的坐便器进行验收，其安装质量应符合质量标准。

【注意事项】

量尺定位时，应使水箱中心线与坐便器中心线一致，保证冲洗管平直不扭曲。

实训2 安装高水箱蹲便器

【实训内容】

安装高水箱蹲便器。

【准备要求】

1. 工具和机具

管钳、扳手、钢卷尺、水平尺、射钉枪、手锤、冲击钻、手锯、螺钉旋具、錾子。

2. 材料

白瓷蹲便器、塑料存水弯、高水箱及水箱配件、塑料管、活接头、铜管、水泥、沙子、炉渣、油灰、砖、铜线、石笔、小白线。

【质量标准】
1. 蹲便器上边缘要比蹲便器台低 20 mm 左右。
2. 蹲便器上边缘应抹入地面 2/3 左右，防止蹲便器台积水而引起渗漏。
3. 对于高级建筑，蹲便器上边缘可露出蹲便器台，但应注意采取防水措施。

【操作步骤】
高水箱蹲便器安装操作程序：定位、画线→安装存水弯→安装蹲便器→安装高水箱。

高水箱蹲便器安装图如图 10—15 所示。

1. 定位、画线

（1）检查蹲便器、存水弯、高水箱及附件的规格、型号、尺寸，认真校核横支管上蹲便器的甩口位置、标高，各接口应吻合。蹲便器和存水弯的内部应无渗漏和裂纹等。

（2）在底层位置安装蹲便器时，首先要把土夯实找平，在安装处画出蹲便器的十字中心线和排出口的十字中心线。

2. 安装存水弯

（1）安装 S 形存水弯时，首先用水泥砂浆把存水弯底座稳住，使底座标高与室内 ±0.000 地面同一高度。再将存水弯的承口对准蹲便器排出管口的中心，将其插口插入甩头里，插入深度不小于 400 mm，并在连接处用油麻和腻子抹严、抹平。

（2）安装 P 形存水弯时，将存水弯的进口中心对准便器排出口中心，用带承口短管接长至地面以上 100 mm，存水弯的出口端接入排水横管预留的甩头里，临时固定存水弯，严格进行接口。

说明：若排水管道上已经安装有存水弯，则没有这道工序。

3. 安装蹲便器

（1）把蹲便器安装在存水弯（或有存水弯的排水管口）上，用砖在蹲便器四周临时垫好，然后校核蹲便器的安装位置、标高，找平、找正后，用水泥砂浆砌筑蹲便器砖座，在蹲便器下和存水弯四周填入白灰膏拌制的炉渣。

（2）校对蹲便器位置与标高，确定无误后取下蹲便器，用油灰腻子将连接排水口涂抹严密，把存水弯或排水短管插入承口内，再将蹲便器复位，稳定找平。将蹲便器的排出口均匀压入存水弯的承口内，然后抹光压平挤出承口内的腻子。

（3）用楔形砖从两侧挤紧蹲便器，用油灰腻子抹严蹲便器与存水弯的接口，留出蹲便器进水口安装胶皮碗的位置，其余部分可用砂浆抹平。

4. 安装高水箱

（1）以蹲便器排出管为中心，在蹲便器后墙上吊线坠，弹出水箱安装基准线，即蹲便器出口和冲洗管的垂线。

（2）在后墙上用实物水箱画出水箱螺栓安装位置，做出十字标记，并使水箱底距台阶面 1.8 m 左右。钻孔打洞，栽埋膨胀螺栓或鱼尾螺栓，用砂浆把螺栓周围抹平。

（3）水箱组装。将进出口的螺母、根母拆下，加上橡胶垫，安装弹簧阀及浮球阀，再组装高水箱冲水洁具，天平架、拉链一般应在使用者的右侧。调节好浮球阀水位，以防溢水。高水箱冲洗洁具的组装如图 10—16 所示。

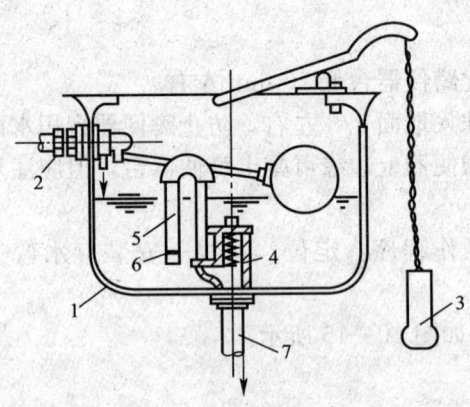

图 10—16 高水箱冲洗洁具的组装
1—水箱 2—浮球阀 3—天平架及拉链 4—弹簧阀
5—虹吸管 6—ϕ5 mm 冲气小孔 7—冲洗管

(4) 将组装好的水箱挂装在水箱螺栓上，找平、找正后用木螺钉加垫或预埋螺栓稳固。水箱背面应预先抹好砂浆。冲洗管与蹲便器的胶皮碗用 16 号铜丝绑扎 3～4 道拧紧，将上端插入水箱底部锁母中，填充油麻腻子，塞平后拧紧锁母，塑料冲洗管下端用一个弯头加短管连接胶皮碗。用沙土填埋已装好的胶皮碗，并在沙土上面抹一层水泥砂浆。将冲洗管找正，安装卡子加以固定。

(5) 高水箱进水管连接。先连接好角阀，测出水箱浮球阀距角阀中心的给水管尺寸，锯管配好短节，装在角阀及水管口内，将铜管或塑料管锯切，并煨好实际弯管，然后将浮球阀和角阀锁母拆下，套在管子上，两头缠上石棉绳，分别插入浮球阀和角阀进出口，并拧紧锁母。

说明：若使用软管，角阀与软管、软管与进水阀直接连接即可。

【质量验收】

对安装好的蹲便器进行验收，其安装质量应符合质量标准。

【注意事项】

1. 蹲便器的排水口施工时应注意以下几点：

(1) 排水管甩口高度不够，蹲便器排水口插入承口的深度过短或根本未插入承口内。

(2) 甩口事先未抹油灰，或只将油灰抹在接口的表面上，环扣间隙不均匀。

(3) 卫生间防水层未做好。

以上三点会导致排水口渗漏。

2. 水箱内部零件组装时，要保持各个零件在水箱内的位置合理，高水箱进水拉把和排水口应放在水箱内侧，以免使用时相互干扰，产生卡阻。

3. 蹲便器安装好后，正面和两侧应用砖垫平，填充炉渣后应认真检查，以防止蹲便器不平、左右倾斜。

实训3　安装洗脸盆

【实训内容】
安装洗脸盆（挂式有托架）。

【准备要求】
1. 工具和机具
工作台、套螺纹机、管钳、扳手、手锤、螺钉旋具、手电钻、剪子、钢卷尺、水平尺。

2. 材料
（1）瓷质洗脸盆、双联混合水龙头、提拉式或翻转式排水栓、冷热水嘴、存水弯、洗脸盆架（托架）、铝塑管、塑料管、专用管件若干。
（2）防腐木砖、木螺钉、橡胶板、膨胀螺栓、机油、铅油、油灰、锯条、生料带、塑料粘接剂。

【质量标准】
1. 给排水各接口必须严密不漏水。
2. 木砖防腐性能良好，埋设平整牢固，器具放置平稳。
3. 排水栓安装平整牢固，低于洗脸盆底表面，镀铬零件应完好无损，启闭灵活。
4. 排水连接管径和最小坡度应符合设计要求和验收规范。
5. 安装允许偏差应符合以下要求：
成排允许偏差：高度±5 mm，间距±10 mm。
标高允许偏差：单独的为±15 mm，成排的为±10 mm。
水平度允许偏差：±2 mm。
垂直度允许偏差：±3 mm。

【操作步骤】
洗脸盆安装的操作程序为：
定位、栽洗脸盆托架→安装洗脸盆→洗脸盆配件安装→洗脸盆给排水管道安装。
洗脸盆（挂式有托架）安装图如图10—17所示。

1. 定位、栽洗脸盆托架
在安装洗脸盆的墙上，弹画出安装中心线和洗脸盆的上沿水平线。根据脸盆架的宽度画出支架位置的十字线，按印记在墙上凿打沟槽，预埋防腐木砖，栽墙木砖应表面平整、牢固。把脸盆架用木螺钉和垫片牢固地安装在墙上，用水平尺检查两侧托架的水平度，用钢卷尺复核标高的准确性。
说明：洗脸盆托架也可采用膨胀螺栓固定，使用冲击钻时应注意用电安全。

2. 安装洗脸盆
在洗脸盆与墙接触的背面抹上油灰，把洗脸盆安放在盆架上找平、找正，用木螺钉加铅垫固定好，顶紧卡牢，以防松动。

3. 洗脸盆配件安装
（1）安装洗脸盆排水栓。先卸下排水口根母、橡胶垫，然后垫好油灰后插入洗脸盆排

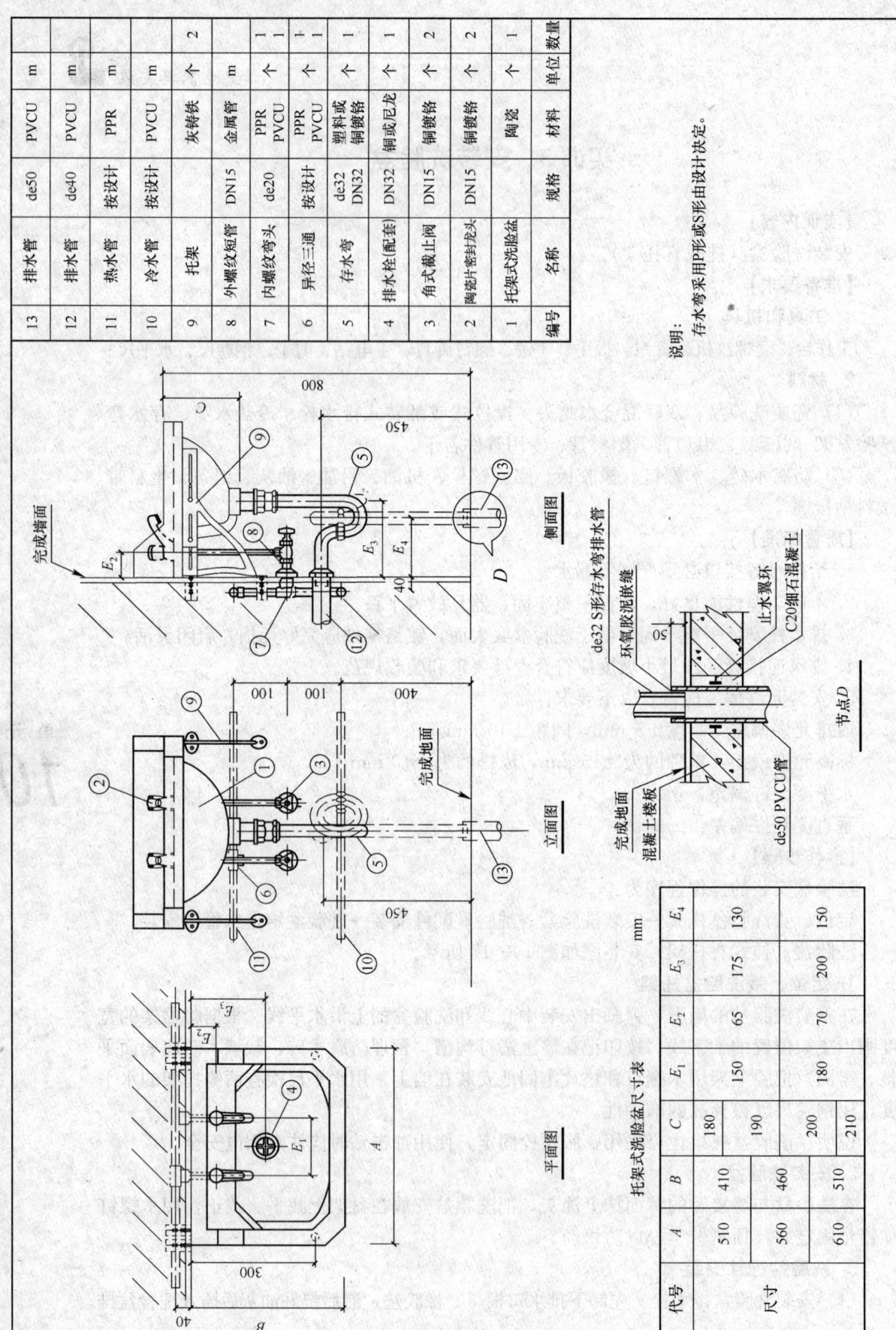

图10—17 洗脸盆（挂式有托架）安装图

水口孔内，排水口的溢水口应对准洗脸盆排水口中的溢水口眼，外面套橡胶垫圈并带上根母，把根母上紧。

（2）安装洗脸盆水嘴。先将水嘴根母、锁母卸下，在水嘴根部垫油灰，插入洗脸盆给水孔眼，再套橡胶垫，带上根母，用扳手将锁母紧至松紧适度。

4. 洗脸盆给排水管道安装

（1）洗脸盆排水管安装。洗脸盆排水口丝扣下端涂油缠麻，把存水弯上节拧入排水口，松紧适度。再将存水弯下节和排水口均匀涂抹粘接剂，把下节管插入排水口。

（2）洗脸盆给水管道连接。首先量尺寸、切管，配好短管，安好角阀。短管另一端与给水甩头之间，按塑料管粘接或热熔连接工艺标准进行接管。把角阀与水嘴的锁母卸下，套在塑料管上，分别缠上聚四氟乙烯生料带，上端插入水嘴根部，下端插入角阀，拧好锁母至松紧适度。

【质量验收】

对安装好的洗脸盆进行验收，其安装质量应符合质量标准。

【注意事项】

1. 紧固螺栓时应缓慢用力，松紧适度，防止损坏洗脸盆。
2. 搬拿洗脸盆时，宜使用双手，防止滑脱损坏洗脸盆。

实训4 安装浴盆

【实训内容】

安装浴盆。

【准备要求】

1. 工具和机具

管钳、活扳手、钢卷尺、水平尺、线坠。

2. 材料

（1）浴盆及配套排水附件、专用热水龙头及淋浴喷头、塑料管、钢管、铝塑管。

（2）砖、水泥、沙子、砖头、腻子、锯条、毛刷、粉笔。

【质量标准】

1. 浴盆排水栓应平正牢固，低于浴盆底表面。
2. 浴盆的排水口与排水管承口的连接必须严密不漏。
3. 安装允许偏差：标高±15 mm，坐标±10 mm，水平度±2 mm。

【操作步骤】

浴盆安装的操作程序：

定位、画线→砌砖支墩→安装浴盆→安装排水栓及浴盆排水管→安装混水嘴→砌筑浴盆挡墙。

浴盆安装图如图10—18所示。

1. 定位、画线

在安装墙上分别画出四条线：浴盆正面中心线、侧面中心线、上沿标高线和支座标高线。量尺检查浴盆的排水口、排水管甩头、给水管甩头标高是否吻合。

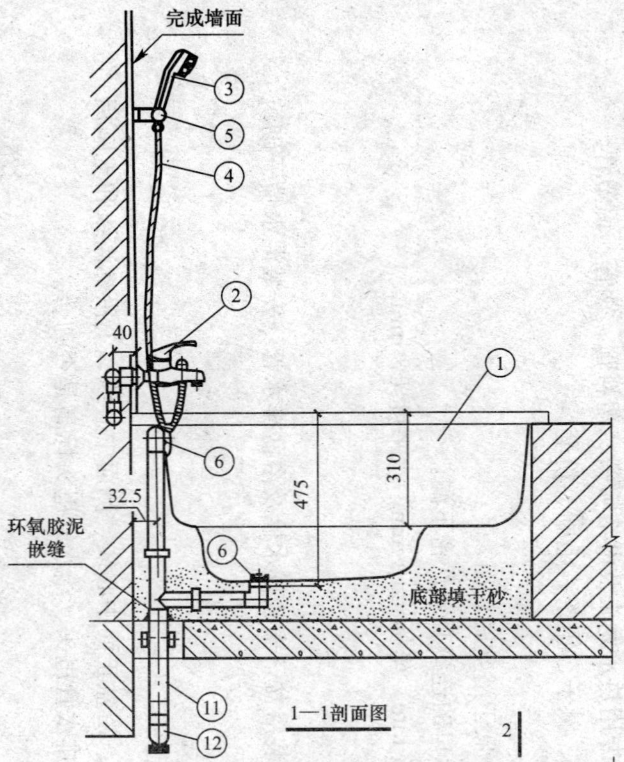

1—1剖面图

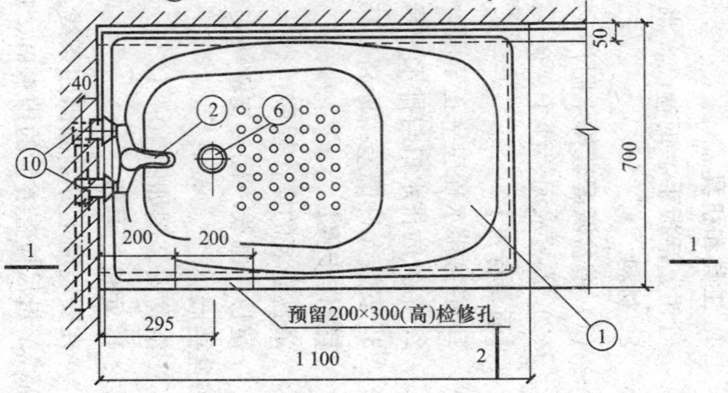

平 面 图

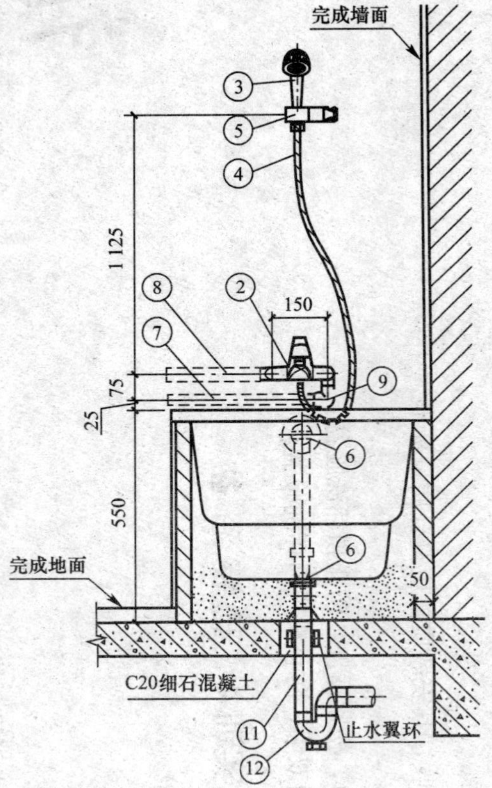

2—2剖面图

编号	名称	规格	材料	单位	数量
12	存水弯	de50	PVCU	个	1
11	排水管	de50	PVCU	m	
10	内螺纹弯头	de20	PPR PVCU	个	1 1
9	90°弯头	de20	PVCU	个	1
8	热水管	de20	PPR	m	
7	冷水管	de20	PVCU	m	
6	脚踏式浴盆排水器	DN40	配套	套	1
5	可调式花洒座		配套	个	1
4	金属软管	DN15	配套	m	1.5
3	手提式花洒	DN15	配套	个	1
2	单柄浴盆龙头	DN15	配套	个	1
1	坐泡式浴盆	1 100 700	钢板搪瓷	个	1

说明：

浴盆外侧在安装前由建筑装修配合预留 300×300检修孔，经通水试验无渗漏后再封没。

图 10—18　浴盆安装图

根据浴盆实际尺寸，在实地放出砖支墩座位置尺寸线。

2. 砌砖支墩

用砖、水泥砂浆，在放线位置上严格按标高砌筑砖支墩。

3. 浴盆安装

待砖支墩达到一定强度后，将水泥砂浆铺在砖支墩上，将浴盆放稳在砌墩上，找平、找正，浴盆与砖之间的缝隙用1∶3水泥砂浆找平。

4. 安装排水栓及浴盆排水管

（1）将浴盆配件中的弯头与短横管粘接或热熔连接，再将横管另一端插入浴盆三通中的口内，拧紧锁母。三通的下口插入竖直短管，连接好接口。将竖管的下方涂匀粘接剂，插入预留排水管甩头内进行粘接。

（2）将排水口圆盘下加橡胶垫、油灰，插入浴盆排水孔眼，外面再套橡胶垫、垫圈，管端涂粘接剂插入弯管内。

（3）将溢水立管下端套上锁母，缠上油麻，插入三通口对准浴盆溢水口，带上锁母。溢水管弯头加橡胶垫、油灰，将浴盆的螺栓穿过溢水孔花盘，插入弯头丝扣，无松动即可。再将三通上口锁母拧至松紧适度。

5. 安装混合水嘴

将冷热水管口找平、对正，给混合水嘴的转向对丝上缠生料带，带好护口盘。用扳手插入转向对丝中，分别拧入冷热水预留管口，找平、对正，使护口盘紧贴墙面。然后将混合水嘴对正转向，将对丝加垫后拧紧锁母，用扳手拧至合适松紧度，并使其贴近墙面。

6. 砌筑浴盆挡墙

用砖、水泥砂浆砌筑挡墙。有饰面的浴盆，应在地面低点留出通向浴盆排出口的检修门，尺寸为 300 mm×300 mm。

【质量验收】

对安装好的浴盆进行验收，其安装质量应符合质量标准。

【注意事项】

1. 浴盆配管及给水管甩头位置，必须在浴盆样品到现场以后最终确定，否则会引起浴盆排水管与室内排水管对不正，造成渗水或溢水。

2. 浴盆挡墙砌筑前，应向浴盆注满水做排水栓的严密性试验。砌筑时应特别注意保护浴盆自带的塑料排水管，防止损坏塑料管。

单元测试题

一、填空题（请将正确答案填在空白横线上）

1. 卫生器具，又称_____或_____，是对厨房、卫生间、盥洗室或其他场所中，以卫生、清洁为目的的各种器具的总称。

2. 根据用途的不同，卫生器具可划分为_____用卫生器具、_____用卫生器具、洗涤用卫生器具和专用卫生器具四大类。

3. 小便器分为_____和_____两种。

4. 排水栓又称_____，是连接卫生器具和排水管道的配件。其材质有_____、塑料、_____、不锈钢等。

二、单项选择题（下列每题有4个选项，其中只有1个是正确的，请将其代号填写在横线空白处）

1. 洗脸盆可分为挂式、_____和台式三类。
   A. 钢管式　　　　B. 明装式　　　　C. 暗装式　　　　D. 立柱式

2. 地面上安装存水弯有利于_____。
   A. 安装和疏通　　B. 维护和疏通　　C. 安装和维护　　D. 试压和冲洗

3. 对卫生器具上的圆形孔洞可做通球检验，检验用球的直径为孔洞直径的_____倍。
   A. 0.4　　　　　B. 0.6　　　　　C. 0.8　　　　　D. 1.0

4. 使给水系统的_____配水点同时开放，检查排水点是否畅通，接口有无渗漏，即进行放水试验。
   A. 1/3　　　　　B. 1/2　　　　　C. 2/3　　　　　D. 全开

三、多项选择题（下列每题有5个选项，其中有1个以上是正确的，请将其代号填写在横线空白处）

1. 洗脸盆水嘴种类有_____。
   A. 单嘴冷水　　　B. 单嘴热水　　　C. 双嘴混合式
   D. 阀门冷水　　　E. 阀门热水

2. 卫生器具安装前的检查方法包括_____。
   A. 敲击检查　　　B. 外观检查　　　C. 水嘴检查
   D. 量尺检查　　　E. 通球检查

3. 三角阀又称_____，是连接给水管道和卫生器具用水附件的配件。
   A. 角形阀　　　　B. 进水阀　　　　C. 八字门
   D. 角阀　　　　　E. 出水阀

4. 冷热水管安装时，其水嘴的相互关系是_____，勿安装颠倒。
   A. 左热右冷　　　B. 左冷右热　　　C. 上热下冷
   D. 上冷下热　　　E. 左热上冷

四、判断题（下列判断正确的请在括号内打"√"，错误的请在括号内打"×"）

1. 搪瓷卫生器具的基材有铸铁和塑料两种。（　　）
2. 大、小便器的排水出口承插接头应用水泥砂浆填充，不得用油灰填充。（　　）
3. 地漏应安装在地面最低处，其箅子顶面应与地面平齐。（　　）

五、简答题

1. 便溺用卫生器具有哪些？
2. 坐便器分为几类？各有什么特点？
3. 简述卫生器具安装的基本要求。
4. 试述卫生器具安装的工艺要求。

单元测试题参考答案

一、填空题
1. 卫生洁具　卫生设备　　2. 便溺　盥洗或淋浴　　3. 分挂式　立式　　4. 落水口　铝合金　铜镀铬

二、单项选择题
1. D　　2. B　　3. C　　4. C

三、多项选择题
1. ABC　　2. ABDE　　3. AD　　4. AC

四、判断题
1. ×　　2. ×　　3. √

五、简答题
略

第11单元

室内消火栓给水系统安装

- 第一节 室内消火栓给水系统/281
- 第二节 技能训练实例/284

建筑消防工程关系到国家利益、人民生命及财产安全，政策性和技术性强，涉及面广。我国的消防方针是"预防为主，消防结合"。因此，在消防管网和消防设施安装时，必须严格按设计要求进行，不得违反国家有关技术规定，特别是必须严格执行强制性标准。

按所采用的介质不同，消防灭火系统分为水灭火系统、气体灭火系统、泡沫和干粉灭火系统以及建筑灭火器四类。

水灭火系统有消火栓给水系统、自动喷水灭火系统、水喷雾灭火系统、水幕系统和蒸汽灭火系统。建筑工程常用的水灭火系统是消火栓给水系统和自动喷水灭火系统。

第一节 室内消火栓给水系统

→ 1. 熟悉室内消火栓给水系统的组成和作用
→ 2. 熟悉室内消火栓给水系统附件的种类和作用

一、消火栓给水系统的类型、组成和作用

1. 消火栓给水系统的类型

根据建筑物的高度、室外给水管网的压力和室内消防流量、水压等要求，室内消火栓给水系统一般有以下几种类型：

（1）无加压水泵、水箱的室内消火栓给水系统。
（2）设有水箱的室内消火栓给水系统。
（3）设有消防水泵和消防水箱的室内消火栓给水系统。
（4）分区给水的室内消火栓给水系统。

2. 消火栓给水系统的组成和作用

室内消火栓给水系统由消防箱（装有水枪和水龙带）、消火栓、消防管道和水源等组成，如图 11—1 所示。

室内消火栓给水系统主要适用于低层或多层建筑，用于扑灭初期火灾。当大火发生时，可由室外消防给水系统和市政消防车共同满足建筑物所需消防水量和水压。

二、消火栓给水系统的附件

1. 水枪和水龙带

水枪是灭火的主要工具，一般用铜、铝合金或塑料制成，其喷嘴直径有 13 mm、16 mm 和 19 mm 三种，接口直径有 50 mm 和 65 mm 两种。水枪的作用是收缩水流，增大流速，产生灭火需要的充实水柱。

消防水龙带是用帆布编织及衬胶制成的输水软管，其端部有快速接头。消防水龙带的作用是用于连接消火栓和水枪，把具有一定压力的水输送到灭火地点。消防水龙带常

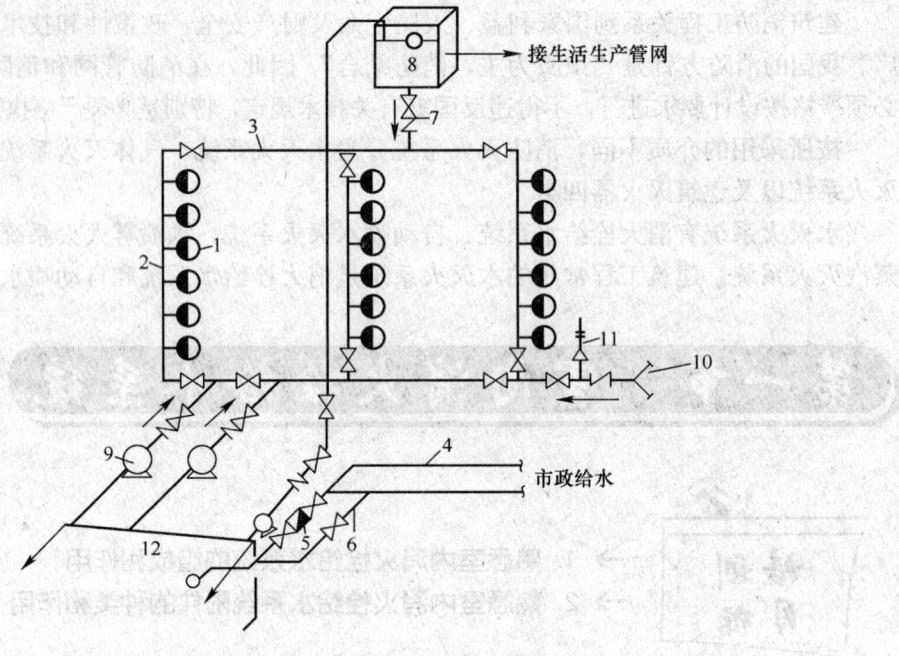

图 11—1 室内消火栓给水系统的组成
1—室内消火栓 2—消防立管 3—干管 4—进户管 5—水表 6—旁通管
7—止回阀 8—水箱 9—水泵 10—水泵接合器 11—安全阀 12—水池

用的直径有 50 mm 和 65 mm 两种,每根长度一般为 10 m、15 m、20 m、25 m。
水枪、快速接头和水龙带如图 11—2 所示。

图 11—2 水枪、快速接头和水龙带
a) 水枪 b) 快速接头 c) 水龙带

2. 室内消火栓

(1) 室内消火栓的规格。室内消火栓是具有内螺纹接口的球形阀式龙头,如图 11—3 所示。消火栓的作用是控制水流,平时关闭,发生火警时开启。它的一端与消防立管连接,另一端用内螺纹式快速接头与水龙带连接。常用的消火栓直径有 50 mm 和 65 mm 两种。

(2) 室内消火栓的布置。室内消火栓应布置在建筑物各层明显、易于取用和经常有人出入的地方,一般布置在楼梯间、走廊内、大厅的出入口以及消防电梯的前室处。室内

室内消火栓给水系统安装

 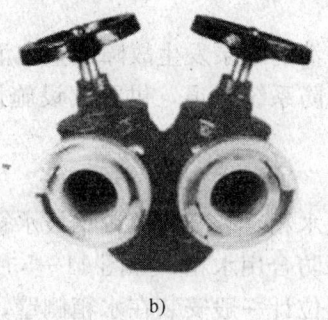 

a)　　　　　　　　　　b)　　　　　　　　　c)

图 11—3　室内消火栓

消火栓的布置应保证有两支水枪的充实水柱能同时达到室内任何部位，防止产生消防盲区。

室内消火栓栓口应朝外，栓口中心距地面 1.1 m，并不应安装在门轴侧。

3. 消防箱

室内消火栓、水龙带和水枪一起放置在消防箱内，并应设置直接启动消防水泵的按钮，按钮应设保护措施。较大的消防箱内还应放置防护面具和灭火器。消防箱一般用木材、铝合金和钢板制成，外装玻璃门上应有醒目的"消火栓"三个红色大字。

消防箱可以明装、半暗装或暗装。暗装时，如果消防箱门镶嵌物与所在墙面为同一装饰材料，则应在消防箱玻璃门上醒目地标出"消火栓"三个红色大字。同一建筑物内应采用同一规格的室内消火栓、水龙带和水枪，以便于维护保养和替换使用。

室内消火栓、软管（自救软管）组合安装图，如图 11—4 所示。

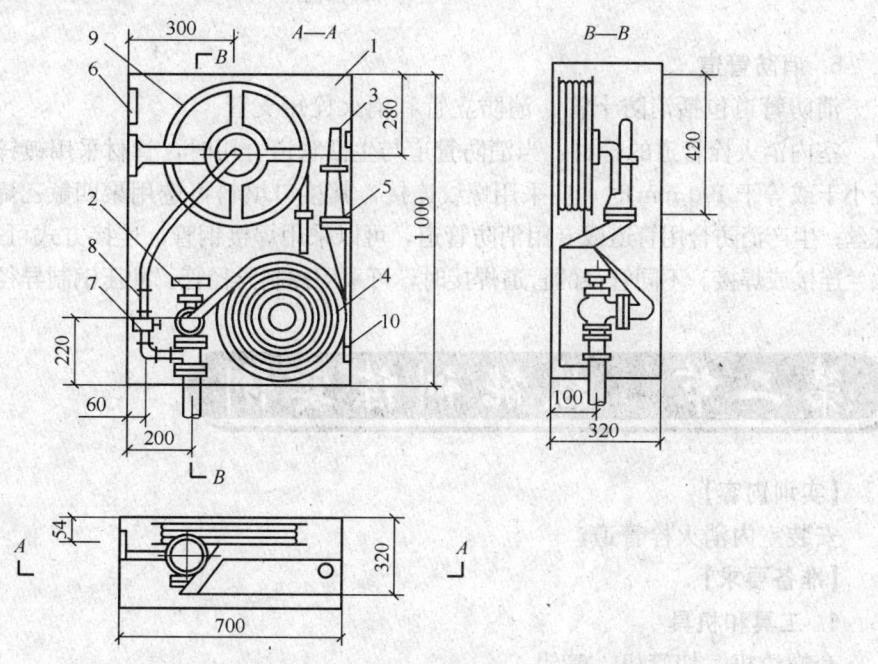

图 11—4　室内消火栓、软管（自救软管）组合安装图

1—消防箱　2—消火栓　3—水枪　4—水龙带　5—快速接头　6—消防按钮
7—闸阀　8—软管　9—消防软管和卷盘　10—合页

4. 消防水泵接合器

消防水泵接合器是在室内消防水泵发生故障或室内消防水量不足时，消防车通过消防水泵接合器将水送至室内消防系统管道，供灭火设施使用。其安装形式分为地上式、地下式及墙壁式三种。

5. 消防水箱

消防水箱有现场制作钢板水箱、装配式镀锌钢板水箱、搪瓷钢板水箱以及不锈钢装配式水箱。通常采用的生活消防合用水箱，如图11—5所示。水箱上的泄水管不能与排水系统直接连接。水箱上的液位计一般安装在水箱侧壁，当一个液位计长度不够时，可上下错开安装2~3个。

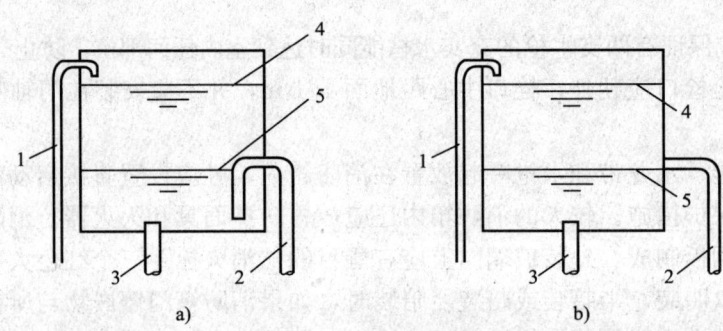

图11—5 生活消防合用水箱
1—进水管 2—生活供水管 3—消防供水管 4—生活调节水量
5—消防储水量

6. 消防管道

消防管道包括消防干管、消防立管和消火栓短支管。

室内消火栓管道的管材：当消防管道与生活管道合用时，管材采用镀锌焊接钢管，管径小于或等于100 mm时，应采用螺纹连接，其接口填料可选用聚四氟乙烯生料带或铅油麻丝；生产消防合用管道或专用消防管道，可以采用焊接钢管，连接方式可采用螺纹连接、法兰连接或焊接。不同管径的管道焊接时，可采用摔制异径管、冲压钢制异径管进行对焊。

第二节 技能训练实例

【实训内容】

安装室内消火栓管道。

【准备要求】

1. 工具和机具

套螺纹机、切管机、管钳。

2. 材料

（1）镀锌管、焊接钢管及管件。

(2) 消火栓、水龙带、水枪、自控装置、闸阀、止回阀、球阀、安全阀、箱（柜）式消火栓。

(3) 水泵、水箱、水泵接合器。

【质量标准】

1. 室内消火栓给水系统安装完成后，应取屋顶层（或水箱间内）消火栓、取首层两处消火栓做试射试验（实际喷射消防水），达到设计要求为合格。

2. 安装消火栓水龙带，水龙带与水枪和快速接头绑扎好后，应将水龙带挂放在消防箱内的挂钉、托盘或支架上。

3. 箱式消火栓的安装应符合以下规定：

(1) 栓口应朝外，且不应安装在门轴侧。

(2) 栓口中心距地面 1.1 m，允许偏差±20 mm。

(3) 阀门中心距箱侧面 140 mm，距箱后内表面 100 mm，允许偏差±5 mm。

(4) 消火栓箱体安装的垂直度允许偏差±3 mm。

【操作步骤】

消火栓给水系统管道安装操作程序：

干管安装→立管、支管安装→消火栓及配件安装→消防水泵安装→高位水箱、水泵接合器安装→管道试压冲洗→系统调试。

1. **干管安装**

(1) 根据施工图对管道进行测绘、下料、调直、套螺纹、预组装、编号，绘出安装草图，定出各消防立管接头甩口标高与坐标。

(2) 埋地敷设的供水干管，应检查所挖地沟或已砌筑的管沟、管道穿越建筑物基础的预留孔洞，其尺寸和质量必须满足设计和施工要求。对于设在地下室、顶棚或技术层的干管，可根据管径、坐标、标高及坡度预制安装管道支架、吊架。

埋地管道试压防腐后，应进行隐蔽工程验收，并填写隐蔽工程记录表，及时填土并分层夯实。对于其他需隐蔽的管道，也应先进行管段试压，并按要求进行隐蔽工程验收。

(3) 对于设在管道竖井内的消防干管，各分支立管应由下而上逐层进行安装，及时固定立管管段，并按设计要求的位置和标高留出各层水平支管的接头。连接消火栓的水平支管安装时，应将管道甩至消防箱处。

(4) 干管的焊缝、法兰和其他连接件的位置，应便于检修，且不得紧贴墙壁、楼板管架和套管。管道与套管的空隙应用石棉或其他非燃烧材料填塞。

(5) 干管阀门安装前，应按设计要求校对其型号，并按水流方向确定其安装方向。阀门安装时，应保证管道维修时被关闭的立管不超过一条。多层或高层建筑物中的消防进水管不得少于两条。

2. **立管、支管安装**

(1) 消防立管明装时，各层楼板要预留孔洞；暗装时，在竖井内应预埋铁件，安装卡件固定管道。

(2) 安装时应以栓阀的坐标、标高确定消防支管甩口，并把管道甩到消防箱的位置。

3. 消火栓及配件安装

（1）首先按设计要求的标高，把消防箱固定在墙面上或墙洞内。对暗装的消火栓，则需将箱门预留在装饰墙面的外部。

（2）对单栓口的消火栓，应从箱端部，经箱底由下而上引入水平直管，消火栓中心据地面 1.1 m，栓口朝外。对双栓口的消火栓，可从箱中部，由下而上引入水平支管。其栓口方向与墙面成 45°。

（3）采用 16 号铜丝把水龙带与水枪及快速接头绑扎两道，每道不少于两圈。消防水龙带应整齐地折挂在支架上或卷实盘紧放在消火栓内的支架上。水枪要竖放在箱内侧。自救式水枪和软管应放在挂卡上，或放在箱底。

4. 消防水泵、高位水箱、水泵接合器安装

5. 管道试压冲洗、系统调试

【质量验收】

对安装好的消火栓管道进行验收，其安装质量应符合质量标准。

【注意事项】

1. 搬运消防箱、报警阀应轻抬轻放，防止损坏器具和不慎伤人。
2. 消防设施安装完毕，应采取相应的保护措施。

单元测试题

一、填空题（请将正确答案填在空白横线上）

1. 按所采用的介质不同，消防灭火系统分为水灭火系统、_____、_____以及建筑灭火器四类。
2. 水灭火系统有消火栓给水系统、_____、_____和蒸汽灭火系统。
3. 消防水泵接合器安装形式分为_____、_____和_____三种。

二、单项选择题（下列每题有 4 个选项，其中只有 1 个是正确的，请将其代号填写在横线空白处）

1. 建筑工程常用的水灭火系统是消火栓给水系统和_____。
   A. 泡沫系统　　　　　　　B. 干粉系统
   C. 自动喷水灭火系统　　　D. 蒸汽灭火系统

2. 水枪是灭火的主要工具，一般用铜、铝合金或_____制成。
   A. 铸铁　　　B. 塑料　　　C. 碳钢　　　D. 不锈钢

3. 消防水龙带常用的直径有 50 mm 和_____mm 两种。
   A. 32　　　　B. 40　　　　C. 65　　　　D. 80

三、多项选择题（下列每题有 5 个选项，其中有 1 个以上是正确的，请将其代号填写在横线空白处）

1. 水枪是灭火的主要工具，一般用铜、铝合金或塑料制成，其喷嘴直径有_____三种。

  A. 10 mm   B. 13 mm   C. 16 mm
  D. 19 mm   E. 22 mm

2. 安装箱式消火栓，下列说法正确的是_____。

  A. 栓口应朝外，并不应安装在门轴侧
  B. 栓口中心距地面 1.1 m，允许偏差±20 mm
  C. 栓口中心距地面 1.2 m，允许偏差±20 mm
  D. 消防箱箱体安装的垂直度允许偏差±3 mm
  E. 阀门中心距箱侧面 140 mm，距箱后内表面 100 mm，允许偏差±5 mm

四、判断题（下列判断正确的请在括号内打"√"，错误的请在括号内打"×"）

1. 常用的消火栓直径有 25 mm 和 50 mm 两种。（ ）
2. 室内消火栓应布置在建筑物各层明显、易于取用和经常有人出入的地方。（ ）
3. 消防管道包括消防干管、消防立管和自动喷淋管。（ ）
4. 当消防管道与生活管道合用时，管材采用无缝钢管、螺纹连接。（ ）

五、简答题

1. 消防灭火系统的分类是什么？
2. 试述消火栓给水系统的作用。
3. 简述消防水泵接合器的作用，其分类是什么？

单元测试题参考答案

一、填空题

1. 气体灭火系统   泡沫和干粉灭火系统   2. 自动喷水灭火系统   水喷雾灭火系统   水幕系统   3. 地上式   地下式   墙壁式

二、单项选择题

1. C   2. B   3. C

三、多项选择题

1. BCD   2. ABDE

四、判断题

1. ×   2. √   3. √   4. ×

五、简答题

略

第 12 单元

简单仪表安装与简单工艺配管

- 第一节 弹簧式压力表和玻璃水位计/289
- 第二节 简单的工艺配管/291
- 第三节 技能训练实例/293

第一节　弹簧式压力表和玻璃水位计

→ 1. 了解弹簧式压力表和玻璃水位计的构造和工作过程
→ 2. 掌握弹簧式压力表和玻璃水位计的安装要求

一、弹簧式压力表的构造、工作过程和安装要求

为了及时、准确、直观地反映管道或容器系统内工作介质的压力状态，通常在系统中适当位置装设压力表，用以测定管道内输送介质的压力。对于蒸汽、凝结水、压缩空气、给水、热水、氧气等管道，当工作压力大于 0.098 MPa（表压）时，一般采用弹簧式压力表。压力表安装一般在管道试压和吹洗前进行。

1. 构造

水暖管道多采用弹簧式压力表，它可以直接指示出管道或容器的压力，是保证有压管道或容器安全运行的重要仪表。弹簧式压力表主要由刻度盘、弹簧管、指针、齿轮、连杆等组成，如图 12—1 所示。

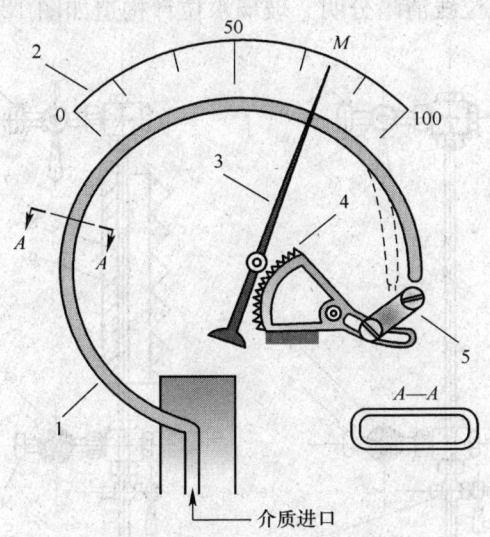

图 12—1　弹簧式压力表结构示意图
1—弹簧管　2—刻度盘　3—指针　4—扇形齿轮　5—连杆

2. 工作过程

当压力介质进入弹簧管内时，弹簧管内受压并发生膨胀。因弹簧管的一端已固定，而另一自由端即向外伸展，端头通过连杆带动扇形齿轮转动，并带动指针旋转，使刻度

盘上的指针由无压时的零点转到 M 点，刻度盘上标定有压力值的刻度，M 点处刻度盘上的数据即介质压力值。

3. 安装要求

（1）压力表应安装在便于观察的部位。

（2）压力表与管道或设备连接管上，应装表弯管、三通旋塞及控制阀。安装在水平管段的压力表，应选用圆形表弯管；安装在立管上的压力表，宜选用 U 形表弯管。

（3）如果保温层厚度大于 100 mm，表弯管尺寸可适当放大，以免表弯管被包入保温层内。

（4）压力表应根据设备压力选用，压力表的最大刻度值通常为工作压力的 2 倍，刻度盘上的红线标记指示工作压力。

（5）压力表的取压点位置：对于气体管道，应在管道的上部取压；对于液体管道，应在管道的下部或中心取压。

二、玻璃水位计的构造和安装要求

在工业生产中，需经常进行液位测量，以确定容器中的液体量，并用液位来反映连续生产过程是否正常。测量液位的仪表有玻璃水位计和浮标水位计。

1. 玻璃水位计的构造

玻璃水位计是根据连通器原理来测量液位的。玻璃管式水位计主要由汽旋塞、水旋塞、玻璃管、放水旋塞等组成；玻璃板式水位计主要由汽旋塞、水旋塞、玻璃板、金属框盒、放水旋塞等组成，金属框盒内的玻璃板内表面开有三棱形沟槽，利用的是光线在沟槽内的折射作用，水位线清晰分明。玻璃水位计构造如图 12—2 所示。

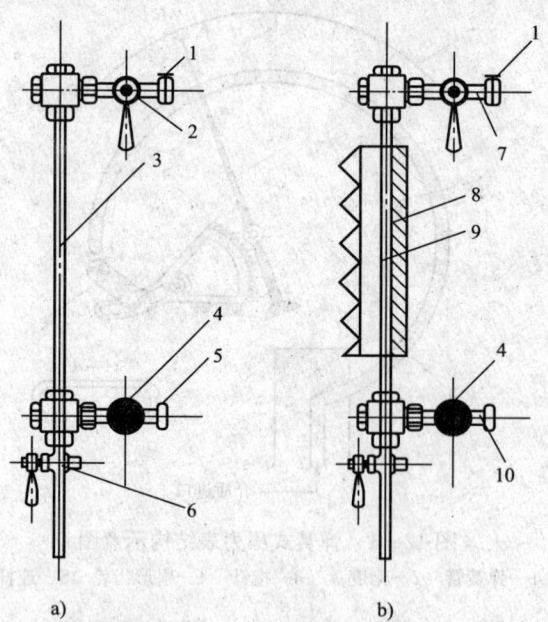

图 12—2　玻璃水位计构造
a）玻璃管式水位计　b）玻璃板式水位计
1—接汽连通管法兰　2—汽旋塞　3—玻璃管　4—水旋塞　5—接水连通管法兰
6—放水旋塞　7—汽连通管　8—水位计外壳　9—玻璃板　10—水连通管

2. 安装要求

(1) 玻璃水位计必须垂直安装，应安装在便于观察和检修的地方。

(2) 玻璃管垫料为油浸石棉绳，将备好的石棉绳缠在玻璃管上，用压环压紧，并用锁母锁住即可。

(3) 玻璃水位计应设有排液阀门和接到地面的排液管。

(4) 玻璃水位计各接头处均不得渗漏。

(5) 测量有压容器的玻璃水位计应有防护罩，以免玻璃管爆裂时伤人。

第二节 简单的工艺配管

→ 1. 了解简单工艺管路的敷设方法
→ 2. 熟悉容器配管、排放点配管、吹洗点配管的基本工艺

一、容器的配管

1. 介质通入管路的敷设与配管

设置平台进行操作的设备，介质通入管路通常采用对称集中安装的方法进行配管。站在地（楼）面上操作的设备，介质通入管路通常在设备的前半部分敷设配管。一般情况下，立式容器介质通入管路在顶部，介质排出管路在底部。

2. 介质排出管路的敷设与配管

设备间距较大时，介质排出管路采用沿墙敷设配管。设备间距及设备离墙距离都较小时，介质排出管路从设备前引出，通过阀门后一般立即引至地下管道（地沟或埋地）。设备距地面较高，并有足够间距安装阀门时，介质排出管路可从设备底部引出。

二、排放点的配管

1. 排气阀和排液阀的配管

设备的最高点应设置排气阀，以保证管内或设备内的气体能排放干净，最低点应设排液阀。另外，在停车后可能积液的部位也须设置排液管，以保证管内或设备内的液体能排放干净。

2. 排放阀位置的确定

管道上的排放阀尽量靠近立管安装；设备上的排放阀最好与设备本体直接连接，也可装在与设备相连的管道上。

3. 事故排放方式

事故排放管道和阀门设置，应根据生产操作和设计要求确定。

4. 排放地点及措施

由排放口泄出的气体或液体，应根据介质的性质排放到规定地点。

（1）排放的水可以就近引入地漏或排水沟。

（2）常温的空气和惰性气体，可以就地排放。

（3）易燃、易爆、有毒的气体应向高空排放，或向火炬排放。

5. 注意事项

排放易燃、易爆气体的管路上应设阻火器。露天容器排气管道上的阻火器宜设置在距排气管接口（与设备相接的口）0.5 m处，排气管应加高至2 m以上；室内容器的排气管，必须接到室外并超过屋顶，阻火器放在屋面或靠近屋面以便于固定及检修。

三、吹洗点的配管

1. 吹洗管形式

吹洗管有半固定式和固定式两种。半固定式由一短管和切断阀门组成，吹洗时临时接上软管通入吹洗介质；固定式是指装有固定管道，吹洗时仅需打开阀门即可通入吹洗介质。一般吹洗比较频繁或吹洗管径大于DN25时采用固定式，其他则采用半固定式。

2. 吹洗介质

可根据工艺要求选用水、空气、氮气、蒸汽。

3. 吹洗管管径

半固定式一般选用DN25，固定式可按表12—1选用。

表12—1　　　　　　　　固定式吹洗管管径　　　　　　　　　　　　mm

被吹洗管管径	吹洗管管径	
	被吹洗管管长小于或等于100 m	被吹洗管管长大于100 m
≤DN100	DN20	DN25
DN100～DN200	DN25	DN40～DN50
＞DN200	DN40	DN80

4. 吹洗管排放点的确定

吹洗管路时，一般均吹往与管路连接的容器内，但进出车间的管路一般吹往工厂罐区或排放系统。

四、配管的基本工艺

1. 管子配管前应仔细检查，凡不符合质量要求的管材不得使用。

2. 管子切割可以采用手工锯割或机械锯割，要求切口端面与管子轴线垂直，不允许有毛刺。

3. 管子螺纹可以用铰扳手工套制或机械套制。无论采用哪一种方法，一次进刀量不宜过大，套一遍后调整表盘，增加进刀量后再套第二遍。注意丝扣松紧要适度。

4. 螺纹上填料及装配管件。螺纹加工完毕应涂抹或缠绕填料，可以在内、外螺纹之间加麻丝或聚四氟乙烯生料带、白厚漆等填料。缠绕应按逆螺纹方向，以便在旋转螺纹入口时，填料可越旋越紧，一般缠 4~5 圈为宜。装配管件时，应根据管径不同选用管钳，外漏螺纹 2~3 牙。

5. 全管段的调直。管道逐段配置后，需要进行全管段（由各分管段装配而成）的"假"连接（即管件连接处一端不加填料的连接），这样做是为了全管段的调直。

管段调直后，把"假"连接拆开，但应注意在"假"连接拆开前，在连接处相邻两管段的端部均应做出连接位置的标记，以便在实际室内安装时管道就位。同时在"假"连接拆开后，管段应带有管件，每根管段可以在室内就位安装。

第三节 技能训练实例

实训 1 安装弹簧式压力表

【实训内容】
安装弹簧式压力表。
【准备要求】
1. 机具和工具
管钳、活扳手、手电钻、气焊设备、电焊设备。
2. 材料
弹簧式压力表、压力表弯管、三通旋塞、转换接头、生料带。
【质量标准】
1. 压力表应垂直安装在测压部位。
2. 压力表应安装在便于观察的地方。
【操作步骤】
弹簧式压力表安装操作程序：
管道开孔→安装表接头→安装表弯管及三通旋塞→安装压力表。

1. **管道开孔**
在管道上开孔安装压力表，应采用钻头钻孔或用气割开孔，气割后必须去掉毛刺及熔渣，并锉光和清理。设备上一般不允许随意开孔，如必须开孔时，应经设计和建设单位同意并签字后方能开孔。

2. **安装表接头**
现场在管道上开孔后，将一根带有管螺纹（该管螺纹必须标准）的短管（通常规格为 DN15）垂直焊接在管道开孔处，在管螺纹上缠上麻丝和生料带，用管钳将与短管规格相同的表接头拧在管螺纹上。

3. **安装表弯管及三通旋塞**
（1）为了避免压力表直接与被测介质接触而损坏，应在压力表与管道的连接管上设置表弯管,如图12—3所示。

表弯管一般为成品,也可用无缝钢管自行煨制圆形表弯管。

(2) 在压力表与表弯管间安装三通旋塞,以便于管道冲洗、零点校正及压力表校正。在取压口与压力表之间应装设控制阀门,以备检修压力表时使用。

4. 安装压力表

在表端缠上聚四氟乙烯生料带,将压力表安装在表弯管上。

【质量验收】

1. 表弯管与管道垂直。
2. 旋塞应转动灵活。

【注意事项】

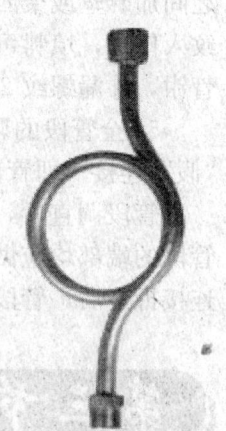

图12—3 表弯管

1. 压力表在安装前必须经当地政府质量技术监督部门进行校验,合格后方可安装。对于已安装的压力表,应定期进行复检,不允许自拆铅封进行修理或超期使用未经校验的压力表。

2. 压力表应安装在直管段上,避免设在三通、弯管等改变介质流向、流速的管件附近,以防影响测压精度。

3. 压力表应安装在便于观察、易于冲洗的位置,并应避免振动和高温烘烤。

4. 压力表安装处应有足够的照明。

5. 当压力表出现表针在无压时不能恢复零位、表盘刻度模糊不清、保护玻璃破碎、表针卡住不动等情况,应立即更换新表,避免出现误指示而形成事故隐患。

实训2 安装玻璃管水位计

【实训内容】

安装玻璃管水位计。

【准备要求】

1. 工具与机具

气焊设备、电焊设备、管钳、活扳手、米尺、线坠、工作台、锉刀。

2. 材料

焊接钢管、螺纹管件、阀门、玻璃管、石棉绳、橡胶板、锁母、油麻、线麻。

【质量标准】

1. 玻璃管与配件连接处应不渗、不漏。
2. 玻璃管应与容器侧面平行。

【操作步骤】

玻璃管水位计安装操作程序:

检查和准备→安装连通管→安装玻璃管→冲洗水位计。

1. 检查和准备

检查水位计所处位置环境是否满足其安装要求,检查玻璃管长度及规格是否与设计要求相符。将石棉绳用油浸好。

2. 安装连通管

（1）根据设计位置和玻璃管长度，在容器上画出上、下连通管开孔线，两孔中心应在一条垂直线上。

（2）用气割在容器上开孔。开孔时，其中一孔开出后，再复核一次另一孔的位置，确认无误后再开另一孔。

（3）将连通管插入容器中焊接。连通管要有一定的长度，容器外侧一端要留有螺纹接口；插入深度不要过长，一般与容器内壁面相平即可。

（4）用眼睛观察连通器是否畅通。必要时用小于连通管内径的硬物进行疏通。

（5）在连通管上安装好阀门和玻璃管接头配件。

3. 安装玻璃管

（1）复核连通管上下间距，必要时可进行微量调节。

（2）用砂布或锉刀将玻璃管端口毛刺清除掉，用洁净水洗净玻璃管内壁的杂物。

（3）将两锁母套在玻璃管上，注意锁母方向（两锁母方向相反）。

（4）将玻璃管放在旋塞上并调整好后，在上、下接头中填入油浸石棉绳（或橡胶圈），用压环压紧。

（5）锁紧锁母。用扳手拧紧锁母时，不可用力太大，以免损坏玻璃管。

4. 冲洗水位计

水位计冲洗步骤如图12—4所示。

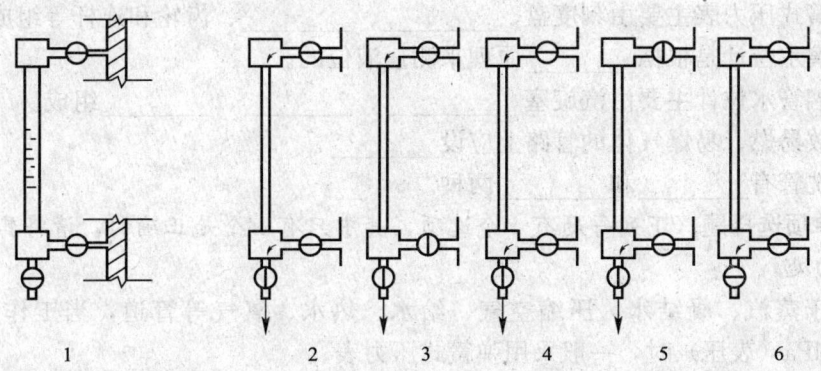

图12—4 水位计冲洗步骤

（1）水位计的旋塞处于图12—4中1的位置，当需冲洗时，放水旋塞置于图12—4中2的位置，开启旋塞放水，因汽、水连通管的旋塞已处于开启位置，即可同时冲洗汽、水连通管及玻璃管。

（2）冲洗完毕，先关闭水旋塞，单独冲洗汽连通管与玻璃管（图12—4中3的位置）。

（3）打开水旋塞，再次同时冲洗汽、水连通管和玻璃管（图12—4中4的位置）。

（4）关闭汽旋塞，再单独冲洗水旋塞、连通管和玻璃管（图12—4中5的位置）。

（5）打开汽旋塞，关闭放水旋塞（图12—4中6的位置），水位计冲洗完毕旋塞恢复到图 12—4 中 1 的位置。

【质量验收】

1. 玻璃管与配件连接处不渗、不漏。
2. 玻璃管与容器侧面平行。

【注意事项】

1. 清除玻璃管端口毛刺时,要轻柔缓慢,防止损坏玻璃管。
2. 接头配件充填油浸石棉绳时,要一人保护玻璃管,一人填充填料,防止锁母振动损坏玻璃管。锁紧锁母时,不要用力过猛。
3. 容器较高时要搭临时操作架进行安装。
4. 截断玻璃管不得强力折断,应采用热冷切断法:

(1) 将浸有煤油的线绳缠于玻璃管需要截断的部位,用火将线绳引着后,该部位即被烧灼,此时用湿布(或冷水)冷却玻璃管受热部位,管子会因冷热骤变而折断。

(2) 用一根 $\phi 1.5 \sim 2\ mm$ 的铜丝或铁丝煨成圈,使之正好能套入玻璃管;把该圈烧红,立即套在将要截断的部位以加热玻璃管,然后用冷水浇受热部位,玻璃管即可断开。

当玻璃管端部不齐或有锐利锋口时,可采用在研磨平板上加金刚砂的方法,将端口磨平。

单元测试题

一、填空题(请将正确答案填在空白横线上)

1. 弹簧式压力表主要由刻度盘、_____、_____、齿轮和连杆等组成。
2. 玻璃水位计是根据_____原理来测量液位的。
3. 玻璃管水位计主要由汽旋塞、_____、_____、_____组成。
4. 排放易燃、易爆气体的管路上应设_____。
5. 吹洗管有_____和_____两种。

二、单项选择题(下列每题有 4 个选项,其中只有 1 个是正确的,请将其代号填写在横线空白处)

1. 对于蒸汽、凝结水、压缩空气、给水、热水、氧气等管道,当工作压力大于_____MPa(表压)时,一般采用弹簧式压力表。
   A. 0.98　　　　B. 0.098　　　　C. 0.009 8　　　　D. 0.000 98
2. 压力表与管道或设备连接管上,应装表弯管、_____及控制阀。
   A. 二通旋塞　　　　　　　　B. 三通旋塞
   C. 四通旋塞　　　　　　　　D. 球阀
3. 压力表应根据设备压力选用,压力表的最大刻度值通常为工作压力的_____倍,刻度盘上的标记红线指示工作压力。
   A. 1　　　　B. 1.5　　　　C. 2　　　　D. 2.5
4. 玻璃水位计必须垂直安装,应安装在便于观察和_____。
   A. 检修的地方　　　　　　　B. 安全的地方
   C. 显眼的地方　　　　　　　D. 拆换的地方

三、**多项选择题**（下列每题有5个选项，其中有1个以上是正确的，请将其代号填写在横线空白处）

1. 玻璃板式水位计的组成主要包括_____。
   A. 汽旋塞　　　　　　B. 玻璃管　　　　　　C. 水旋塞
   D. 玻璃板　　　　　　E. 金属框盒

2. 吹洗介质根据工艺要求选用。吹洗介质一般有_____。
   A. 空气　　　　　　　B. 蒸汽　　　　　　　C. 氧气
   D. 水　　　　　　　　E. 氮气

四、**判断题**（下列判断正确的请在括号内打"√"，错误的请在括号内打"×"）

1. 压力表应安装在便于观察的部位。　　　　　　　　　　　　　（　）
2. 安装在水平管段的压力表，应选用U形表弯管。　　　　　　　（　）
3. 安装在立管上的压力表，应选用圆形表弯管。　　　　　　　　（　）
4. 压力表的取压点位置：对于气体管道，应在管道的下部或中心取压；对于液体管道，应在管道上部取压。　　　　　　　　　　　　　　　　　（　）

五、**简答题**

1. 弹簧式压力表的安装要求是什么？
2. 试述玻璃水位计的安装工艺要求。

单元测试题参考答案

一、填空题
1. 弹簧管　指针　　2. 连通器　　3. 水旋塞　玻璃管　放水旋塞　　4. 阻火器
5. 半固定式　固定式

二、单项选择题
1. B　　2. B　　3. C　　4. A

三、多项选择题
1. ACDE　　2. ABDE

四、判断题
1. √　　2. ×　　3. ×　　4. ×

五、简答题
略

理论知识考核模拟试卷（一）

注意事项

1. 考试时间：120 min。
2. 请首先按要求填写您的姓名、准考证号和所在单位的名称。
3. 请仔细阅读各种题目的回答要求，在规定的位置填写您的答案。
4. 不要在试卷上乱写乱画，不要在试卷上填写无关内容。

	一	二	总分
得分			

得分	
评分人	

一、单项选择题（下列每题有 4 个选项，其中只有 1 个是正确的，请将其代号填写在空白横线上。每题 1 分，满分 60 分）

1. 下列说法中，不符合热爱本职、忠于职守要求的是_____。
   A. 用主人翁的态度对待本职工作　　B. 多转行多受锻炼
   C. 干一行爱一行　　D. 强化职业责任

2. 某单位大门口挂着"厂兴我荣，厂衰我耻"的标语，这则标语的真正含义是指_____。
   A. 企业的兴衰与企业管理者的工作能力密切相关，而与普通员工无关
   B. 企业要时刻关心职工的生活，不断提高工资，这样才能避免企业垮台
   C. 作为企业的员工，要关心企业的发展，关心企业的命运
   D. 作为企业的管理者，要能够预测企业何时兴旺，何时衰败

3. 管道工小王在工作中采取了一系列措施来节约施工材料，下列做法中_____是错误的，不是节约施工材料的正确途径。
   A. 在施工过程中，减少工序，多使用价格便宜的材料
   B. 在保障安全的前提下，短料接长使用
   C. 在施工之前精打细算
   D. 在施工过程中，减少材料浪费

4. 管道工老赵在进行钢管切断操作时，班组长通知他去开会，老张便叫来自己的徒弟小张，让他继续用手握住短料钢管进行切断操作。老张的这种做法_____。
   A. 有可能导致徒弟小张受到人身伤害，是一种危险的做法，不值得提倡
   B. 属于正确的技术指导，没有违反安全操作规程

C. 让徒弟小张有了更多的锻炼机会，是一种"爱徒"的表现
D. 体现了师徒之间团结互助这一职业守则，是值得提倡的

5. 在企业的生产经营中，促进员工之间团结互助的措施是_____。
   A. 加强交流，密切合作   B. 事不关己，不理不睬
   C. 互助互惠，平均分配   D. 只要合作，不要竞争

6. 直角三角形的两直角边分别为 4 cm 和 5 cm，直角三角形的面积是_____ cm^2。
   A. 5   B. 10   C. 15   D. 20

7. 直径为 10 cm 的圆，其周长是_____cm。
   A. 31.4   B. 62.8   C. 3.14   D. 6.28

8. 直径为 10 cm 的圆，其面积是_____cm^2。
   A. 78.5   B. 314   C. 7.85   D. 31.4

9. 底面直径为 10 cm、高为 10 cm 的圆柱体，其侧表面积是_____cm^2。
   A. 78.5   B. 314   C. 7.85   D. 31.4

10. 当保温板厚度为 δ，长度为 a，宽是长的 1/2 时，其体积为_____。
    A. $a^2\delta/4$ B. $0.5a^2\delta$ C. $2a^2\delta$ D. $4a^2\delta$

11. 管材长度为 5 m 时，相当于_____mm。
    A. 50   B. 500   C. 5 000   D. 50 000

12. 下列属性中不是流体力学性质的是_____。
    A. 压缩性   B. 膨胀性   C. 黏滞性   D. 可塑性

13. 单位_____的工质所占有的容积叫比体积。
    A. 质量   B. 压强   C. 重量   D. 密度

14. 以大气压为零点计算的压强，称为_____。
    A. 大气压强 B. 绝对压强 C. 平均压强 D. 表压

15. 在工程上人们往往习惯地把压强称为_____。
    A. 汞柱   B. 水柱   C. 压力   D. 表压

16. 人们通常所说的标准大气压为 101 325 Pa，是指空气的_____。
    A. 绝对压强 B. 相对压强 C. 大气压强 D. 真空度

17. 在_____上得到的图形称为投影。
    A. 投影平面 B. 投影中心 C. 投射线   D. 图样

18. 三视图包括主视图、左视图和_____。
    A. 右视图   B. 上视图   C. 下视图   D. 俯视图

19. 管道安装中，基本图又分为平面图、布置图和_____等。
    A. 节点图   B. 标准图   C. 大样图   D. 系统图

20. 为了便于区别各种不同介质的管路，可以在图线中间注上_____。
    A. 汉字   B. 数字   C. 英文字母 D. 汉语拼音字母

21. 下列管材中属于非金属材料的是_____。
    A. 铸铁管   B. 铝塑复合管   C. 玻璃管   D. 有色金属管

22. 下列属于无缝钢管管件的是_____。
    A. 铸铁弯头　　　　　　　　　B. 焊接弯头
    C. 冲压弯头　　　　　　　　　D. 钢塑复合管弯头
23. 下列可用于切断管材的电动工具是_____。
    A. 电锤　　　B. 砂轮切割机　　　C. 钢锯　　　D. 割炬
24. 下列读图顺序正确的是_____。
    A. 流程图→图样目录→施工说明书
    B. 图样目录→施工说明书→材料、设备明细表
    C. 设备明细表→材料明细表→施工说明书
    D. 施工说明书→图样目录→平面图
25. 下列主要起降低介质压力作用的阀门是_____。
    A. 疏水阀　　　B. 减压阀　　　C. 止回阀　　　D. 闸阀
26. 特殊工种的工人在未取得操作证前,不得_____。
    A. 独立作业　　　　　　　　　B. 从事培训学习
    C. 参与合作操作　　　　　　　D. 参与施工
27. 建筑给排水管道施工图的正确识读顺序是平面图→_____→详图。
    A. 立面图　　　B. 剖面图　　　C. 系统图　　　D. 主视图
28. 在室内采暖平面图中,_____散热器只标注数量。
    A. 柱型　　　B. 平板型　　　C. 翼型　　　D. 管型
29. 对脚手架立管垂直度目测误差过大时,要使用_____测量。
    A. 线坠　　　B. 钢卷尺　　　C. 水准仪　　　D. 水平尺
30. 给排水管道系统图主要表明管道系统的_____。
    A. 安装标高　　　　　　　　　B. 主体走向
    C. 支架位置　　　　　　　　　D. 管径大小
31. 管道试验后进行管道水冲洗,冲洗水的流速一般不应小于_____m/s。
    A. 0.3　　　B. 0.4　　　C. 1.2　　　D. 1.5
32. 成排洗脸盆安装时,标高的允许偏差是_____mm。
    A. ±3　　　B. ±5　　　C. ±10　　　D. ±15
33. 弹簧式压力表的作用是_____。
    A. 测定管道内介质的温度　　　B. 测定设备内的密度
    C. 测定管道内介质的压力　　　D. 测定自来水的流量
34. 热熔连接时,严禁_____烘烤管材。
    A. 电热平模　　　B. 明火　　　C. 太阳光　　　D. 热熔器
35. 螺纹加工后,应用锉刀把管子_____清理干净。
    A. 端面毛刺　　　B. 铁锈　　　C. 镀锌层　　　D. 前面两扣
36. 管子调直整圆的正确操作程序是_____。
    A. 检查弯曲部位→校圆→调直　　　B. 检查弯曲部位→调直→校圆
    C. 检查弯曲部位→冷调→热调　　　D. 检查弯曲部位→锤击→对口内校

37. U形管卡制作时，一般所用的材料是_____。
    A. 圆钢　　　　　B. 扁钢　　　　　C. 角钢　　　　　D. 铁丝
38. 手工除锈时，先用榔头敲击厚锈，再用钢丝刷打磨，直至_____。
    A. 附着物脱落　　　　　　　　　B. 污物去掉
    C. 露出金属光泽　　　　　　　　D. 打磨光亮
39. 给水塑料管安装完成_____h后，方可按设计要求做水压试验。
    A. 2　　　　　　B. 8　　　　　　C. 16　　　　　D. 24
40. 涂料在存放保管时，不应_____。
    A. 空气流通　　　　　　　　　　B. 和其他材料堆放整齐
    C. 严禁烟火　　　　　　　　　　D. 和环境温度适宜
41. 使用管子铰板套螺纹时，当套到_____长度时，板牙应逐渐放松。
    A. 1/4　　　　　B. 1/3　　　　　C. 2/3　　　　　D. 3/4
42. 穿越基础孔洞的垂直管道量尺基准是_____。
    A. 一层地面　　　B. 孔洞中心　　　C. 孔洞底　　　D. 孔洞顶
43. 安装普通蹲便器时，上边沿要比蹲便器台_____mm左右。
    A. 高300　　　　B. 低20　　　　C. 低50　　　　D. 高5
44. 手工套螺纹时，铰板前进旋转的方向是_____。
    A. 顺时针方向　　　　　　　　　B. 逆时针方向
    C. 先顺时针后逆时针　　　　　　D. 先逆时针后顺时针
45. 对金属及复合给水管系统在试验压力下观察10 min，压力降不应大于_____MPa，然后降到工作压力进行检查，不渗漏为合格。
    A. 0.01　　　　B. 0.02　　　　C. 0.03　　　　D. 0.05
46. 洗脸盆安装前，应根据洗脸盆_____画出支架位置的十字中心线。
    A. 高度　　　　　B. 长度　　　　　C. 标高　　　　D. 宽度
47. 下列金属管道除锈方法中，_____是用铲刀、钢丝刷、砂布等刮磨的除锈方法。
    A. 手工除锈　　　　　　　　　　B. 机械除锈
    C. 喷砂除锈　　　　　　　　　　D. 化学除锈
48. 安装高水箱蹲便器时，必须在安装处画出蹲便器的_____。
    A. 大样图　　　　　　　　　　　B. 尺寸图
    C. 十字中心线　　　　　　　　　D. 标高线
49. 室内横支管安装施工工序是_____。
    A. 量尺下料→栽管卡→预制安装→封堵洞眼
    B. 预制安装→封堵洞眼→栽管卡→量尺下料
    C. 量尺下料→预制安装→栽管卡→封堵洞眼
    D. 栽管卡→量尺下料→预制安装→封堵洞眼
50. 属于消火栓系统组成部件的是水枪、_____。
    A. 安全阀　　　　　　　　　　　B. 水箱进水阀

C. 喷头　　　　　　　　　　D. 水龙带
51. 室内给水管道试压所需要的机具包括压力表、_____。
　　A. 氧气瓶　　　　　　　　B. 乙炔瓶
　　C. 电焊机　　　　　　　　D. 试压泵
52. 管道穿越墙体时，不能把墙体作为活动支架，这是支架定位原则中提到的_____。
　　A. 托稳转角　　　　　　　B. 墙不做架
　　C. 中间等分　　　　　　　D. 不超最大
53. 坐便器与低水箱的安装坐标允许偏差为_____mm。
　　A. 20　　　B. 10　　　C. 50　　　D. 5
54. 压力表与管道或设备连接管上，应装表弯管、_____及控制阀。
　　A. 二通旋塞　　　　　　　B. 三通旋塞
　　C. 四通旋塞　　　　　　　D. 球阀
55. 玻璃式水位计必须垂直安装，应安装在便于观察和_____的地方。
　　A. 检修　　　B. 安全　　　C. 显眼　　　D. 拆换
56. 建筑工程常用的消防系统是消火栓系统和_____。
　　A. 泡沫系统　　　　　　　B. 干粉系统
　　C. 自动喷水灭火系统　　　D. 蒸汽灭火系统
57. 水枪是灭火的主要工具，一般用铜、铝合金或_____制成。
　　A. 铸铁　　　B. 塑料　　　C. 碳钢　　　D. 不锈钢
58. 消防水龙带常用的直径有50 mm和_____mm两种。
　　A. 32　　　B. 40　　　C. 65　　　D. 80
59. 安装时要求低进高出的阀门是_____。
　　A. 闸阀　　　B. 截止阀　　　C. 止回阀　　　D. 球阀
60. 在蒸汽管道系统中，用热设备出口必须安装的阀门是_____。
　　A. 安全阀　　B. 截止阀　　　C. 疏水阀　　　D. 球阀

二、判断题（将判断结果填入括号中。正确的填"√"，错误的填"×"，每题1分，满分40分）

61. 导热是指通过物体各部分的直接接触而发生的热量传递现象。　　　　（　）
62. 流体静压强的方向与作用面垂直并指向作用面。　　　　　　　　　　（　）
63. 聚四氟乙烯化学稳定性差，不能作为输送腐蚀性介质的管道螺纹连接的填料。　　　　　　　　　　　　　　　　　　　　　　　　　　　　　　（　）
64. 用于清理疏通排水管道、保护排水系统畅通的设备是污水处理构筑物。（　）
65. 试验压力是管材及管件在出厂前，生产厂家根据相关标准为检查制品的机械强度和密封性能，进行压力试验的压力值。　　　　　　　　　　　　（　）

66. 根据《中华人民共和国环境保护法》的有关规定，若设备噪声可能超过标准，应当在开工后 15 日内向有关部门提出申报。（ ）
67. 管道工程使用的角钢有等边角钢和不等边角钢两种，其规格以边宽度×边宽度×边厚度的毫米数表示。（ ）
68. 钻孔时，严禁戴手套，操作者衣袖要扎紧，头发较长者要戴好工作帽。（ ）
69. 管子铰板进刀把手松不开时，应加装长套管松开。（ ）
70. 电锤的冲击力可通过调节手柄进行调节。（ ）
71. 安装法兰式阀门时，紧固螺栓应对称或十字交叉地进行。（ ）
72. 采暖系统最不利环路只有一个，是管线最长、热负荷最小的环路。（ ）
73. 量尺基准是尺尾顶的位置，以该处为读尺的零点。（ ）
74. 直线管道量尺时，首先在墙上弹出管道阀门安装中心线。（ ）
75. 压力表的取压点位置：对于气体管道，应在管道的下部或中心取压；对于液体管道，应在上部取压。（ ）
76. 安装减压阀应注意方向性，不得装反。（ ）
77. 室内给水管做水压试验，当设计未注明试验压力时，以不渗漏为合格。（ ）
78. 当消防管道与生活管道合用时，管材采用无缝钢管螺纹连接。（ ）
79. 室内采暖管道试压时，试验压力越大越好。（ ）
80. 岩棉保温毡不能用作管道保护层的材料。（ ）
81. 除污器是用来截流、过滤管路中的杂质和污物，保证系统内水质洁净，减小阻力，防止堵塞调压板及管路的设备。（ ）
82. 减压阀定压结束，应做出界限标记。（ ）
83. 有热伸长管道的吊架、吊杆应向热膨胀的反方向安装。（ ）
84. 更换砂轮片时，要待设备停稳后进行，并要对砂轮片进行检查确认。（ ）
85. 消火栓一般装在消防箱内，也可以装在消防箱外。（ ）
86. 识读给水管道系统图时，应首先从用水设备开始。（ ）
87. 管道施工详图常用的比例为 1∶50。（ ）
88. 设备和附件的制作尺寸必须符合标准图。（ ）
89. 地漏应安装在地面最低处，其箅子顶面应与地面平齐。（ ）
90. 公称通径等于管子的实际外径，采用国际标准符号 DN 表示。（ ）
91. 氧气瓶和乙炔瓶不得靠近热源，与明火的距离一般不得小于 5 m。（ ）
92. 随着时间的变化，出水管中的压力、速度和密度等参数都发生变化，这种流动称为稳定流。（ ）
93. 当投影中心集中于一点，发出互相平行的投射线，用这种方法作出形状和投影，称为中心投影法。（ ）
94. 管线正投影图的识读方法是看视图、想形状、对线条、找关系、合起来、想整体。（ ）
95. 钢塑复合管规格用内径和外径表示，例如钢塑复合管 P‑1620。（ ）
96. 成排安装的蹲便器间距为 1000 mm。（ ）

97. 冷热水管水嘴相互关系是上冷下热、左热右冷，勿安装颠倒。（ ）
98. 夜间施工，应有足够的照明。使用照明灯的电压不能超过 36 V，在金属容器或潮湿环境内不能超过 24 V。（ ）
99. 在高空作业时，安装 DN65 的管子应用管子钳，不得使用链条钳。（ ）
100. 加工管螺纹时，公称直径在 32 mm 以上的管螺纹套三遍为宜。（ ）

理论知识考核模拟试卷（二）

注意事项

1. 考试时间：120 min。
2. 请首先按要求填写您的姓名、准考证号和所在单位的名称。
3. 请仔细阅读各种题目的回答要求，在规定的位置填写您的答案。
4. 不要在试卷上乱写乱画，不要在试卷上填写无关内容。

	一	二	总分
得分			

得分	
评分人	

一、单项选择题（下列每题有4个选项，其中只有1个是正确的，请将其代号填写在空白横线上。每题1分，满分60分）

1. 直角三角形的两直角边分别为 5 cm 和 6 cm，直角三角形的面积是＿＿＿ cm^2。
   A. 5　　　　　　B. 10　　　　　　C. 15　　　　　　D. 20

2. 直径为 10 cm 的圆，其周长是＿＿＿ cm。
   A. 31.4　　　　　B. 62.8　　　　　C. 3.14　　　　　D. 6.28

3. 直径为 10 cm 的圆，其面积是＿＿＿ cm^2。
   A. 78.5　　　　　B. 314　　　　　 C. 7.85　　　　　D. 31.4

4. 某管段下料长度为 500 mm，相当于＿＿＿ m。
   A. 5　　　　　　B. 0.5　　　　　 C. 0.05　　　　　D. 0.005

5. 当水箱的高为 h，宽为 b，长为 a 时，水箱的容积是＿＿＿。
   A. bh/a　　　　B. ab/h　　　　C. ah/b　　　　D. abh

6. 下列属性中，不是流体力学性质的是＿＿＿。
   A. 压缩性　　　　B. 膨胀性　　　　C. 黏滞性　　　　D. 可塑性

7. 单位＿＿＿的工质所占有的容积叫比体积。
   A. 质量　　　　　B. 压强　　　　　C. 重量　　　　　D. 密度

8. 在＿＿＿上得到的图形称为投影。
   A. 投影平面　　　B. 投影中心　　　C. 投射线　　　　D. 图样

9. 自然循环热水采暖系统是依靠供水与回水的＿＿＿差产生的压力差进行循环的。
   A. 压力　　　　　B. 密度　　　　　C. 高度　　　　　D. 长度

10. 流体在单位时间内通过某一过流断面的_____，称为体积流量。
    A. 面积　　　　　B. 体积　　　　　C. 质量　　　　　D. 重量
11. 弹簧式压力表的作用是_____。
    A. 测量管道内介质的温度　　　　　B. 测量设备内的密度
    C. 测量管道内介质的压力　　　　　D. 测定自来水的流量
12. 下列垂直面管道安装方式中，排列错误的是_____。
    A. 气体管路在上，液体管路在下
    B. 高压管路在上，低压管路在下
    C. 经常维修的在上，不常检修的在下
    D. 保温管路在上，不保温管路在下
13. 下列材料中，对施工仅有辅助作用的消耗性材料是_____。
    A. 螺栓　　　　　B. 氧气　　　　　C. 垫片　　　　　D. 管件
14. 管道安装长度的展开长度称为管段的_____。
    A. 加工长度　　　B. 构造长度　　　C. 读尺长度　　　D. 两管件中心长度
15. 粘接剂起始固化时间与下列因素中的_____有关。
    A. 操作时间　　　B. 操作顺序　　　C. 管壁厚度　　　D. 管道公称通径
16. 给水塑料管安装24 h后方可进行_____。
    A. 支架栽设　　　　　　　　　　　B. 管道通水
    C. 管道的水压试验　　　　　　　　D. 管道灌水
17. 当层高≤4 m时，PVCU排水管每层立管上应设置_____。
    A. 一个伸缩节　　B. 两个伸缩节　　C. 一个阻火器　　D. 一个钢套管
18. 室内采暖管道施工图正确的识读程序为_____。
    A. 平面图→系统图→详图　　　　　B. 详图→平面图→系统图
    C. 系统图→平面图→详图　　　　　D. 平面图→详图→系统图
19. 吊装区域内_____严禁入内。
    A. 管道工　　　　B. 电工　　　　　C. 架子工　　　　D. 非操作人员
20. 下列选项中_____不是便溺使用的卫生器具。
    A. 大便器　　　　B. 小便器　　　　C. 污水盆　　　　D. 小便槽
21. 适用于管子切断、内口倒角、套螺纹的电动机具是_____。
    A. 电动弯管机　　　　　　　　　　B. 电锤
    C. 砂轮切割机　　　　　　　　　　D. 电动套螺纹切管机
22. 当管道施工间断敞口时，应对各甩头做临时封闭，目的是_____。
    A. 防止腐蚀氧化　　　　　　　　　B. 防止下雨灌水
    C. 便于识别计量　　　　　　　　　D. 防止砂浆掉入堵塞管道
23. 洗脸盆安装的水平度允许偏差为_____mm。
    A. 2　　　　　　　B. 4　　　　　　C. 6　　　　　　D. 8
24. 各楼层立管量尺时，尺头要对准_____。
    A. 一层楼地面　　　　　　　　　　B. 基础孔洞中心

C. 各楼层地面　　　　　　　　D. 本楼层楼板中心

25. 拆除简易脚手架时，先拆横连杆，再拆_____。
    A. 立杆　　　B. 水平架管　　　C. 小横杆　　　D. 竹架板

26. 室内采暖系统中不包括_____。
    A. 热水锅炉　　B. 卫生设备　　C. 集气罐　　　D. 膨胀水箱

27. 给排水管道系统图主要表明管道系统的_____。
    A. 管径大小　　B. 安装标高　　C. 支架位置　　D. 主体走向

28. 手工除锈时，先用榔头敲击厚锈，再用钢丝刷打磨，直至_____。
    A. 附着物脱落　B. 去掉污物　　C. 打磨光亮　　D. 露出金属光泽

29. 管道转角处应特别重视支撑，这是支架定位原则中提到的_____。
    A. 托稳转角　　B. 墙不做架　　C. 中间等分　　D. 不超最大

30. 在_____管卡的施工中，U形管卡上只固定一个螺母。
    A. 固定　　　　B. 滚动　　　　C. 滑动　　　　D. 弹簧

31. 手工套螺纹时，铰板前进旋转的方向是_____。
    A. 顺时针方向　　　　　　　　B. 逆时针方向
    C. 先顺时针后逆时针　　　　　D. 先逆时针后顺时针

32. 高水箱蹲便器在蹲便器安装前必须先安好_____。
    A. 高水箱　　　B. 存水弯　　　C. 冲洗管　　　D. 进水阀

33. 浴盆安装标高的允许偏差是_____mm。
    A. ±2　　　　　B. ±10　　　　C. ±15　　　　D. ±20

34. 给水管道试验时，若气温_____时，则应采取防冻措施。
    A. 高于5℃　　　B. 低于5℃　　C. 低于0℃　　　D. 高于0℃

35. 下列架空支架中便于安装维修的是_____。
    A. 高支架　　　B. 沿墙支架　　C. 中支架　　　D. 低支架

36. 在室内采暖平面图中，_____散热器只标注数量。
    A. 管型　　　　B. 柱型　　　　C. 平板型　　　D. 异型

37. 在室内给排水平面图中，给水引入管通常自_____的地方引入，这样供水可靠。
    A. 用水量最大　B. 南面　　　　C. 北面　　　　D. 用水量最小

38. 常用于螺纹连接的下料方法是_____。
    A. 测绘法　　　B. 换算法　　　C. 比量法　　　D. 直接安装法

39. 室内采暖管道施工图中，圆翼型散热器应标注_____。
    A. 管径和面积　B. 根数和排数　C. 体积和排数　D. 管径和分布结构

40. 热水采暖热力入口管道安装前的程序包括_____。
    A. 配管预制　　B. 附件安装　　C. 量尺定位　　D. 组合预装

41. 钢管必须有制造厂的_____，否则应补做缺项试验。
    A. 钢厂标志　　B. 使用说明　　C. 规格标志　　D. 合格证书

42. 根据_____不同，坐便器可分为冲洗式和虹吸式。

A. 卫生要求　　　B. 排污方式　　　C. 水质要求　　　D. 卫生间大小

43. 属于室内消火栓系统组成部件的是水泵接合器、_____。
    A. 喷头　　　B. 水枪　　　C. 水流指示器　　　D. 预作用阀

44. 管道工小张在工作中采取了一系列的措施来节约施工材料，_____的做法是错误的，不是节约施工材料的正确途径。
    A. 在施工过程中，减少材料浪费
    B. 在施工之前精打细选
    C. 在施工过程中，减少工序、多使用价格便宜的材料
    D. 在保证安全的前提下短料接长使用

45. 标高是标注管道或建筑物_____的一种尺寸形式，标高有绝对标高和相对标高两种。
    A. 长度　　　B. 宽度　　　C. 高度　　　D. 数据

46. 绝对标高是把我国青岛附近黄海的平均_____面定为绝对标高的零点，其他各地标高以它为基准。
    A. 水平　　　B. 海平　　　C. 地坪　　　D. 侧

47. 某图样标注比例为1∶50，图样上量出管子的长度为2 cm，它的实际长度应为_____。
    A. 50 cm　　　B. 100 cm　　　C. 150 cm　　　D. 200 cm

48. 将水平尺放在被测物体上，水平尺气泡偏向哪边，则表示那边偏_____。
    A. 低　　　B. 高　　　C. 平　　　D. 中

49. 焊接钢管受到SO_2的腐蚀，这种腐蚀属于_____。
    A. 物理腐蚀　　　B. 化学腐蚀　　　C. 电化学腐蚀　　　D. 电物理腐蚀

50. 管道防腐的方法很多，管道防腐工程中使用最多的方法是_____。
    A. 电镀　　　B. 静电保护　　　C. 钝化　　　D. 涂漆

51. 使用砂轮切割机，砂轮片上必须有能遮盖_____以上范围的保护罩。
    A. 120°　　　B. 270°　　　C. 180°　　　D. 135°

52. 给水系统的_____配水点同时开放，检查排水点是否畅通，接口有无渗漏，即进行放水试验。
    A. 1/3　　　B. 1/2　　　C. 2/3　　　D. 全部

53. 减压阀安装时，减压阀前的管径应与阀体的直径一致，减压阀后的管径可比阀前的管径大_____号。
    A. 1~2　　　B. 1~3　　　C. 2~3　　　D. 3

54. 减压阀沿墙设置时，其距离地面的高度为_____m。
    A. 0.8　　　B. 1.0　　　C. 1.2　　　D. 1.4

55. 管端螺纹加工好后，先用管件试扣，用手拧入_____扣为宜。
    A. 1~2　　　B. 2~3　　　C. 3~4　　　D. 4~5

56. 机械套螺纹时，公称通径在25 mm以上的管螺纹套_____遍为宜，切不可一次套成，以免损坏板牙或产生烂牙。

A. 2　　　　　　B. 3　　　　　　C. 4　　　　　　D. 5

57. 采暖支管穿越墙体时，应选用大于支管_____号管径的钢套管。安装时，套管口应与墙体饰面平齐。

A. 1　　　　　　B. 2　　　　　　C. 3　　　　　　D. 4

58. 采暖立管安装前，应根据立管垂直基准线和管卡安装高度（距地坪_____m）画线确定管卡安装位置。

A. 1.1～1.3　　B. 1.2～1.4　　C. 1.4～1.6　　D. 1.5～1.8

59. 安装螺翼式水表，水表外壳距墙表面净距为_____mm。

A. 10～30　　　B. 10～20　　　C. 20～30　　　D. 20～30

60. 地漏水封高度不得小于_____mm。

A. 20　　　　　B. 30　　　　　C. 40　　　　　D. 50

得分	
评分人	

二、判断题（将判断结果填入括号中。正确的填"√"，错误的填"×"。每题1分，满分40分）

61. 在企业生产经营活动中，促进员工之间团结互助的措施是加强交流，密切合作。　　　　　　　　　　　　　　　　　　　　　　　　　　　　　　（　）
62. 投影就是物体在光线照射下产生的投影平面。　　　　　　　　　　（　）
63. 平行投影的基本特征包括真实性、收缩性、积聚性。　　　　　　　（　）
64. 为了便于区别传输各种介质的管路，可以在图线中间注上汉语拼音字母。（　）
65. 给水铸铁管管件一般用可锻铸铁制造。　　　　　　　　　　　　　（　）
66. 采用涂料工艺作为管道防腐方法，首先应当对表面进行除污除锈。　（　）
67. 管道安装中一般要求遵循有压让无压、低压让高压的原则。　　　　（　）
68. 高层建筑的供水系统一般设置给水储水箱。　　　　　　　　　　　（　）
69. 排水管穿越地下构筑物墙壁时，应采取防水措施。　　　　　　　　（　）
70. 砂轮机不得采用增强纤维的砂轮片。　　　　　　　　　　　　　　（　）
71. 根据《中华人民共和国环境保护法》的有关规定，若设备噪声可能超过标准，应当在开工后15日内向环保部门提出申报。　　　　　　　　　　　　（　）
72. 进行酸洗作业时，一定要戴好橡胶手套和围裙。　　　　　　　　　（　）
73. 固定卫生器具时，螺栓紧固程度要适中，防止用力过大损坏卫生器具。（　）
74. 压力表与管道或设备连接管上，应装表弯管、三通旋塞及控制阀。　（　）
75. 识读给水管道系统图时，应首先从用水设备开始。　　　　　　　　（　）
76. 管道施工详图常用的比例为1∶50。　　　　　　　　　　　　　　　（　）
77. 对于气体管道，压力表的取压点位置应在管道的下部。　　　　　　（　）
78. 给水管道施工图绘制时，卫生器具是用虚线画出来的。　　　　　　（　）
79. 玻璃水位计是根据流体静压强仅与密度有关的原理来实现液位测量的。（　）
80. 施工机具准备时，首先应识读图样，并了解施工任务书。　　　　　（　）

81. 电动套螺纹切管机切割较粗管子时，可把润滑油直接喷在刀口上。（   ）
82. 事故排放管道和阀门设置，应根据生产操作和设计要求确定。（   ）
83. 管子配管前应仔细检查，凡管材质量不符合要求的不得使用。（   ）
84. 选择量尺基准是管道量尺下料的主要程序。（   ）
85. 量尺基准是根据尺头顶的位置，以该处为读尺的零点。（   ）
86. 当管段为直管时，其加工长度等于管段的构造长度。（   ）
87. 直线管道量尺时，首先在墙上弹画出管道阀门的安装中心线。（   ）
88. 各楼层立管的读尺界限是设计安装标高。（   ）
89. 管子冷调直适用于公称通径 50 mm 以下且弯曲不大的钢管。（   ）
90. 割刀主要用于不锈钢管和铜管的切割。（   ）
91. 大管径管道在起吊上架前，一定要认真检查支架上的焊缝。（   ）
92. 管道接头粘接剂的固化时间与安装环境温度无关。（   ）
93. 室内给水地下管安装前，首先应确定阀门安装标高。（   ）
94. 减压阀组上的均压管用来自动调节减压阀的开启大小。（   ）
95. 排水管道灌水试验后，试验用水应及时排入管沟内。（   ）
96. 水泵是室内管道灌水试验的常用机具。（   ）
97. 关于热水采暖管道水压试验压力，应以系统顶点工作压力加上 0.1 MPa 做水压试验，且顶点的试验压力不得小于 0.3 MPa（表压）。（   ）
98. 砂轮片的旋转方向一定要与罩壳上的箭头方向相符，切不可反方向旋转。（   ）
99. 乙炔瓶是储存和运输乙炔的容器，表面涂成白色，其最大压力为 1.0 MPa。（   ）
100. 塑料布缠绕包扎在保温管壳外时，圈与圈之间的接头搭接长度为 30～50 mm。（   ）

理论知识考核模拟试卷（一）参考答案

一、单项选择题

1. B   2. C   3. A   4. A   5. A   6. B   7. A   8. A   9. B
10. B   11. C   12. D   13. A   14. D   15. C   16. A   17. A   18. D
19. D   20. D   21. A   22. C   23. B   24. C   25. B   26. A   27. C
28. A   29. A   30. B   31. D   32. C   33. C   34. C   35. A   36. B
37. A   38. C   39. D   40. B   41. C   42. B   43. B   44. B   45. B
46. D   47. A   48. C   49. A   50. D   51. D   52. B   53. B   54. B
55. A   56. C   57. B   58. C   59. B   60. C

二、判断题

61. √   62. √   63. ×   64. ×   65. √   66. ×   67. √   68. √   69. ×   70. √
71. √   72. ×   73. ×   74. ×   75. ×   76. √   77. ×   78. ×   79. ×   80. √
81. √   82. √   83. √   84. √   85. √   86. ×   87. √   88. √   89. √   90. ×
91. √   92. ×   93. ×   94. ×   95. ×   96. ×   97. ×   98. ×   99. ×   100. ×

理论知识考核模拟试卷（二）参考答案

一、单项选择题

1. C　　2. A　　3. A　　4. B　　5. D　　6. D　　7. A　　8. A　　9. B
10. B　　11. C　　12. C　　13. B　　14. A　　15. C　　16. C　　17. A　　18. A
19. D　　20. C　　21. B　　22. D　　23. A　　24. B　　25. C　　26. B　　27. D
28. D　　29. A　　30. C　　31. A　　32. B　　33. C　　34. B　　35. D　　36. B
37. A　　38. C　　39. B　　40. D　　41. D　　42. B　　43. B　　44. C　　45. C
46. B　　47. B　　48. B　　49. B　　50. D　　51. C　　52. A　　53. A　　54. C
55. A　　56. B　　57. B　　58. D　　59. A　　60. D

二、判断题

61. √　　62. ×　　63. ×　　64. √　　65. ×　　66. √　　67. ×　　68. √　　69. √　　70. ×
71. ×　　72. √　　73. √　　74. √　　75. ×　　76. ×　　77. √　　78. ×　　79. ×　　80. √
81. √　　82. √　　83. √　　84. √　　85. √　　86. ×　　87. √　　88. √　　89. √　　90. ×
91. √　　92. ×　　93. ×　　94. √　　95. ×　　96. √　　97. √　　98. √　　99. ×　　100. √